Die selbsttätige Regelung elektrischer Maschinen

Von

Ernest Juillard
Professor an der Universität Lausanne

Ins Deutsche übertragen
von
Franz Ollendorff

Mit 71 Textabbildungen

Berlin
Verlag von Julius Springer
1931

ISBN-13: 978-3-642-89413-8   e-ISBN-13: 978-3-642-91269-6
DOI: 10.1007/978-3-642-91269-6

Vorwort des Verfassers.

Der Plan zur Niederschrift der vorliegenden Untersuchung stammt aus einer mehr als fünfzehnjährigen Beschäftigung mit dem Gebiete der selbsttätigen Regulierung in den Werkstätten von H. Cuénod A. G., Genf. Während dieser Zeit konnte man feststellen, daß der Regler für elektrische Maschinen als ein Apparat angesehen wurde, der persönliche Eigenheiten mit ihren Launen und Stimmungen zeigt. Wenn man auch seit langem wußte, wozu die wesentlichen Teile eines Reglers dienen und wie sie zusammenarbeiten, so war diese Kenntnis doch auf qualitative Zusammenhänge beschränkt. Es konnte nicht die Rede davon sein, im voraus eine richtige Rückführung anzuordnen, und noch viel weniger etwa die Regulierungsvorgänge bei einer Zustandsänderung vorauszubestimmen. Diese Sachlage wurde unangenehm, sobald Garantien für die Regulierfähigkeit eines Apparates verlangt wurden; Mißverständnisse zwischen dem Konstrukteur und dem Käufer konnten nicht ausbleiben: Der Konstrukteur konnte nur für das stationäre Verhalten nach Beendigung der Regulierungsvorgänge einstehen, während der Käufer glaubte, daß der selbsttätige Regler, wenn er nur schnell genug arbeitete, sozusagen seine Pflicht erfüllen könnte und jede, auch vorübergehende, Störung ausregeln würde.

In einer ersten Arbeit, die in der „Houille Blanche" veröffentlicht wurde, habe ich versucht, die hier stattfindenden Vorgänge zu klären und die Bedeutung der Einzelteile des selbsttätigen Reglers zahlenmäßig zu erfassen. Ich habe hier die gleiche Frage auf allgemeinerer Grundlage wieder aufgenommen, indem ich die neuzeitlichen Apparate verschiedener Herkunft in die Untersuchung einbezog. Der Nachweis, daß Apparate sehr verschiedener Arbeitsweise gleichwertig sind, die Erkenntnis der grundlegenden Bedeutung gewisser Größen der geregelten Maschinen, endlich vielleicht einige interessante Ausblicke auf die Konstruktion der elektrischen Maschinen sind die wichtigsten Ergebnisse dieser Arbeit.

Zum Schlusse sei es mir gestattet, den Herren Professoren J. Landry, Direktor am Technischen Institut der Universität Lausanne, und Dr. W. Wyssling, ebenso wie Herrn Professor Dr. H. Behn-Eschenburg für ihr wohlwollendes Interesse an dieser Arbeit zu danken. Auch meinem Kollegen Professor H. Favez bin ich für seine sorgfältige Mitarbeit beim experimentellen Teil dieser Untersuchung verpflichtet. Die Werkstätten von H. Cuénod A. G., Genf und von Brown Boveri & Co., Baden, haben in dankenswerter Weise je einen der von ihnen hergestellten Apparate zur Verfügung gestellt; ebenso danke ich den Freiburger Elektrizitätswerken, die mir für die Versuche einen Tirrillregler überließen.

Lausanne, im Februar 1927.

E. Juillard, Ingenieur.

Vorwort des Übersetzers.

Mit der zunehmenden Größe der elektrischen Generatoren ergibt sich die Forderung, ihre Spannung dem jeweiligen Betriebszustand schnellstens anpassen zu können. Dieser Aufgabe sind nur die selbsttätigen Regler gewachsen.

Durch eigenartige Konstruktionen gelingt es, Regler mit sehr hoher Arbeitsgeschwindigkeit zu bauen. Man durfte hiernach erwarten, daß alle Spannungsschwankungen schnellstens ausreguliert werden würden. Demgegenüber zeigte die Erfahrung, daß trotz Anwendung leistungsfähiger Regler der Reguliervorgang eine beträchtliche Zeit in Anspruch nimmt.

Beim Studium dieser Fragen erkannte man, daß neben der Arbeitsweise des Reglers selbst die magnetischen Ausgleichsvorgänge in den regulierten Maschinen die Regulierdauer maßgebend beeinflussen. Erst die Zusammenfassung beider Erscheinungsformen ergibt das richtige Gesetz der Regulierung. Herrn Prof. E. Juillard kommt das Verdienst zu, durch diese Verschmelzung der klassischen Reglertheorie mit den Gesetzen der magnetischen Ausgleichsvorgänge eine geschlossene Theorie der selbsttätigen Regulierung elektrischer Maschinen geschaffen zu haben.

Denn der Durchführung dieses Grundgedankens stellen sich beträchtliche Schwierigkeiten entgegen. Zunächst ist die Wirkungsweise der Reglerapparatur durch eine große Zahl konstruktiver Einzelheiten bestimmt, deren Eingreifen in die Reglergesetze schwer zu übersehen ist. Indem Herr Prof. Juillard zeigen konnte, daß alle praktisch wichtigen Regler derselben Grundgleichung genügen, kann man jetzt eine jede Reglerbauart durch wenige, leicht meßbare Grundgrößen erschöpfend beschreiben. Neben solchen mehr formalen Schwierigkeiten, die im Grunde jede Reglertheorie zu überwinden hat, treten indes bei der Berechnung elektrischer Maschinenregler die verwickelten magnetischen

Ausgleichserscheinungen maßgebend in die Grundgleichungen ein: Vom mathematischen Standpunkt aus hat man es ja dann mit Gleichungen zu tun, die infolge des bekannten nichtanalytischen Charakters der Magnetisierungskennlinien nicht mehr linear sind. Hier gelang Herrn Prof. Juillard der Nachweis, daß man diese Gleichung für praktische Zwecke genau genug linearisieren darf, wobei man die Abweichungen gegenüber den strengen Gleichungen in jedem Einzelfalle durch leicht bestimmbare Korrekturfaktoren berücksichtigen kann. Erst hierdurch ist es möglich, sich von schwerfälligen graphischen Methoden zu befreien und zu allgemein gültigen Gesetzen der selbsttätigen Regulierung aufzusteigen.

Daß diese Vereinfachungen zweckmäßig und statthaft sind, geht aus den Versuchsresultaten hervor, die Herr Prof. Juillard seiner Arbeit zugefügt hat. Hier wäre freilich eine erneute Prüfung der Theorie an Hand von Versuchen an großen Maschinen außerordentlich erwünscht, da die mitgeteilten Ergebnisse an recht kleinen Maschineneinheiten gewonnen sind.

Die vorliegende deutsche Ausgabe des Juillardschen Werkes hat sich im großen und ganzen an das französische Original gehalten. In dem Bemühen, die Grundgedanken der Theorie möglichst klar hervortreten zu lassen, wurde lediglich der Text scharf gegliedert. Daneben war es notwendig, die im Original manchmal nur angedeuteten physikalischen Einzelerscheinungen etwas eingehender darzustellen. Dies gilt namentlich von der Schilderung der magnetischen Ausgleichserscheinungen beim plötzlichen Abschalten der Maschinenbelastung. Ich verdanke der Güte des Herrn Prof. Juillard einige sprachliche Erläuterungen sowie eine Reihe von bemerkenswerten Oszillogrammen, welche erst in die vorliegende deutsche Ausgabe aufgenommen worden sind und viele wichtige Begriffe der Reglerfunktion klargestellt haben.

Infolge solcher Schwierigkeiten sprachlicher und sachlicher Art hat sich die Veröffentlichung der deutschen Ausgabe stark verzögert. Für wertvolle Hilfe und Anregungen bei der Ausführung der Korrekturen bin ich Herrn Dr. Pohlhausen verpflichtet; ebenso danke ich der Verlagsbuchhandlung Julius Springer für die Geduld, mit der sie mir die Erledigung der oft langwierigen und schwierigen Änderungen und Ergänzungen des deutschen Textes gestattete.

Berlin, im März 1931.

Franz Ollendorff.

Inhaltsverzeichnis.

		Seite
I.	**Definition und Umgrenzung des Themas**	1
	1. Belastung, Betriebskenngrößen und Steuergrößen	1
	2. Stabilität	3
	3. Die Betriebsvorschrift	4
	4. Der Ausgleichsvorgang	4
	5. Die Aufgaben der selbsttätigen Regulierung	5
II.	**Die Grundgleichungen und die Methode der Untersuchung**	7
	6. Die Maschinengleichung	7
	7. Die Reglergleichung	8
	8. Die Gleichungen des Ausgleichsvorganges	8
	9. Die Steuergröße	9
	10. Die übliche Form der Korrektionsgleichung	10
III.	**Die Reglergleichung für einige ausgeführte Reglerformen**	11
	11. Die Grundform des Reglers	11
	A. Der Öldruckregler Type REX der Werkstätten H. Cuénod A.G.,Genf	13
	12. Beschreibung des Öldruckreglers	13
	13. Die Gleichung des Öldruckreglers	15
	14. Die Betriebsvorschrift	19
	B. Der BBC-Schnellregler	20
	15. Beschreibung des BBC-Reglers	20
	16. Die Reglergleichung	22
	C. Der Tirrill-Regler der General Electric Co. und der Thomson Houston Compagnie und der AEG	26
	17. Beschreibung des Tirrill-Reglers	26
	18. Die Reglergleichung	26
	19. Über die Unempfindlichkeit der selbsttätigen Regler	31
IV.	**Anwendung des selbsttätigen Reglers auf die Spannungsregelung einer Sammlerbatterie**	32
	20. Bestimmungsgrößen der Regelung	32
	21. Die Batteriegleichung während des Ausgleichsvorganges	32
	22. Die Maschinengleichung des Ausgleichsvorganges bezogen auf den stationären Betriebszustand	33
	23. Die Reglergleichung	34
	24. Die Übersetzungsgleichung zwischen Regler und Batterie	35
	25. Zusammenfassung der Reguliergleichungen der Batterie	37
	26. Integration der Regulierungsgleichungen	37
V.	**Direkte Spannungsregelung eines Generators**	39
	27. Voraussetzungen der direkten Spannungsregelung	39
	28. Die Maschinengleichung während des Ausgleichsvorganges	39
	29. Die Reglergleichung der direkten Regelung	42
	30. Übersetzungsgleichung zwischen Regler und Steuergröße der direkten Regelung	42
	31. Die Verteilung der Widerstände längs der Kontaktbahn	42
	32. Messung der numerischen Verteilung	44
	33. Die Gleichungen des Reguliervorganges	45
	34. Die abgestimmte Rückführung	45

Inhaltsverzeichnis. VII

Seite

35. Das allgemeine Integral d. Bewegungsgleichung d. Kontaktarmes   46
36. Das allgemeine Integral der Abweichungsgleichung   48
37. Die Wurzeln der charakteristischen Gleichung   49
38. Fall A. Langsame Regelung   49
39. Fall B. Eilregelung   51
40. Fall C. Schnellregelung   52
41. Klassifizierung der Regler. Bedeutung des Schnellreglers . .   53
42. Die Rückwirkung des Ankerfeldes auf den Erregerstrom im Augenblick der Laständerung   53
43. Die Richtung der Abweichung $\varDelta$ 58
44. Die Grenzbedingungen bei einer plötzlichen Laständerung nach einem stationären Zustand   60
45. Bestimmung der Integrationskonstanten f. d. Fall d. Eilreglers   62
46. Der Eilregler ohne Rückführung   65
47. Bestimmung der Integrationskonstanten für den Fall des Schnellreglers   66
48. Die Bemessung des Feldwiderstandes   68
49. Die Gleichung der Abweichung . . . . ، . .   69
50. Zahlenbeispiel   70
51. Einige Sonderfälle   71
52. Graphische Darstellung der Ergebnisse   72
53. Die verstimmte Rückführung   75
54. Die Spannungsregulierung einer Gleichstrommaschine mit Nebenschlußerregung   76
55. Einfluß einer Drehzahländerung   76
56. Maschinengleichung während des Ausgleichsvorganges mit Berücksichtigung der Drehzahlschwankungen   78
57. Einfluß der Drehzahländerung auf die Bewegungsgleichung des Kontaktarmes   78
58. Die vollständige Gleichung der Abweichung   80

VI. Indirekte Spannungsregelung eines Generators   81
59. Voraussetzungen der indirekten Spannungsregelung   81
60. Die Maschinengleichung des Ausgleichsvorganges   81
61. Die Verknüpfungsgleichung   84
62. Die Regulierungsgleichungen   85
63. Die abgestimmte Rückführung   85
64. Auflösung der allgemeinen Gleichungen für den Schnellregler mit abgestimmter Rückführung   88
65. Die allgemeine Lösung für die Bewegungsgleichung und die Abweichungsgleichung   92
66. Grenzbedingungen für eine plötzliche Laständerung nach einem stationären Zustand   92
67. Bestimmung der Integrationskonstanten für die Bewegungsgleichung des Kontaktarms   94
68. Bemessung des Regulierwiderstandes   96
69. Die Bestimmung der Integrationskonstanten für die Abweichungsgleichung   96
70. Durchführung einer Näherungsrechnung   99
71. Untersuchung einiger Sonderfälle 102
72. Beziehung der Abweichung zu ihrem Anfangswert 103
73. Graphische Darstellung der Ergebnisse 103
74. Einfluß einer Drehzahländerung auf die mittelbare Regelung 106

Seite

VII. **Die Hauptfeldzeitkonstante** 106
    75. Zusammenhang der Hauptfeldzeitkonstanten mit den Kenngrößen der Maschine 106
    76. Einfluß der Wirbelströme i. d. Polschuhen auf die Zeitkonstante 108
    77. Der Mittelwert der Zeitkonstanten 110
    78. Annäherungswerte für die Zeitkonstante einer Maschine bei gegebenen Abmessungen. 112
VIII. **Die wirksame Hauptfeldzeitkonstante der Erregermaschine** 115
    79. Der Formfaktor der Magnetisierungskennlinie 115
    80. Die Stabilität einer Erregermaschine 117
    81. Beziehungen zwischen Formfaktor und numerischer Stabilität 118
    82. Berechnung der wirksamen Zeitkonstante der Erregermaschine 119
    83. Einfluß der Hysteresis auf die Regulierungsvorgänge 120
IX. **Experimentelle Ermittelung der Zeitkonstanten** 122
    84. Experimentelle Untersuchung der magn. Ausgleichsvorgänge 122
    85. Bestimmung d. Zeitkonstanten aus d. Abklingkurve d. Spannung 124
    86. Die Abklingkurve des Erregerstromes 125
    87. Bestimmung des Streukoeffizienten. 127
    88. Bestimmung des Wirbelstromfaktors 129
X. **Experimentelle Prüfung der Theorie** 130
    89. Zweck der Versuche 130
    90. Die Versuchsanordnung 131
    91. Aufnahme der Regulierungskurve. 131
    92. Messung der Maschinenzeitkonstanten und des Formfaktors 137
XI. **Unmittelbare Regelung mittels eines Öldruckreglers** 143
    93. Die Verteilung der Regulierwiderstände 143
    94. Die Zeitkonstante des Generators 143
    95. Die Rückführung 143
    96. Die Konstanten des Reglers 144
    97. Versuchsergebnisse 146
XII. **Mittelbare Regulierung mit einem Öldruckregler** 147
    98. Bestimmung der numerischen Widerstandsverteilung 147
    99. Die Zeitkonstanten 148
    100. Die Rückführung. 149
    101. Spezifische Laufzeit des Reglers 149
    102. Versuchsergebnisse 150
XIII. **Mittelbare Regulierung mit einem BBC-Regler** 152
    103. Die numerische Widerstandsverteilung 152
    104. Die Maschinenzeitkonstanten. 152
    105. Die Rückführung. 152
    106. Die Bestimmung der spezifischen Laufzeit 154
    107. Vergleich mit der Erfahrung. 156
XIV. **Mittelbare Regulierung mittels eines Tirrill-Reglers der AEG Berlin** 157
    108. Verteilung der Regulierwiderstände. 157
    109. Zeitkonstanten der Maschine. 158
    110. Bestimmung der Rückführungsdämpfung 159
    111. Die spezifische Laufzeit 164
    112. Versuchsergebnisse 164
XV. **Zusammenfassung** 164
Literatur 165

I. Definition und Umgrenzung des Themas.

1. Belastung, Betriebskenngrößen und Steuergrößen. Wenn eine elektrische Maschine im stationären Zustande arbeitet, sind alle Betriebsgrößen dieses Zustandes, z. B. Klemmenspannung, Stromstärke, Leistungsfaktor, Drehzahl usw. voneinander abhängig. Insbesondere sind sie im stationären Zustande sämtlich entweder konstant oder betriebsmäßig periodische Funktionen der Zeit. Ändert sich irgendeine von ihnen, so ändern sich alle anderen entsprechend. Man kann deshalb alle diese veränderlichen Größen als Funktionen einer von ihnen betrachten; wir werden diese als Belastung der Maschine bezeichnen.

Die Beziehungen, welche die Betriebsgrößen untereinander verknüpfen, enthalten außerdem eine gewisse Zahl von Parametern, welche durch konstruktive Einzelheiten der Maschine oder durch physikalische Eigenschaften der Energiequellen oder der Verbrauchsstromkreise gegeben sein können. Eine Veränderung einer derartigen „Steuergröße" ändert also die Verknüpfungsgleichung zwischen den Betriebsgrößen.

Als Beispiel betrachten wir eine Gleichstrommaschine. Sie möge durch irgendeinen Motor angetrieben werden und ihre Leistung an ein Lichtnetz abgeben. Im stationären Zustand sind z. B. Klemmenspannung, Drehzahl und Nutzleistung Funktionen des Netzstromes. Außerdem aber hängen diese Betriebsgrößen von Steuergrößen ab, wie beispielsweise dem Widerstand des Erregerkreises, der zugeführten motorischen Energie oder dem Widerstand des gesamten Netzes.

Jede Belastungsänderung zieht eine Änderung sämtlicher anderen Größen nach sich; es stellt sich ein neuer stationärer Zustand ein. Hierbei kann es eintreten, daß der Einfluß der Laständerung auf dieser oder jener Kenngröße mit den Betriebsbedingungen nicht verträglich ist. Man muß dann diesen Einfluß zu kompensieren suchen, indem man auf eine Steuergröße einwirkt. Dieser Eingriff stellt den Regelvorgang dar.

Wenn etwa in dem oben genannten Beispiel die Stromstärke abnimmt, werden Klemmenspannung und Drehzahl ansteigen. Da dieses Anwachsen der Spannung der üblichen Bedingung widerspricht, die Energie mit konstanter Spannung zu liefern, muß der Spannungsanstieg etwa durch Einwirkung auf den Erregerwiderstand kompensiert werden.

In einer mit Regler ausgestatteten Maschine können also gewisse Zustandsfunktionen beliebige Werte annehmen, während andere auf bestimmte Werte beschränkt sind. Wir werden die erstgenannten allgemein als „Belastung" bezeichnen; ihnen stehen als Betriebskenngrößen diejenigen gegenüber, welche besonderen Bedingungen hinsichtlich ihrer Veränderlichkeit unterworfen sind.

Unter den Veränderlichen, welche im oben genannten Sinne als Belastung betrachtet werden dürfen, ist die besondere Wahl einer unter ihnen grundsätzlich willkürlich; in den meisten Fällen bietet sie sich von selbst dar. Die Belastung ist im allgemeinen diejenige Funktion, welche in den weitesten Grenzen schwankt; sie läßt sich etwa mit einer nach Bedarf abgegebenen Flüssigkeitsmenge vergleichen.

Dagegen schwankt die Betriebskenngröße nur in einem hinreichend kleinen Bereich oder sogar überhaupt nicht. Dieser Begriff erinnert mehr oder weniger an die Bedeutung der „augenblicklich verfügbaren Energie" oder der „Verknüpfung zwischen Ursache und Wirkung". Im übrigen ist die Betriebskenngröße oft durch die Forderung eingeschränkt, daß sie gewisse, wahlweise vorgeschriebene Werte annehmen soll.

In dem oben benutzten sehr einfachen Beispiel eines Lichtgenerators bezeichnet gewöhnlich der Begriff Belastung die Netzstromstärke. Man könnte aber auch mit gleichem Recht als Belastung die Maschinenleistung oder auch den Widerstand des gesamten Verbrauchsnetzes definieren.

Wenn das Verteilungsnetz mit konstanter Spannung arbeitet, können wir diese Spannung als Betriebskenngröße wählen.

Wenn es sich um einen Wechselstromgenerator handelt, der nicht allein konstante (effektive) Spannung liefern, sondern außerdem noch mit fester Frequenz arbeiten soll, so haben wir zwei Betriebskenngrößen zu beachten: die Spannung und die Drehzahl der Maschine.

Im Fall einer Kraftübertragung mit konstantem Strom (Reihensystem) hat man umgekehrt die Stromstärke als festzuhaltende Betriebskenngröße einzuführen, und die mit dem Netzzustand veränderliche Klemmenspannung definiert die Belastung.

Im Falle eines Motors endlich, welcher mit konstanter Spannung gespeist wird, betrachtet man im allgemeinen als Belastung das Gegendrehmoment oder die entwickelte Triebleistung oder die Stärke des aufgenommenen Stromes. Wenn man andererseits die Drehzahl auf einen festen Wert beschränkt, wie groß auch die Belastung sein mag, so ist die Winkelgeschwindigkeit als Betriebskenngröße zu definieren; sie kann z. B. durch die Zahl der Umläufe pro Minute gemessen werden.

Die Größe, auf welche man beim Regeln einwirkt, nennen wir insbesondere die Steuergröße der Regelung; sie bietet sich oft unzweideutig dar. Es kann jedoch eintreten, daß mehrere Größen unabhängig voneinander als Steuergrößen der Regelung angesehen werden dürfen; die vertiefte Behandlung des Einzelfalles läßt dann die geeignetste Steuergröße erkennen.

Im Beispiele des Gleichstromgenerators kann man, um die Klemmenspannung konstant zu halten, entweder auf den Widerstand des Erregerkreises oder auf die Drehzahl einwirken, oder endlich auf die abgegebene Stromstärke, indem man die vom Netz nicht gebrauchte Leistung anderweitig verwendet.

Regulieren heißt also, der Betriebskenngröße einen von vornherein vorgeschriebenen Wert zu geben, unabhängig von der Größe der Belastung, indem man hierzu auf eine geeignete Steuergröße einwirkt.

2. Stabilität. Ein stationärer Zustand heißt stabil, wenn eine beliebig kleine Änderung einer der Variabeln eine beliebig kleine Änderung der anderen Größen nach sich zieht. Die elektrischen Maschinen sind im allgemeinen so gebaut, daß sie gewöhnlich im stabilen Betrieb arbeiten; man erkennt dann, daß alle Variabeln der Bedingung der Stetigkeit genügen.

Eine einzige dieser Variabeln ist unabhängig: die Belastung. Wenn diese Größe einen wohlbestimmten Wert besitzt, haben auch alle anderen Größen einen festen Wert, entsprechend den Stabilitätseigenschaften aller technisch ausgeführten Maschinen. In mathematischer Ausdrucksweise sind also die Kenngrößen eines Zustandes durch ebensoviel Gleichungen verknüpft wie die Zahl der Variable beträgt, vermindert um Eins; denn dann ist gerade eine dieser Variabeln frei wählbar, während alle übrigen durch die genannten Verknüpfungsgleichungen bestimmt sind.

Wenn wir jetzt einer dieser Größen eine neue Bedingung auferlegen, fügen wir dem System eine Gleichung zu. Damit dann dieses erweiterte Gleichungssystem durch irgendwelche Lösungen befriedigt werden kann, deren jede einer möglichen Belastung entspricht, muß einer der Parameter verändert werden: die Steuergröße.

Diese Betrachtungen zeigen zunächst, daß das Regelproblem immer genau definiert ist; zugleich geben sie uns einen Einblick in den Gang der analytischen Untersuchung.

Man kann ein System untersuchen, welches an Stelle einer unabhängigen Variabeln deren zwei besitzt; zwei „Belastungen". In diesem Falle ist die Zahl der Gleichungen um zwei kleiner als die der Veränderlichen. Um eine Zusatzbedingung zu erfüllen, der eine der Variabeln unabhängig von der Belastungsgröße genügen soll, muß auch hier ein geeignet gewählter Parameter verändert werden.

Endlich könnte es notwendig sein, zwei Veränderliche solchen Zusatzbedingungen zu unterwerfen; es erscheinen dann zwei neue Gleichungen, und man muß zwei Parameter ändern. In einem solchen Falle würde es sich um eine doppelte Regulierung handeln.

3. Die Betriebsvorschrift. Die neue Bedingung, auf welche wir die Betriebskenngröße zu beschränken haben, verlangt stets eine entsprechende Änderung der Steuergröße. Diese gewissermaßen „intelligente" Änderung der Steuergröße bedarf eines Eingriffes von außen. Im Falle der Regulierung von Hand ist sie einem Menschen anvertraut: Er soll der Steuergröße durch Betätigung eines hierzu geeigneten Regelorganes den Wert erteilen, welcher der genannten Bedingung entspricht.

Man kann diese genaue Beobachtung eines von vornherein vorgegebenen Wertes mit dem Begriff der „Dienstvorschrift" im militärischen Sinne vergleichen: Der Maschinenwärter, der das Regulieren betätigt, um die Betriebskenngröße auf dem festgesetzten Werte zu halten, gehorcht seiner „Vorschrift". Der Apparat, welcher eigens zum Zwecke geschaffen ist, den Menschen zu ersetzen, eben der „selbsttätige" Regler, beobachtet die gleiche Vorschrift. **Wir können hiernach allgemein als Betriebsvorschrift das Gesetz bezeichnen, welches die Betriebskenngröße bei Lastschwankungen im stationären Zustand befolgen soll.**

Ein selbsttätiger Regler enthält also notwendig ein **Anzeigeorgan**, das ihn über den jeweiligen Wert der Betriebskenngröße unterrichtet und die hiernach notwendigen Änderungen der Steuergröße einleitet; außerdem muß ein Mechanismus vorhanden sein, der diese „Befehle" ausführt, indem er das Regelorgan betätigt. Wenn dieses Meßorgan selbst, ohne Benutzung äußerer Energiequellen, das Regelorgan verstellt, heißt der Regulator **direktwirkend**. Braucht man dagegen hierzu solche Energiequellen, so bezeichnet man den Apparat als **indirekt wirkend**; das Organ, welches dann zwischen das Meßinstrument und den eigentlichen Regler geschaltet ist, heißt der **Servomotor**.

4. Der Ausgleichsvorgang. Wir haben bisher nur eine Folge stationärer Zustände betrachtet, in welchen also sämtliche Veränderlichen entweder feste Werte besitzen oder periodisch schwingen. Jeder stationäre Zustand ist dabei durch einen bestimmten Belastungswert definiert.

Wenn sich dagegen die Belastung zeitlich stetig ändert oder nach irgendeinem anderen Gesetze verschiedene Werte annimmt, kann man keinen stationären Zustand mehr definieren. Indes kommt ein solcher, dauernd gleitender Betrieb praktisch fast nie vor; im Gegenteil besteht jeder stationäre Zustand längere oder kürzere Zeit hindurch. Erst dann ändert sich die Belastung rascher oder langsamer, um hierauf von neuem einige Zeit stationär zu bleiben.

Im normalen Betriebe einer elektrischen Maschine folgen sich also verschiedene stationäre Werte in veränderlichen Zeitabschnitten. Wir müssen daher klären, was sich während des Überganges zwischen zwei stationären Vorgängen abspielt, also den Ausgleichsvorgang untersuchen.

Dieser Übergang von einem stationären Zustande zum anderen kann nicht sprunghaft erfolgen. Denn er erfordert Änderungen der Drehzahl oder der magnetischen Felder; da diese „Beschleunigungsvorgänge" an trägen Massen mechanischer oder elektromagnetischer Natur angreifen, können sie nicht unendlich groß werden, weil hierzu unendlich große Kräfte und Leistungen aufzubringen wären. Demnach ist zur Zustandsänderung eine endliche Zeit notwendig.

Während dieser Übergangszeit tritt die Zeit als neue Veränderliche in die Gleichungen der Zustandsgrößen ein. Über die Form dieser Zeitabhängigkeit läßt sich eine einfache allgemeine Aussage machen: Nach Verlauf längerer oder kürzerer Zeit wird ja der Zustand wieder stationär, so daß dann nur noch die einfacheren stationären Gleichungen das Verhalten der Maschine beherrschen.

In einem solchen stationären Zustande haben sämtliche Variablen einen festen Wert: Die Betriebskenngröße besitzt ihren vorschriftsmäßigen Wert, die Steuergröße braucht deshalb nicht verändert zu werden und der selbsttätige Regler ruht.

Während des Ausgleichsvorgangs dagegen sind, wie erwähnt, die Variablen Funktionen der Zeit. Die Betriebskenngröße weicht im allgemeinen von ihrem vorschriftsmäßigen Werte ab, der selbsttätige Regler arbeitet. Er ruht erst wieder, wenn der neue stationäre Zustand eingeregelt ist.

Die Untersuchung der Arbeitsweise des selbsttätigen Reglers ist also identisch mit der Aufgabe, die physikalischen Gesetze des Ausgleichsvorganges zu klären. Hierbei muß sie insbesondere auf den zeitlichen Verlauf der Betriebskenngröße unter der Gesamtwirkung der elektromagnetischen Erscheinungen in der Maschine und der mechanischen Bewegung des Reglers zielen. Man wird hieraus die Güte der selbsttätigen Regulierung beurteilen können, die durch die Begriffe der Arbeitsgeschwindigkeit, die Dämpfung etwa auftretender Schwingungen und die Stabilität der Regulierung gegeben ist. Gleichzeitig gewinnt man hierdurch Unterlagen zur Beurteilung der Schutzanordnungen, welche die Betriebsfähigkeit einer Anlage sichern oder erhöhen sollen.

5. Die Aufgaben der selbsttätigen Regulierung. Wir werden uns mit folgenden Aufgaben der selbsttätigen Regulierung zu beschäftigen haben:

1. Die Definition der Betriebsvorschrift. Sie enthält die gesetzmäßige Abhängigkeit der Betriebskenngröße von der Belastung für

den stationären Zustand. Diese Festsetzung beruht auf einer eingehenden Kenntnis des Netzes sowohl wie der kennzeichnenden Eigenschaften der zu regelnden Maschinen. Wenn beispielsweise die Klemmenspannung der Maschine konstant gehalten werden soll, lautet sie: Spannung gleich einer Konstanten, unabhängig von der Belastung. Wenn dagegen die Spannung beim Verbraucher konstant sein soll, heißt die Betriebsvorschrift: die Spannung soll linear mit der Belastung zunehmen. Wenn es sich endlich um mehrere parallel arbeitende Generatoren handelt, kann die Betriebsvorschrift beispielsweise in der Form gegeben sein: Spannung = Konstante, mit der Nebenbedingung einer günstigen Lastverteilung auf die einzelnen Maschineneinheiten. Das Studium der Betriebsvorschriften kommt auf das der verschiedenen Regelungsarten elektrischer Maschinen zurück.

Vom Gesichtspunkt des selbsttätigen Reglers läuft die Bestimmung der Betriebsvorschrift auf den Einbau eines Meßinstrumentes hinaus, welches das Regelorgan ruhen läßt, solange der Meßwert (als Ausdruck der Betriebskenngröße) seinen vorgeschriebenen Wert beibehält. Diese Aufgabe ist mit den Fragen des Meßinstrumentenbaues verknüpft.

2. Das Aufsuchen einer geeigneten Steuergröße, also die Festsetzung der Art des Reglers.

Um die Steuergröße zu bestimmen, muß man die Eigenschaften der zu regelnden Maschine kennen, insbesondere die Größen, auf die man einwirken kann, um die Betriebsvorschrift zu erfüllen. Dieser Eingriff besteht letzten Endes in der Verstellung eines passenden Organes. Wie auch der angewandte Regler im einzelnen konstruiert sei, diese Verstellung muß jedenfalls ausreichen, um alle möglichen Zustandsänderungen ausregulieren zu können.

Das Studium der Arbeitsweise des selbsttätigen Reglers während der Einwirkung auf die Maschine muß sich außerdem auf die Wirkungsgeschwindigkeit der Steuergröße während des Ausgleichsvorganges erstrecken.

3. Der Aufbau oder die Wahl des Steuermechanismus dieses eigentlichen Reglers, d. h. der mechanische Apparat stellt durch seine Bewegungen, ausgelöst durch das Meßorgan, die notwendigen Verstellungen des Regelorganes sicher bzw. sperrt das Regelorgan, solange die Betriebskenngröße ihren vorschriftsmäßigen Wert beibehält.

4. Das Studium des Regelvorganges selbst, also des Ausgleichsvorganges. Diese Untersuchung muß sich beziehen auf die Regelgeschwindigkeit, die Stabilität der Regelung und die Vermeidung von Pendelerscheinungen, welche mit den Forderungen eines störungsfreien Betriebes unvereinbar sind.

II. Die Grundgleichungen und die Methode der Untersuchung.

6. Die Maschinengleichung. Wir haben gesehen, daß im stationären Zustande alle Größen, die den Zustand kennzeichnen, durch Gleichungen verknüpft sind, deren Zahl um Eins kleiner ist als die der Variablen. Während des Ausgleichsvorganges werden diese Variabeln ganz oder teilweise Funktionen der Zeit, welche dann im allgemeinen als unabhängige Variable auftritt.

Wir werden uns im allgemeinen auf eine einzige Betriebskenngröße beschränken. Wenn wir diese Größe einer Betriebsvorschrift unterwerfen, kann man stets aus dem Gleichungssystem alle Zustandsgrößen bis auf zwei eliminieren, welche wir entsprechend den Hauptfragen des Einzelfalles wählen können: die Betriebskenngröße, d. h. die zu regelnde Größe, und die Belastung. Die entstehende Gleichung enthält außerdem noch die Zeit und die Steuergröße. Wir bezeichnen diese grundlegende Beziehung als Maschinengleichung des Ausgleichsvorganges und schreiben

$$M(u, i, \alpha, t) = 0. \tag{1}$$

Hierin bedeutet

u die Betriebskenngröße (z. B. die Klemmenspannung),

i die Belastung (z. B. die Stromstärke),

α die Steuergröße (z. B. den Erregerwiderstand),

t die Zeit.

Die Steuergröße tritt in diese Gleichung ebenso ein wie die anderen Parameter, welche in ihr implizite enthalten sind. Wir haben dies in einfacher Weise früher erklärt.

Wenn die Maschine nicht geregelt wird, behält diese Steuergröße einen festen Wert; während der Regulierung dagegen wird sie eine Funktion der Zeit: Sie ändert sich entsprechend dem Willen des Maschinenwärters oder gemäß der Arbeitsweise des selbsttätigen Reglers.

Die Maschinengleichung des Ausgleichsvorganges drückt also die Abhängigkeit der Betriebskenngröße von der Zeit, von der Belastung oder von der Steuergröße aus; während diese letztgenannten Größen selbst sich mit der Zeit ändern, sind alle anderen Größen der Gleichung konstant oder können während des Regelvorganges als konstant betrachtet werden.

Die Aufstellung der Maschinengleichung setzt natürlich die genaue Kenntnis der Maschine voraus, ihrer physikalischen Eigenschaften und ihrer Betriebsbedingungen. Hierbei entstehen keine grundsätzlichen

Schwierigkeiten; in gewissen Fällen ist diese Aufgabe sehr einfach. Wir werden hierauf in den Anwendungen zurückkommen.

7. Die Reglergleichung. Während des Regelvorganges wird die Steuergröße α eine Funktion der Zeit. Der Maschinenwärter arbeitet gemäß der Anzeige des Meßinstrumentes, welches ihm den augenblicklichen Wert der Betriebskenngröße anzeigt. Diese Betätigung vollzieht sich in einem Tempo, welches von der Intelligenz des Maschinenwärters abhängt; er führt entsprechend seinem Temperamente mehr oder minder schnell die notwendigen Eingriffe aus. Der selbsttätige Regler handelt ähnlich. Entsprechend seinem Empfindlichkeitsgrad spricht er mehr oder weniger schnell auf die Änderungen der Betriebskenngröße und der Belastung an. Das Tempo der Verstellung, die die Steuergröße einregelt, hängt von der Vollkommenheit des Reglermechanismus ab. Es besteht also zwischen der Betriebskenngröße, der Belastung, der Steuergröße und der Zeit eine Beziehung, welche lediglich vom Reglermechanismus beherrscht wird. Wir nennen diese Gleichung die **Reglergleichung** und schreiben

$$R\,(u,\ i,\ \alpha,\ t) = 0. \tag{2}$$

Die Reglergleichung erfaßt also die Verknüpfung zwischen der Steuergröße, der Zeit, der Belastung und der Betriebskenngröße; sie ist eindeutig durch den Reglermechanismus gegeben.

Jeder selbsttätige Regler besitzt also seine Gleichung; diese Gleichungen unterscheiden sich voneinander durch die Art des Mechanismus. Um die Gleichung aufzustellen, muß der Aufbau des Apparates genau bekannt sein.

8. Die Gleichungen des Ausgleichsvorganges. Wenn die Maschine reguliert wird, bestehen die Maschinengleichung und die Reglergleichung gleichzeitig:

$$M\,(u,\ i,\ \alpha,\ t) = 0,$$
$$R\,(u,\ i,\ \alpha,\ t) = 0.$$

Im stationären Zustande ruht der Regler; die Steuergröße ist ebenso wie die Betriebskenngröße konstant. Die Gleichungen vereinfachen sich und drücken sowohl die Unabhängigkeit dieser Größen von der Zeit aus wie die Abhängigkeit der stationären Größen voneinander.

Während des Ausgleichsvorganges sind dagegen u und α Funktionen der Zeit. Sie ändern sich entsprechend dem Gesetz, welches aus der gleichzeitigen Existenz der Maschinen- und Reglergleichung folgt.

Die Elimination der Steuergröße aus diesen beiden Gleichungen ergibt eine neue Beziehung, die **Korrektionsgleichung**

$$K\,(u,\ i,\ t) = 0. \tag{3}$$

Diese Gleichung schildert das Verhalten der Betriebskenngröße während der Störung, d. h. während des Ausgleichsvorganges. Sie gibt die Augenblickswerte der geregelten Größe zwischen zwei stationären Zuständen an.

Wenn man die Betriebskenngröße u aus der Maschinen- und Reglergleichung eliminiert, erhält man eine Beziehung zwischen Steuergröße, Belastung und Zeit, die Steuergleichung:

$$S(\alpha, i, t) = 0. \tag{4}$$

Die Steuergleichung liefert die Augenblickswerte der Steuergröße. Insbesondere gibt sie die größten Schwankungen der Steuergröße an, die durch die selbsttätige Regelung hervorgerufen werden. Diese Grenzwerte der Steuergröße stimmen im allgemeinen nicht mit denen überein, welche den Grenzen des stationären Zustandes entsprechen; der Bereich zwischen dem höchsten und niedrigsten Wert der Steuergröße ist oft bedeutend größer.

9. Die Steuergröße. Wir haben als Steuergröße die Größe definiert, welche durch die Verstellungen des Regelorganes verändert wird. In dieser Gestalt läßt die Definition eine gewisse Zweideutigkeit, denn es existieren mehrere Größen, welche als Veränderliche in diesem Sinne betrachtet werden dürfen. Im Beispiel einer Spannungsregelung eines Generators durch Änderung des Erregerwiderstandes kann man etwa als Steuergröße den Widerstand des Erregerkreises selbst ansehen, oder auch den Erregerstrom, oder endlich den magnetischen Induktionsfluß. Wenn andererseits diese Regelung durch Drehzahländerung der Maschine bewirkt wird, so kann als Steuergröße entweder die Drehzahl selbst betrachtet werden oder auch die Größe der Düsenöffnung, oder endlich die Stellung der Düsennadel der Turbine, welche die motorische Energie liefert.

Diese einzelnen Größen zeigen aber wesentlich verschiedene Eigenschaften: Einige nämlich (der Widerstand des Erregerkreises oder die Öffnung der Turbinendüse) verändern sich zwangläufig mit der Stellung des Regelorgans, wenn dieses z. B. den Gleitkontakt eines Widerstandes verstellt, oder wenn es durch Hebel die Bewegung der Turbinennadel bewirkt. Die anderen (der Erregerstrom oder die Drehzahl des Aggregates) dagegen nehmen ihren Endwert erst einige Zeit nach der Verstellung des Regelorganes an; sie sind also Funktionen dieser Verstellung und der Zeit.

Wir wollen verabreden, als Steuergröße eine Größe der erstgenannten Art zu benutzen, also eine Größe, welche sich sofort und eindeutig mit der Lage des Regelorganes verändert. Mathematisch läuft dies darauf hinaus, daß zwischen der Größe α, welche wir Steuergröße nannten, und der Stellung x des Regelorganes eine Beziehung

bestehen soll, welche die Zeit nicht explizit enthält. Wir nennen sie die
Übersetzungsgleichung zwischen dem Regelorgan und der Maschine

$$\ddot{U}\,(\alpha,\,x) = 0\,. \tag{5}$$

Umgekehrt definiert jetzt diese Gleichung die Größen, welche als
Steuergrößen genommen werden können. Man darf hiernach nur eine
solche Größe wählen, die stets (zumindest während der Dauer des
Störungszustandes) eine eindeutig bestimmte Funktion der Stellung
des Reglerorganes ist.

Diese Definition, welche allerdings den Begriff der Steuergröße
einschränkt, hat den Vorteil der Einfachheit, weil sie eine unmittelbare
Beziehung zwischen den Werten der Steuergröße und den Stellungen
des Steuerorganes aufstellt. Außerdem gestattet sie, die Bewegungen
des selbsttätigen Reglers durch die entsprechenden Änderungen der
Steuergröße auszudrücken, was für eine Einsicht in die Arbeitsweise
des selbsttätigen Reglers bequemer ist.

Indem man die Steuergröße α durch ihren Wert aus der Übersetzungsgleichung (5) ausdrückt und in die Steuergleichung (4) einführt, erhält
man die Gleichung der Regulierbewegung

$$S_1\,(x,\,i,\,t) = 0\,. \tag{6}$$

Sie schildert die Verstellung des Regelorganes während des Regelvorganges.

10. Die übliche Form der Korrektionsgleichung. Sowohl die Korrektionsgleichung

$$K\,(u,\,i,\,t) = 0$$

wie die Steuergleichungen

$$S\,(\alpha,\,i,\,t) = 0 \quad \text{oder} \quad S_1\,(x,\,i,\,t) = 0$$

enthalten die Belastung i als Veränderliche. Da die Störung des stationären Zustandes gerade durch eine Laständerung verursacht wird
und da diese Änderung im allgemeinen während einer gewissen Dauer
des Regelvorganges anhält, ist i eine Funktion der Zeit. Um die Korrektionsgleichung lösen zu können, muß also noch das Gesetz der zeitlichen Laständerung als Verknüpfung zwischen i und t bekannt sein.

Dieses Gesetz ergibt sich aus der Arbeitsweise der Maschine. In
einer elektrischen Maschine werden die Laständerungen im allgemeinen durch Schalthandlungen hervorgerufen, wobei die Schalter
Stromkreise aus- oder einschalten. Hierbei erfolgen die Laständerungen
großenteils sprunghaft oder können zumindest im Vergleich zur Dauer
des Regelvorganges als sprunghafte Vorgänge betrachtet werden. In
anderen Fällen (z. B. Abschalten von Motoren) erstreckt sich die Laständerung auf eine gewisse Zeitdauer und entwickelt sich entsprechend
der Bedienung der abgeschalteten Apparate.

Schon die oberflächliche Untersuchung aller möglichen Laständerungen zeigt sofort, daß die sprunghafte Laständerung hinsichtlich der Regelung den schwierigsten Fall darstellt. Betrachten wir z. B. den Übergang der Belastung von einem Werte I_1 auf I_2, welcher in einer gewissen Zeit etwa linear stattfinden möge. Man weiß aus Erfahrung (und dies folgt auch aus den Eigenschaften elektrischer Maschinen), daß dann in jedem Augenblick die Betriebskenngröße nur wenig von ihrem stationären Werte abweicht. Man kann also sagen, daß eine langsame Laständerung „leicht" zu korrigieren ist. Wenn man aber die Dauer der Änderung bis auf Null verkleinert, wenn also der Übergang $I_1 \rightarrow I_2$ sprunghaft erfolgt, so unterscheiden sich die Augenblickswerte der Betriebskenngröße erheblich von den stationären Werten.

Wir wollen deshalb zur Beurteilung einer selbsttätigen Regelung nur sprunghafte Laständerungen in Betracht ziehen. Denn einerseits ist diese Art von Laständerungen die häufigste, und die hieraus erwachsenden Bedingungen der Regulierung sind anderseits die schwersten.

Die Korrektionsgleichung wird hiernach lösbar. Vor Beginn der Störung hat die Last den Wert I_1; in einem gegebenen Augenblick springt die Last auf den Wert I_2, der sodann konstant bleibt. Diese Laständerung definiert den Beginn des Ausgleichsvorganges.

In der Korrektionsgleichung behält also die Belastung einen unveränderlichen Festwert, nämlich den Endwert nach der Laständerung, entsprechend dem neuen stationären Zustande. Der Anfangswert der Betriebskenngröße entspricht dem ersten stationären Zustand, d. h. also der Belastung vor der Laständerung.

Zusammenfassend erkennen wir: Die Korrektionsgleichung entsteht nach Elimination der Steuergröße aus der Reglergleichung und der Maschinengleichung des Ausgleichsvorganges. Ihre Lösung wird unter der Annahme einer sprunghaften Laständerung entwickelt, wobei die Endbelastung den Anfangszustand des Ausgleichsvorganges definiert und selbst während der Folgezeit konstant bleibt.

III. Die Reglergleichung für einige ausgeführte Reglerformen.

11. Die Grundform des Reglers. Der denkbar einfachste Regler besteht aus einem Meßinstrument (z. B. Spannungszeiger) mit Kontakten, welches in passendem Sinne den Strom eines kleinen Motors steuert, der seinerseits auf das Regelorgan einwirkt. Wenn die zu regelnde Funktion ihren vorschriftsmäßigen Wert besitzt, befindet sich der Zeiger des Meßinstrumentes zwischen den beiden Kontakten. Sobald die Betriebskenngröße um ein bestimmtes Maß vom Sollwert abweicht, läuft der Motor an und bewirkt die Korrektion.

Diese Reglerart ist also durch eine konstante Arbeitsgeschwindigkeit gekennzeichnet, wobei die Regelung je nach dem Vorzeichen der Abweichung vom Sollwert im positiven oder negativen Sinne erfolgt. In einem gewissen Bereiche, der sogenannten „Unempfindlichkeit" des Reglers, reagiert der Apparat auf die Abweichung vom Sollwert nicht. Wählt man als Abszisse den Wert der Betriebskenngröße u und als Ordinaten die Geschwindigkeit $\dfrac{dx}{dt}$ der Reglerverstellung, so erhält man die in Abb. 1 dargestellte Abhängigkeit zwischen beiden Größen.

Man überzeugt sich leicht von der Unzulänglichkeit solcher Apparate, ohne auf konstruktive Einzelheiten einzugehen. Denn eine solche Reglerbauart kann nur bei Anwendung sehr kleiner Arbeitsgeschwindigkeiten eine brauchbare, stabile Regelung ergeben, die frei von dauernden Pendelvorgängen ist; man könnte sie allenfalls durch Hinzunahme von Dämpfungsanordnungen verbessern. Man vergleiche hierüber die in den eingangs aufgeführten Büchern beschriebenen Konstruktionen.

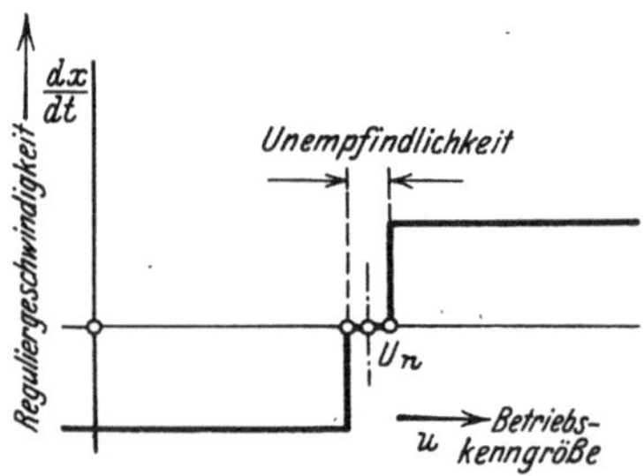

Abb. 1. Grundsätzliches Arbeitsdiagramm eines einfachen Reglers.

Aber selbst mit solchen Verbesserungen kann man mit diesen Apparaten keine Schnellregulierung ausführen. Die relativ große Trägheit der beweglichen Teile stellt sich sowohl einer großen Arbeitsgeschwindigkeit wie einem plötzlichen Stillsetzen entgegen. Deshalb mußte man diesen Weg verlassen, um andere Konstruktionen zur Verstellung des Regelorganes zu entwickeln, die von diesen Mißständen frei sind. So entstanden die neuzeitlichen selbsttätigen Regler. Ihre Arbeitsgeschwindigkeit ist nicht mehr konstant, sondern vielmehr der auszuregelnden Schwankung der Betriebskenngröße merklich proportional.

Wir werden uns im folgenden nicht mit der hier beschriebenen Grundform beschäftigen, da sie für elektrische Maschinen keine praktische Bedeutung mehr besitzt; bei der Aufstellung ihrer Reglergleichung ist übrigens nur eine gewisse analytische Schwierigkeit zu überwinden, weil man die unstetige Abhängigkeit der Arbeitsgeschwindigkeit von der Reglerverstellung ausdrücken muß. Wir werden uns deshalb darauf beschränken, die Reglergleichung für eine Anzahl neuzeitlicher Apparate zu entwickeln.

A. Der Öldruckregler Type REX der Werkstätten H. Cuénod A. G., Genf.

12. Beschreibung des Öldruckreglers. Der Apparat ist in Abb. 2a und Abb. 2b dargestellt; Abb. 3 zeigt eine schematische Ansicht.

Abb. 2. Ansicht eines Cuénod-Reglers. a geschlossen, b geöffnet.

Der Öldruckregler gehört zu den indirekt wirkenden Apparaten: Die Energie zur Verstellung des Regelorganes, hier also des Kontaktarmes, wird von Öl geliefert, das unter hohem Druck steht. Eine kleine

Zentrifugalpumpe *2* (vgl. Abb. 3) wird von einem kleinen Elektromotor dauernd angetrieben und drückt das Öl in einen Verteiler *4*. Je nach der Schieberstellung dieses Verteilers bewegt das Öl den Drehkolben *15* in diesem oder jenem Sinne.

Im stationären Zustand ruht der Kolben oder genauer der Flügel *15*; die Zuführungsleitungen sind beiderseitig geschlossen. Sobald aber der Strom im Meßinstrument *13* sich ändert, verstellt sich der Schieber in senkrechter Richtung und öffnet die Ölzufuhr- und -Entleerungsleitung, so daß der Flügel sich bewegt.

An der Welle *14* des Flügels ist ein kleiner Zapfen befestigt, der bei seiner Bewegung in den gezahnten Sektor *25* eingreift. Dieser Sektor spannt unter Vermittlung einer Ölbremse *27* die elastische Blattfeder *24*, die gleichzeitig die Rückstellfeder *22* des Meßinstrumentes trägt. Diese ganze Anordnung, bestehend aus dem gezahnten Sektor, Ölbremse und elastischer Feder, stellt zusammen die Rückführung dar; sie soll den Reguliervorgang stabilisieren.

Einige Sondereinrichtungen sind der Klarheit halber in dieser grundsätzlichen Beschreibung unerwähnt geblieben; wir tragen sie hier nach:

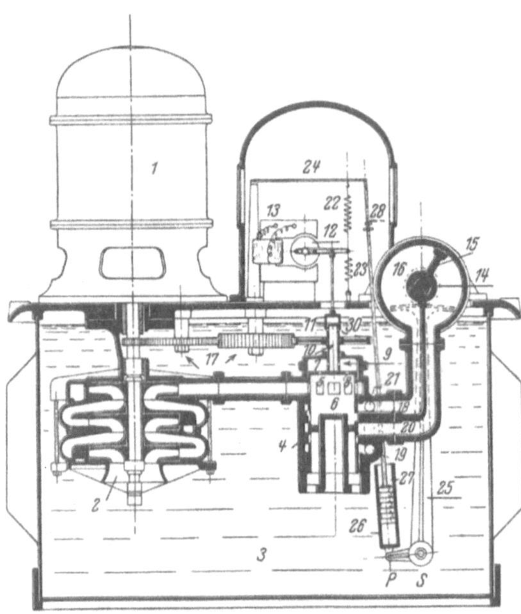

Abb. 3. Wirkungsweise des Cuénod-Öldruckreglers.

Der Drehschieber des Verteilers wird dauernd um seine Achse gedreht, um den Einfluß der achsialen Reibung zu beseitigen; er folgt dann den kleinsten Verstellungen des Meßinstrumentes.

Der Schieber *10* des Verteilers ist nicht starr mit dem Meßwerk verbunden; vielmehr vermittelt ein kleiner, außerordentlich leicht gebauter Hilfsschieber diese Verbindung. Er steuert erst die Zuführungsleitungen im Hauptschieber, so daß unter Vermittlung des Öldruckes die Verstellung des Meßwerkes sofort auf den Hauptschieber übertragen wird.

Durch die Drehbewegung des Hauptschiebers wird dauernd Öl in wechselnder Richtung auf den Flügel *15* gedrückt; dieser ruht also nicht, sondern pendelt dauernd um eine mittlere Stellung. Die Frequenz dieser Zitterbewegung beträgt etwa 15 per/sec.

Die Welle *14* des Reglers trägt nun einen Kontaktarm, der über eine Kontaktbahn schleift; mit den einzelnen Kontakten dieser Bahn sind die verschiedenen Abschnitte des Regulierwiderstandes verbunden. Die erwähnte Zitterbewegung unterteilt den Wert des Widerstandsintervalles zwischen zwei aufeinanderfolgenden Kontakten irgendwie. Sie kann deshalb aus der Reihe sprunghaft variabler Widerstandswerte im gewissen Sinne einen stetig veränderlichen Widerstand ma-

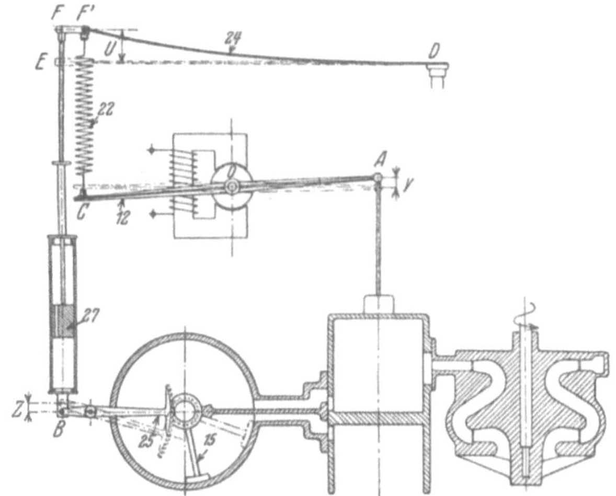

Abb. 4. Zur Gleichung des Öldruckreglers.

chen, womit natürlich die Unempfindlichkeit des Reglers stark verringert wird. Verwendet man den Regler zur Regelung der Erregung eines Generators, so macht sich infolge der relativ großen Hauptfeldzeitkonstanten der Maschinen eine derartige rasche Änderung der Feldwiderstände in der Maschinenspannung nicht mehr bemerkbar.

13. Die Gleichung des Öldruckreglers. Wir wollen hier die Beziehung zwischen der Verstellung des Meßwerkes, die der auszuregelnden Abweichung proportional ist, und der entsprechenden Bewegung des Kontaktarmes ableiten, die den Widerstandswert beherrscht. Um sie aufzustellen, müssen wir die vorstehend beschriebene Wirkungsweise des Öldruckreglers mathematisch auszudrücken suchen.

Wir wollen voraussetzen, daß nach Abb. 4 der bewegliche Teil des Meßwerkes um die Größe y verstellt sei; diese messen wir zweckmäßig am Befestigungspunkt *A* des Schiebers. Dieser Verstellung ist die

Öffnung der Ölleitungen proportional; da andererseits die Zentrifugalpumpe einen in weiten Grenzen unveränderlichen Druck liefert, so ist
die pro Zeiteinheit in der Trommel umlaufende Ölmenge ebenfalls der
Verstellung y proportional. Wir schließen hieraus, daß weiterhin auch
die Geschwindigkeit des Flügels 15 mit y proportional ist. Messen wir
diese Geschwindigkeit durch die Verstellung z des Punktes B am Sektor 25, so gilt also

$$\frac{dz}{dt} = P \cdot y. \tag{7}$$

Der hier eingehende Proportionalitätsfaktor P hängt nur vom Öldruck
und den Abmessungen der Ölleitungen ab.

Auf den beweglichen Teil 12 des Meßwerkes wirken zwei Kräfte.
Der treibenden elektromagnetischen Kraft des Stromes i, der in der
Wicklung des Meßinstrumentes fließt, stellt sich die Rückstellkraft
der Feder 22 entgegen. Im allgemeinen ist die elektromagnetische
Kraft unabhängig von der Stellung des beweglichen Teiles, da dieser
sich um höchstens 2^0 gegen seine mittlere Lage dreht; außerdem ist
sie, wie in allen solchen Anordnungen, dem Quadrat der Stromstärke
proportional. Man hat also als Gleichgewichtsbedingung, wenn man
die Hebelarme AO und OC als gleichgroß voraussetzt und die elektromagnetische Kraft auf den Punkt A bezieht, nach Abb. 4:

$$F_0 + \beta (u + y) = M i^2.$$

Darin ist F_0 die Vorspannung der Feder 22 und β die Federkonstante.

Im Gleichgewichtszustand, also bei ruhendem Regler, wird die
Wicklung des Meßwerkes vom Strome i_n durchflossen; i_n ist dann
der „vorschriftsmäßige" Wert des Stromes. Der bewegliche Teil möge
dann seine Horizontallage einnehmen, bei der alle Leitungen des Verteilers geschlossen sind. Außerdem ist die Feder der Rückführung 24
entspannt und nimmt die Lage DE ein, wobei sie keine Kraft auf den
Kolben 27 der Ölbremse ausübt. Man hat also auch $u = 0$ und entnimmt
der allgemeinen Gleichgewichtsbedingung

$$F_0 = M \cdot i_n^2.$$

Zieht man beide Gleichungen voneinander ab, so kann man die Vorspannung eliminieren:

$$\beta (u + y) = M (i^2 - i_n^2).$$

Wir setzen jetzt $i = i_n + \Delta i$ und betrachten nur kleine Abweichungen
vom Gleichgewicht ($\Delta i \ll i_n$); es ist dann $i^2 - i_n^2 = \sim 2 i_n \cdot \Delta i_n$ und also

$$\beta (u + y) = 2 M \cdot i_n^2 \cdot \frac{\Delta i}{i_n}.$$

Hierin ist $\frac{\Delta i}{i_n}$ die relative Abweichung des vom Meßwerk gemessenen Wertes der Betriebskenngröße. Indem wir hierfür die Bezeichnung Δ einführen, vereinfacht sich die Gleichgewichtsbedingung in

$$\beta\,(u + y) = 2\,M\,i_n^2 \cdot \Delta\,. \tag{8}$$

In dieser Gleichung ist nun noch die Deformation u der Feder *24* unbekannt; sie ist durch die **Arbeitsweise der Rückführung** bestimmt.

Wenn der Flügel *15*, dessen Verstellung wir durch die des Punktes B messen, sich nach oben bewegt, muß sich auch der Kolben der Ölbremse bewegen, so daß die Feder *24* gespannt wird. Die Kraft, die diesen Kolben emportreibt, ist der Relativgeschwindigkeit des Kolbens gegen den Zylinder proportional; ihr wird das Gleichgewicht gehalten durch die Kraft, welche die gebogene Feder entwickelt. Man erhält so für die Deformation der Rückführungsfeder die Beziehung

$$\beta_r \cdot u = A \cdot \left(\frac{dz}{dt} - \frac{du}{dt}\right)\,. \tag{9}$$

Darin bedeutet A eine Konstante, die nur von den Abmessungen der Bremse abhängt; daher kann man umformen

$$\frac{dz}{dt} = \frac{du}{dt} + \frac{\beta_r}{A}\,u \equiv \frac{du}{dt} + \frac{u}{T_r}\,. \tag{9a}$$

Wie aus dieser Schreibweise hervorgeht, besitzt $T_r = \dfrac{A}{\beta_r}$ die Dimension einer Zeit; diese Größe kann deshalb als **Rückführungs-Zeitkonstante** bezeichnet werden. Sie faßt die elastischen Eigenschaften der Feder *24* und die Bremswirkung der Ölbremse *27* in sich zusammen.

Um jetzt die gesuchte Beziehung zwischen der relativen Abweichung Δ der Betriebskenngröße und der Verstellung z der Reglerwelle zu finden, die ja ihrerseits den Wert des Regulierwiderstandes bestimmt, hat man aus den gefundenen Gleichungen die Deformation u der Rückführungsfeder und die Verstellung y des Meßwerkes zu eliminieren. Man erhält aus (1), (8) und (9a)

$$\frac{d\Delta}{dt} + \frac{\Delta}{T_r} = \frac{\beta}{2\,M\,i_n^2 \cdot P} \cdot \frac{d^2z}{dt^2} + \frac{\beta}{2\,M\,i_n^2} \cdot \left[1 + \frac{1}{P\,T_r}\right]\frac{dz}{dt}\,.$$

Die Koeffizienten der Veränderlichen und ihrer Ableitungen lassen sich leicht deuten.

Zunächst wollen wir uns die **Reibung im Zylinder der Ölbremse** beseitigt denken; in Gl. (9) ist dann A und T_r gleich Null zu setzen, so daß die oben gewonnene Reglergleichung sofort ergibt

$$\Delta = \frac{\beta}{2\,M\,i_n^2} \cdot \frac{1}{P} \cdot \frac{dz}{dt}\,.$$

Durch Beseitigung der Rückführung erhält man hiernach unter der Wirkung einer zeitlich konstanten Abweichung Δ eine ebenfalls konstante Geschwindigkeit der Reglerwelle, die wegen

$$\frac{dz}{dt} = \frac{2 M\, i_n^2\, P}{\beta} \cdot \varDelta$$

insbesondere dieser Abweichung selbst proportional ist.

Eine solche gleichförmige Bewegung ist natürlich wegen des endlichen Verstellungsbereiches des Kontaktarmes nicht dauernd aufrechtzuerhalten. Bezeichnet vielmehr S den gesamten, praktisch möglichen Weg der Reglerwelle, so wird dieser Weg in der Laufzeit vollendet:

$$t_s = \frac{S}{\left(\dfrac{dz}{dt}\right)} = \frac{S \cdot \beta}{2\, M \cdot i_n^2 \cdot P \cdot \varDelta}\,.$$

Diese Beziehung kann man in die anschauliche Form bringen

$$t_s \cdot \varDelta \equiv T_s = \frac{S \cdot \beta}{2\, M\, i_n^2 \cdot P}, \tag{10}$$

welche lehrt, daß das Produkt der Reglerlaufzeit mit dem Relativwert der Abweichung bei beseitigter Rückführung eine unveränderliche Konstante des Reglers ist. Wir nennen die hierdurch definierte Kenngröße T_s die spezifische Laufzeit.

Mit Einführung dieses Begriffes läßt sich $\dfrac{\beta}{2\, M \cdot i_n^2 \cdot P}$ durch $\dfrac{T_s}{S}$ ersetzen, so daß die Reglergleichung übersichtlicher geschrieben werden kann

$$\frac{d\varDelta}{dt} + \frac{\varDelta}{T_r} = T_s \cdot \frac{d^2\left(\dfrac{z}{S}\right)}{dt^2} + T_s\left(P + \frac{1}{T_r}\right)\frac{d\left(\dfrac{z}{S}\right)}{dt}\,.$$

Hierin ist $\dfrac{z}{S}$ die „relative" Reglerbewegung ψ, gemessen in Bruchteilen des ganzen Bewegungsbereiches $S\,(\psi = 1)$. Daher kann man vereinfachen

$$\frac{d\varDelta}{dt} + \frac{\varDelta}{T_r} = T_s \cdot \frac{d^2\psi}{dt^2} + T_s\left(P + \frac{1}{T_r}\right)\frac{d\psi}{dt}\,.$$

Nunmehr wollen wir umgekehrt annehmen, daß die Rückführung starr sei, d. h. also, daß die Ölpumpe durch eine feste Stange ersetzt sei, oder daß das Öl außerordentlich zähe sei. Die Zeitkonstante T_r wird dann mit A unendlich groß und man erhält die Bewegungsgleichung

$$\frac{d\varDelta}{dt} = T_s \frac{d^2\psi}{dt^2} + P\, T_s \frac{d\psi}{dt}\,.$$

Durch Integration entsteht hieraus

$$\varDelta = T_s \frac{d\psi}{dt} + P\, T_s\, \psi + \text{const}\,.$$

Wir untersuchen jetzt zunächst den Gleichgewichtszustand, d. h. diejenigen Werte der Abweichung $\varDelta$, für welche die Arbeitsgeschwindigkeit verschwindet. Damit dies der Fall sei, müssen wir setzen $\varDelta = P\,T_s\,\psi +$ const. Man erkennt hieraus, daß der Regler nicht in jeder Stellung (für jeden Wert ψ) ruhen kann, es sei denn, daß die Abweichung einen ganz bestimmten Wert hat, der von Punkt zu Punkt verschieden ist. Wenn $\varDelta_1$ und $\varDelta_2$ die Abweichungswerte sind, die den beiden Grenzwerten der Reglerbewegung in diesem Sinne entsprechen, hat man also für

$$\psi = 0: \quad \varDelta_1 = \text{const},$$
$$\psi = 1: \quad \varDelta_2 = P \cdot T_s + \text{const}.$$

Hieraus folgt

$$\varDelta_2 - \varDelta_1 = P\,T_s = \delta = \frac{S \cdot \beta}{2\,M\,i_n^2}. \tag{11}$$

δ ist die Dämpfung der Rückführung, d. h. die Änderung des Reglerpunktes bzw. der Betriebskenngröße, die entstehen würde, wenn die Rückführungspumpe durch eine starre Stange ersetzt werden würde; sie dient zur Stabilisierung des Reguliervorganges.

Die Auswertung von δ ist außerordentlich einfach. Das Produkt $S\beta$ ist die Kraftänderung, die durch das Meßwerk bewirkt wird, wenn seine Auslenkung der vollen Bewegung S entspricht. Ähnlich ist $M\,i_n^2$ die Kraft, welche vom Meßwerk geliefert wird, wenn es vom vorschriftsmäßigen Strom durchflossen wird.

Die allgemeine Reglergleichung schreibt sich also

$$\frac{d\varDelta}{dt} + \frac{\varDelta}{T_r} = T_s \frac{d^2\psi}{dt^2} + \left(\delta + \frac{T_s}{T_r}\right)\frac{d\psi}{dt}. \tag{12}$$

Sie enthält drei Kenngrößen: 1. Die Rückführungszeitkonstante T_r, 2. die Rückführungsdämpfung δ, 3. die spezifische Laufzeit T_s.

Wir haben bei der Aufstellung der Reglergleichung die mechanischen Kräfte außer acht gelassen, die durch die Massenträgheit bei der Bewegung des Apparates entstehen. Diese Näherung ist im konstruktiven Aufbau begründet. Denn seitdem man selbsttätige Regler baut, ist man sich bewußt, daß man möglichst mit einem mechanischen System ohne merkliche Trägheit arbeiten muß, das also verzögerungsfrei den Änderungen der zu regelnden Funktion folgt. Man genügt diesen Bedingungen einerseits durch möglichst leichten Aufbau aller beweglichen Teile, andrerseits durch starke Steuerkräfte (Öldruck). Der in Rede stehende, vom Verfasser konstruierte Regler genügt diesen Forderungen. Es würde jedoch den Rahmen dieser Arbeit überschreiten, weiter auf diese Konstruktion einzugehen.

14. Die Betriebsvorschrift. Die allgemeine Reglergleichung muß selbstverständlich die Betriebsvorschrift enthalten, für die der

Regler gebaut ist. Die Betriebsvorschrift ist durch den Wert definiert, den die Betriebskenngröße oder die geregelte Größe im stationären Zustand annimmt. Hierbei verschwinden die zeitlichen Schwankungen der geregelten Funktion und der Belastung. Außerdem ruht das Regelorgan, da die Steuergröße einen festen Wert hat. Es genügt also, in der allgemeinen Gleichung die Ableitungen der Betriebskenngröße und der Belastung zu streichen, ebenso wie die Ableitungen der Stellung des Regelorganes. Aus der restlichen Gleichung $\frac{\varDelta}{T_r} = 0$ folgt also $\varDelta = 0$.

Im stationären Zustande verschwindet die Abweichung des Stromes, der das Meßinstrument durchfließt. Der stationäre Zustand ist also durch $i = i_n = $ const gekennzeichnet; die Regelung erstreckt sich auf konstante Stromstärke (oder Klemmenspannung an den Klemmen des Meßinstrumentes). Die Belastung spielt in diesem Falle keine Rolle.

Wir finden somit durch diese Überlegung die Beziehung wieder, die das Gleichgewicht des beweglichen Teiles des Meßinstrumentes in seiner mittleren Lage ausdrückt: die Gleichung der Betriebsvorschrift.

Wenn das Meßinstrument entsprechend irgendeiner anderen Betriebsvorschrift eingestellt werden soll, würde man demgemäß andere Gleichgewichtsbedingungen finden; diese veränderte Betriebsvorschrift ist implizite in der allgemeinen Reglergleichung enthalten. Diese Erweiterung der ursprünglichen Vorschrift macht keinerlei grundsätzliche Schwierigkeiten, so daß wir hierauf nicht näher einzugehen brauchen.

B. Der BBC-Schnellregler.

15. Beschreibung des BBC-Reglers. Eine eingehende Beschreibung dieses Apparates ist in den Brown-Boveri-Mitteilungen enthalten; man vergleiche insbesondere die Mitteilung 786 F aus dem Jahre 1923. Wir wollen im folgenden die wesentlichen Merkmale des Apparates schildern, soweit sie zur Aufstellung der Reglergleichung notwendig sind.

Der BBC-Regler ist in Abb. 5 dargestellt. Er ist ein direktwirkender Apparat, der somit ohne äußere Energiezufuhr das Regelorgan nach den Anweisungen des Meßwerkes verstellt.

Als Meßwerk dient ein Drehfeldsystem, das nach dem Ferrarisprinzip arbeitet. Der bewegliche „Läufer" ist außerordentlich leicht aus Aluminium konstruiert; man kann deshalb mit gutem Recht die Massenträgheit außer acht lassen. Ein Federsystem, bestehend aus Hauptfedern f nach Abb. 6 und Hilfsfedern n unter Zuhilfenahme geeigneter Hebel, entwickelt ein von der Läuferstellung unabhängiges Gegendrehmoment, welches am Läufer angreift.

Auf der Läuferwelle befindet sich ein gezahnter Sektor p; er kann sich unabhängig von der Bewegung der Aluminiumtrommel frei drehen.

Der Läufer und dieser gezahnte Sektor sind mittels einer Spiralfeder q verbunden, die im Normalzustande ruht. Der Sektor p ist mit einer wiederum sehr leichten Aluminiumscheibe o verzahnt, die zwischen den Polen zweier permanenter Magnete m schwingen kann. Wenn unter dem Einfluß einer Stromänderung im Triebsystem der Läufer sich verstellt, spannt er die Feder q; diese überträgt die Kraft auf den Sektor p. Infolge der Bremswirkung der Wirbelströme, die in der

Abb. 5. Ansicht eines BBC-Schnellreglers.

Aluminiumscheibe o induziert werden, kann der Sektor p der Verstellung des Meßinstrumentes nicht sofort folgen; vielmehr erreicht er

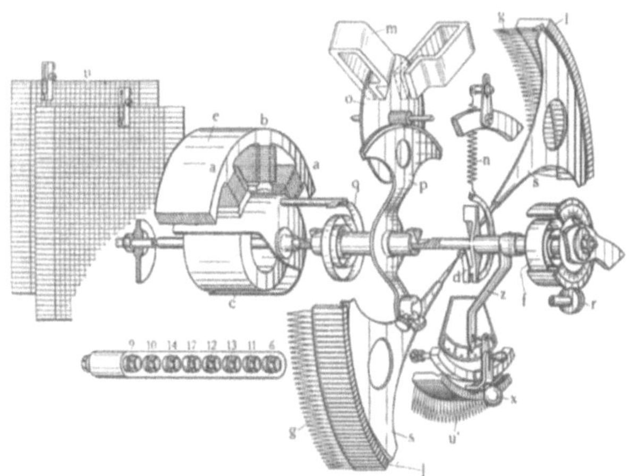

Abb. 6. Wirkungsweise des BBC-Schnellreglers.

seine Endlage erst nach einiger Zeit. Die Feder q, der Sektor p und die Wirbelstrombremse o bilden die Rückführung des Apparates.

Die Läuferachse bewegt die beiden Sektoren s, die die Kontaktbahnen der Regulierwiderstände bestreichen. Diese beiden Sektoren stellen somit das Regelorgan dar, das entsprechend seiner Stellung den Widerstand im Stromkreise einstellt.

16. Die Reglergleichung. Wir wollen auch hier auf Grund der vorstehend geschilderten Arbeitsweise den Zusammenhang zwischen der „Abweichung" der Betriebskenngröße und der hierdurch verursachten Verstellung des Reglerorganes aufsuchen.

Es erweist sich als zweckmäßig, von dem einfachen Ersatzschema nach Abb. 7 auszugehen. In diesem ist das Drehfeldsystem durch eine Spule a ersetzt, die den Kern c anzieht. Um den Vergleich mit dem

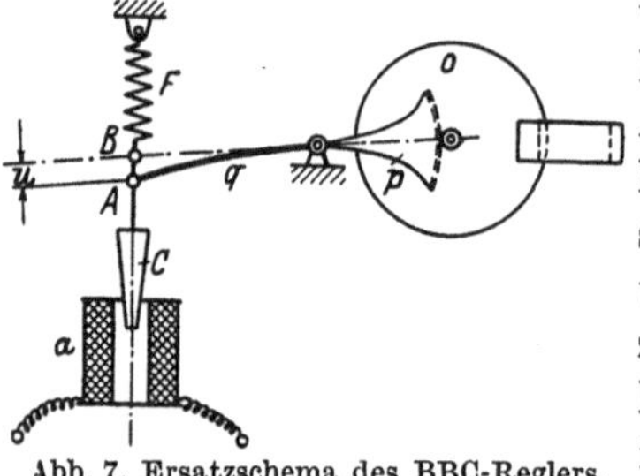

Abb. 7. Ersatzschema des BBC-Reglers.

wirklichen System durchführen zu können, setzen wir voraus, daß die Anziehungskraft der Spule a unabhängig von der Stellung des Kernes c sei. Die Rückführkraft der Federn f und n ist im Ersatzbild in der Feder f zusammengefaßt, die also mit solchen Elastizitätseigenschaften ausgestattet ist, daß ihr äußerster Punkt A in allen Lagen des ausgenutzten Deformationsbereiches dieselbe Kraft entwickelt. Man kann übrigens auch durch geeignete konstruktive Maßnahmen dem Federsystem f, n eine solche Charakteristik geben, daß die Kraft im Punkte A eine Funktion der Stellung wird. Um jedoch die Untersuchung möglichst einfach zu gestalten, betrachten wir nur den Fall des indifferenten Gleichgewichts. Wie wir schon wissen, läuft dies auf die Betriebsvorschrift hinaus: Spannung (oder Strom) = const.

Der Punkt A ist mit den Sektoren verbunden zu denken, die auf den Kontaktbahnen gleiten; der Deutlichkeit halber sind diese im Ersatzbild nicht mitgezeichnet worden. Da die Verstellung des Punktes A hiernach der Verstellung des Regelorganes proportional ist, können wir diese, auf die es ja letzten Endes ankommt, durch die Bewegung eben des Punktes A beschreiben.

Gleichzeitig ist der Punkt A unter Vermittelung der Biegungsfeder q mit dem gezahnten Sektor p verbunden. Die Scheibe o entwickelt ein Bremsmoment, das ihrer Winkelgeschwindigkeit proportional ist.

Wir messen die Bewegung des Punktes A durch seinen Abstand z von einem irgendwie gewählten Ursprung. Da das Drehfeld des wirklichen Reglers ein zeitlich konstantes Drehmoment entwickelt, müssen wir es in unserem Ersatzschema durch einen Gleichstrom der Stärke I darstellen. Der magnetische Spulenfluß Φ muß dann, soll die Kraft auf dem Kern unabhängig von seiner Lage sein, der Verstellung Z proportional sein; demnach liefert für hinreichend kleine Schwankungen des magnetisierenden Stromes I das Induktionsgesetz der Spannungsgleichung

$$U = I \cdot Z + \frac{d\Phi}{dt} = I \cdot Z + A \cdot \frac{dz}{dt}$$

oder

$$I = \frac{U - A \cdot \dfrac{dz}{dt}}{Z},$$

wenn Z den Widerstand der Spule und A eine Proportionalitätskonstante bedeutet. Dieses Ergebnis läßt sich jetzt auf das wirkliche Reglersystem zurückübertragen, sofern man hier unter Z die Impedanz des Spulensystems versteht.

Die elektromagnetische Kraft, die am Kern angreift, ist proportional dem Quadrat des effektiven Spulenstromes. Ihr wirkt die Feder entgegen, wobei nach Voraussetzung beide Kräfte unabhängig von der Stellung des Punktes A sind (astatischer Regler). Man hat also als resultierende Kraft

$$F = M I^2 - F_0 .$$

F_0 ist die Rückführkraft der Feder. Wenn ein gewisser „Normalstrom" fließt, eben der „vorschriftsmäßige" Strom, wird die Federkraft gerade durch die elektromagnetische Kraft im Gleichgewicht gehalten. Es gilt dann also

$$F_0 = M I_n^2 ,$$

so daß allgemein zu setzen ist

$$F = M (I^2 - I_n^2) .$$

Da wir nur kleine Abweichungen des Stromes gegen seinen Normalwert in Betracht ziehen, gilt

$$I = I_n + \Delta I; \qquad \Delta I \ll I_n$$

und folglich

$$F = \sim 2M \cdot I_n^2 \cdot \frac{\Delta I}{I_n} .$$

Der Strom läßt sich nun vermöge der oben genannten Spannungsgleichung der Spule durch die treibende Klemmenspannung U ausdrücken:

$$I_n = \frac{U_n}{Z}; \qquad \Delta I \equiv I - I_n = \left(\frac{U}{Z} - \frac{A \dfrac{dz}{dt}}{Z} \right) - \frac{U_n}{Z} = \frac{\Delta U}{Z} - \frac{A}{Z} \cdot \frac{dz}{dt} .$$

Daher gewinnt man für die Kraft F

$$F = 2M \cdot \left(\frac{U_n}{Z} \right)^2 \left[\frac{\Delta U}{U_n} - \frac{A}{U_n} \cdot \frac{dz}{dt} \right] .$$

Hierin ist, wie früher, $\varDelta = \dfrac{\varDelta U}{U_n}$ die relative Abweichung von der normalen, vorgeschriebenen Spannung U_n. Daher kann man vereinfachen

$$F = C \cdot \varDelta - D \cdot \frac{dz}{dt}.$$

Dieser Kraft wird nun das Gleichgewicht gehalten durch die Kraft der Rückführungsfeder q. Sei β_r ihre Federkonstante, u ihre Durchbiegung am Befestigungspunkte A, so hat man also

$$C \cdot \varDelta - D \frac{dz}{dt} = \beta_r \cdot u.$$

Hierin ist nun noch die Durchbiegung u unbekannt. Wir kennen jedoch ihre zeitliche Änderung. Denn diese ist gleich der Geschwindigkeit des Punktes A, vermindert um die Geschwindigkeit w des äußersten Punktes B der starren Stange, die am gezahnten Sektor befestigt ist:

$$\frac{du}{dt} = \frac{dz}{dt} - w.$$

Natürlich ist die Geschwindigkeit w ihrerseits proportional mit der Drehgeschwindigkeit der Bremsscheibe o. Um diese Drehgeschwindigkeit zu bestimmen, hat man lediglich die Bremswirkung der Wirbelströme in der Scheibe mit der Kraft der Rückführungsfeder gleichzusetzen:

$$\beta_r u = a w.$$

Aus diesen Gleichungen lassen sich die Geschwindigkeiten $\dfrac{du}{dt}$ und w leicht eliminieren. Zuerst findet man

$$\frac{du}{dt} = \frac{dz}{dt} - \frac{\beta_r}{a} u.$$

Das Verhältnis $\dfrac{\beta_r}{a}$ der Federkonstanten β_r zum Bremskoeffizienten a besitzt die Dimension einer reziproken Zeit. Bezeichnen wir diese durch T_r, so kann man also setzen

$$\frac{du}{dt} = \frac{dz}{dt} - \frac{u}{T_r}.$$

Wir bringen die Gleichgewichtsbedingung des Kernes in die Form

$$C \cdot \frac{\varDelta}{\beta_r} - \frac{D}{\beta_r} \frac{dz}{dt} = u$$

und finden durch Ableitung

$$\frac{C}{\beta_r} \cdot \frac{d\varDelta}{dt} - \frac{D}{\beta_r} \cdot \frac{d^2z}{dt^2} = \frac{du}{dt}.$$

Durch Elimination der Durchbiegung u ergibt sich jetzt

$$\frac{dz}{dt} = \frac{C}{\beta_r \cdot T_r} \cdot \Delta - \frac{D}{\beta_r\, T_r} \frac{dz}{dt} + \frac{C}{\beta_r} \frac{d\Delta}{dt} - \frac{D}{\beta_r} \frac{d^2 z}{dt^2}$$

oder

$$\frac{d\Delta}{dt} + \frac{\Delta}{T_r} = \frac{S\,D}{C} \frac{d^2\left(\frac{Z}{S}\right)}{dt^2} + \left(\frac{\beta_r S}{C} + \frac{DS}{C}\frac{1}{T_r}\right) \frac{d\left(\frac{Z}{S}\right)}{dt}.$$

Führen wir hier die schon beim Cuénod-Regler benutzten Bezeichnungen ein, so hat man

$$\frac{d\Delta}{dt} + \frac{\Delta}{T_r} = T_s \cdot \frac{d^2\psi}{dt^2} + \left(\delta + \frac{T_s}{T_r}\right) \cdot \frac{d\psi}{dt}.$$

Die Symbole δ und T_s bedeuten genau dasselbe wie im Falle des genannten Reglers. Denn setzen wir voraus, daß die Hemmung unterdrückt sei, d. h. also $a = 0$ oder $T_r = 0$, so würden wir den Klemmen des Meßinstrumentes eine unveränderliche Abweichung Δ zuführen. Die Gleichung vereinfacht sich dann in

$$\Delta = T_s \frac{d\psi}{dt}$$

und lehrt, daß unter diesen Bedingungen die Verstellgeschwindigkeit $\frac{d\psi}{dt}$ konstant und proportional der Abweichung Δ ist. Durch die gleiche Überlegung erkennt man, daß das Produkt dieser Abweichung mit der gesamten Laufzeit des Punktes A genau der spezifischen Laufzeit T_s gleicht. Denn da die gesamte relative Bewegung gleich 1 ist, erfordert die Bewegung von A die Zeit

$$t = \frac{1}{\left(\frac{d\psi}{dt}\right)} = \frac{T_s}{\Delta}.$$

so daß wirklich

$$t \cdot \Delta = T_s.$$

δ ist die Rückführungsdämpfung. Es sei die Bremsscheibe o festgehalten in irgendeiner Stellung und gesucht sei der Wert der Abweichung Δ, der notwendig ist, um den Apparat in den beiden äußersten Stellungen in Ruhe zu halten. Wenn die Bremsscheibe unbeweglich ist, werden der Bremskoeffizient a und also auch die Rückführungszeitkonstante T_r unendlich groß. Die Gleichung vereinfacht sich in

$$\frac{d\Delta}{dt} = T_s \cdot \frac{d^2\psi}{dt^2} + \delta \frac{d\psi}{dt},$$

welche integriert ergibt

$$\Delta = T_s \frac{d\psi}{dt} + \delta \cdot \psi + \text{const}.$$

Der Apparat ruht in einer der beiden äußersten Lagen, wenn

$$\psi = 0 \quad \text{oder} \quad \frac{d\psi}{dt} = 0$$

also

$$\varDelta_1 = \text{const}$$

und in der anderen Grenzlage, wenn

$$\psi = 1, \qquad \frac{d\psi}{dt} = 0$$

und also

$$\varDelta_2 = \delta + \text{const}.$$

Hieraus folgt

$$\delta = \varDelta_2 - \varDelta_1.$$

Der Schnellregler von BBC gehorcht also derselben Gleichung wie der Öldruckregler System Cuénod.

C. Der Tirrill-Regler der General Electric Co. und der Thomson Houston Compagnie und der AEG.

17. Beschreibung des Tirrill-Reglers. Die eingehende Beschreibung dieses sehr bekannten Apparates findet sich in F. Natalis: Die selbsttätige Regulierung der elektrischen Generatoren[1]. Für unsere Untersuchung behandeln wir nur das Wesentliche.

Das Hauptorgan dieses Apparates ist eine vibrierende Feder, deren Zitterbewegung durch die Wirkung der Selbstinduktion des Feldes der speisenden Maschine unterhalten wird. Diese Maschine, im allgemeinen eine Erregermaschine, nimmt also an der Regulierung teil; der Tirrill-Regler läßt sich deshalb nur in einer beschränkten Zahl von Fällen selbsttätiger Regulierung anwenden. Der häufigste Fall ist die Spannungs-

Abb. 8. Ansicht eines Tirrill-Reglers der AEG.

regelung (gelegentlich auch die Stromregelung) eines Generators.

18. Die Reglergleichung. Wir stellen die Reglergleichung für die wichtigste Anwendung des Tirrill-Reglers nach Abb. 8 auf: Die Span-

---

[1] Braunschweig: Vieweg & Sohn, 1908.

nungsregelung eines Wechselstromgenerators durch Änderung des Feldes der Erregermaschine.

In dem Schema nach Abb. 9 wird der Kern der Spannungsmeßspule von unten nach oben gezogen durch die Wirkung des Stromes, der in der Spule fließt, und von oben nach unten durch die Wirkung der Schwere. Eine Ölbremse vervollständigt das System.

Der Feldstrom der Erregermaschine hängt von der Zitterbewegung des Vibrators ab; er ist bestimmt durch das Verhältnis der Schließdauer des schwingenden Kontaktes zu seiner Öffnungsdauer. Da dieses Verhältnis von der mittleren Stellung beider Kontakte zueinander abhängt, erkennt man, daß der Kern der Spannungszeigerspule eine mit dem Erregerstrom veränderliche Lage annimmt. Diese Lage ist also von der Belastung

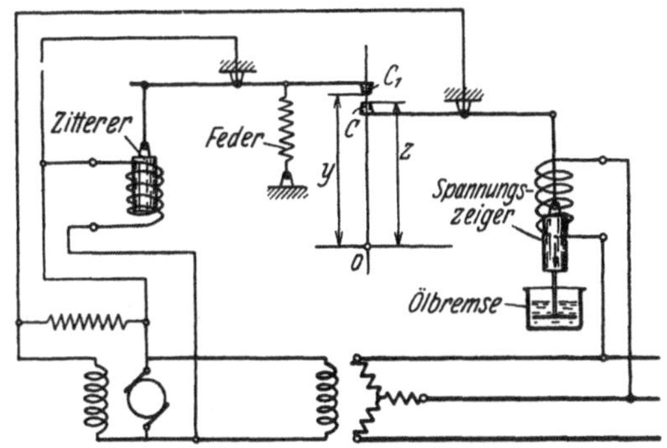

Abb. 9. Schema eines Tirrill-Reglers.

des Wechselstromgenerators abhängig. Wenn wir also auf konstante Spannung regeln wollen, muß der Kern des Spannungszeigers im indifferenten Gleichgewicht zu allen seinen Stellungen sein für einen bestimmten Wert des durchfließenden Stromes, also der Klemmenspannung des Wechselstromgenerators. Diese Spannung ist die „vorschriftsmäßige" Spannung. Der astatische Zustand kann leicht verwirklicht werden durch eine geeignete Form des Kernes, gegebenenfalls in Verbindung mit einer Feder, die dieses Schema nicht enthält.

Wir wollen die Bewegung des Kernes der Spannungsmeßspule durch die Verstellung seines Kontaktes C messen. Durch Überlegungen, welche mit denen identisch sind, die wir bei der Untersuchung des BBC-Reglers benutzten, erkennt man, daß die resultierende Kraft auf den Kern bei einer relativen Abweichung $\varDelta$ der Spannung von ihrem vorschriftsmäßigen Werte von der Kolbenreibung in der Ölbremse aufgenommen wird. Hieraus folgt die lineare Bewegungsgleichung

$$C \varDelta - D' \frac{dz}{dt} = D'' \frac{dz}{dt}$$

oder

$$\varDelta - D \frac{dz}{dt} = 0$$

als Bewegungsgleichung des „Meß"kontaktes. C, D', D'' und D sind hierbei Konstanten, die von der Konstruktion des Apparates abhängen.

Wir gehen jetzt zur Untersuchung des Vibrators über.

Der Kern des Vibrators schwingt um eine gewisse mittlere Lage. Der Mechanismus dieser Zitterbewegung ist so bekannt, daß wir hier nicht darauf einzugehen brauchen; wir verweisen diesbezüglich auf das oben angegebene Buch. Die mittlere Stellung des Vibrators (wenn der Kontakt C, welcher die Spannung mißt, hochgehoben ist) hängt von der Spannung an den Klemmen der Erregermaschine und der Rückführkraft ab, die hier durch eine Feder dargestellt ist. Da die elektromagnetische Kraft des Stromes in der Spule des Vibrators auf ihren Kern dem Quadrat des Stromes proportional ist, und da die Kraft der Feder nur linear mit der Verstellung des Kernes wächst, wird dieser sehr verschiedene Stellungen bei den verschiedenen Klemmenspannungen der Erregermaschine einnehmen. Um diese Verlagerungen einzuschränken, so daß sie nicht mehr als etwa linear mit der Klemmenspannung der Erregermaschine anwachsen, wurden verschiedenartige Systeme konstruiert. Beim Tirrillregler wirkt eine Kraft nacheinander auf mehrere Federn ein, so daß hierdurch entsprechend seiner Verlagerung die Elastizitätseigenschaften des Systems verändert werden; beim Regler von Fuß, der analog dem vorangehenden konstruiert ist, greift die rückführende Feder am Arm eines veränderlichen Hebels an. Wir können hiernach die Verlagerung des „Zitterkontaktes" C_1 als lineare Funktion der Erregerspannung u_e ausdrücken, zumindest in dem normalen Arbeitsbereich, und setzen die Gleichung des Vibrators in der Form an:

$$y = y_0 + \alpha\, u_e\,.$$

Die Steuergröße ist hiernach der Feldwiderstand der Erregermaschine, also im vorliegenden Falle der fiktive Widerstand des zitternden Kontaktes. Dieser Widerstand hängt, wie bekannt, von dem Verhältnis der Öffnungs- zur Schließzeit des Kontaktes ab, also von der relativen Lage des Spannungsmeßkontaktes C zum Schwingungsmittelpunkt des vibrierenden Kontaktes C_1. Allgemein gilt

$$r_e = f\,(z - y)\,.$$

Man kann sich diese Funktion in eine Reihe entwickelt denken und in die Form bringen

$$\frac{1}{r_e} = M + N\,(z - y) + \cdots.$$

Der Einfluß der weiteren Glieder hängt von der Konstruktion des Apparates ab. Die Abhängigkeit des Erregerwiderstandes r_e von der relativen Lage der beiden Kontakte ist im großen und ganzen die gleiche wie die Verteilung der Widerstände der beiden oben beschriebenen Reglerformen (Cuénod und BBC) längs der Kontaktbahn; diese Verteilung ist also in der Konstruktion gegeben. Wir werden sie als bekannt vor-

aussetzen, und zwar in Übereinstimmung mit den ersten Ausführungs-
formen derart, daß die vorstehende Reihe mit den angeschriebenen
Gliedern abgebrochen werden kann. Es sei also die „Gleichung der
Widerstandsverteilung"

$$\frac{1}{r_e} = M + N\,(z - y)$$

zumindest im normalen Arbeitsbereich des Reglers.

Die drei vorangehenden Gleichungen enthalten die Abweichung $\varDelta$
der geregelten Spannung, die Spannung u_e der Erregermaschine und
den Erregerwiderstand r_e. Diese drei Größen sind miteinander durch
die Vorgänge in den beiden Maschinen verknüpft.

Bei einer Veränderung befolgt der Feldstrom der Erregermaschine
das Gesetz

$$L_e \frac{d i_e}{d t} + i_e\, r_e = u_e$$

oder

$$\frac{L_e}{r_e} \frac{d i_e}{d t} + i_e = \frac{u_e}{r_e}\,.$$

Der Quotient $\dfrac{L_e}{r_e}$ ist die Zeitkonstante der Erregermaschine.
Der Widerstand r_e ist veränderlich; ebenso die Selbstinduktion L_e mit
dem Erregerstrom. Ihr Verhältnis kann näherungsweise als unveränderlich angesehen werden. Wir werden hierauf später noch zurückkommen.
Die Klemmenspannung der Erregermaschine, welche das Feld des
Wechselstromgenerators speist, ist bei konstanter Drehzahl und Temperatur eine eindeutige Funktion des Erregerstromes. In einem gewissen
beschränkten Bereich kann diese Abhängigkeit durch ein parabolisches
Gesetz wiedergegeben werden. Wir werden demnach setzen $u_e^2 = A\,i_e$,
wobei A eine Konstante ist.

Die Steuergröße ist hier der Widerstand r_e des Erregerkreises.
Dieser Widerstand wird durch die Arbeitsweise des Vibrators beeinflußt, der in einer mehr oder minder großen Entfernung zum Span-
nungsmeßkontakt zittert. Die Entfernung $z - y$ zwischen beiden Kontakten definiert sozusagen die Stellung des Regelorganes; wir setzen
deshalb $(z - y) = x$ und suchen die Beziehung, die aus den vorangehenden Gleichungen für die Spannungsabweichung $\varDelta$ und die Stellung x des Regelorganes entspringt. Wir haben hierzu das folgende
Gleichungssystem zu lösen:

$$\varDelta = D \frac{d z}{d t}\,,$$

$$y = y_0 + \alpha\,u_e\,,$$

$$\frac{1}{r_e} = M + N\,x\,; \qquad x = z - y\,,$$

$$T_e \frac{di_e}{dt} + i_e = \frac{u_e}{r_e},$$

$$u_e^2 = A \cdot i_e.$$

Die ersten beiden Gleichungen ergeben, nachdem die zweite nach der Zeit abgeleitet worden ist,

$$\frac{\Delta}{D} - \alpha \frac{du_e}{dt} = \frac{d\,(z-y)}{dt} = \frac{d\,x}{dt}. \qquad (13)$$

Wir eliminieren den Erregerstrom aus den letzten beiden Gleichungen, indem wir die zweite ableiten:

$$2\,u_e \frac{d\,u_e}{dt} = A \frac{d\,i_e}{dt}$$

und die entstehenden Werte von i_e und $\frac{di_e}{dt}$ in die vorhergehende Gleichung einsetzen:

$$T_e \frac{2}{A}\,u_e \frac{du_e}{dt} + \frac{u_e^2}{A} = \frac{u_e}{r_e}$$

oder

$$2\,T_e \cdot \frac{du_e}{dt} + u_e = \frac{A}{r_e} = A\,(M + N\,x). \qquad (14)$$

Endlich wollen wir u_e und seine Ableitungen aus der Gl. (13) und (14) eliminieren. Diese Beziehungen liefern zunächst

$$\frac{\Delta}{D \cdot \alpha} - \frac{du_e}{dt} = \frac{1}{\alpha} \frac{dx}{dt}$$

und

$$\frac{u_e}{2\,T_e} + \frac{du_e}{dt} = \frac{A}{2\,T_e}\,(M + N\,x).$$

Durch Addition folgt

$$\frac{\Delta}{D\alpha} + \frac{u_e}{2\,T_e} = \frac{1}{\alpha} \frac{dx}{dt} + \frac{A}{2\,T_e}\,(M + N\,x).$$

Hieraus erhält man durch Ableitung

$$\frac{1}{D\alpha} \frac{d\Delta}{dt} + \frac{du_e}{dt} \cdot \frac{1}{2\,T_e} = \frac{1}{\alpha} \frac{d^2x}{dt^2} + \frac{A}{2\,T_e}\,N \frac{dx}{dt}$$

und durch Kombination mit der vorangehenden Gleichung, nach Elimination von u_e,

$$\frac{d\Delta}{dt} + \frac{\Delta}{2\,T_e} = D\left[\frac{d^2x}{dt^2} + \left(\frac{A\,\alpha\,N}{2\,T_e} + \frac{1}{2\,T_e}\right)\frac{dx}{dt}\right].$$

Diese Gleichung ist von derselben Form wie die, welche wir für die vorstehend beschriebenen Regler gefunden haben. Man erkennt durch Vergleich, daß die Apparatkonstante D, die von den Abmessungen des Spannungszeigers und der Ölbremse abhängt, nichts anderes ist als die spezifische Laufzeit; der Wert $\frac{D\,A\,\alpha\,N}{2\,T_e} = \delta$ ist die Rückführungsdämpfung. Endlich wollen wir noch bemerken, daß die Zeitkonstante der Rückführung hier $2\,T_e$ ist, d. h. also gleich dem doppelten der Zeitkonstante der Erregermaschine. Der Tirrillregler weist also die Eigenheit auf, keine eigene Zeitkonstante zu besitzen, welche gegebenenfalls geändert werden kann, wie es bei den vorstehend beschriebenen Apparaten möglich war. Seine Zeitkonstante ist vielmehr durch das Feld der Erregermaschine mitbestimmt, auf die der Regler arbeitet. Dagegen kann die Dämpfung beliebig eingestellt werden, indem man geeignete Organe des Apparates ändert.

19. Über die Unempfindlichkeit der selbsttätigen Regler. Unempfindlichkeit des Reglers heißt ein kleiner Bereich der Regelgröße zu beiden Seiten des vorschriftsmäßigen Wertes der Betriebskenngröße, in welchem der Regler nicht anspricht.

Diese Unempfindlichkeit, die dem Apparat eigen ist, hat verschiedene Ursachen: Am häufigsten mechanische Reibung; manchmal auch die Unstetigkeit in der Bewegung des Regelorganes, wenn dieses sich lediglich mit einer konstanten positiven oder negativen Geschwindigkeit nach Abb. 1 bewegen kann.

In manchen Fällen ist diese Unempfindlichkeit notwendig und sogar erwünscht, wenn z. B. die Steuergröße nicht völlig stetig verändert werden kann. Dies trifft zu für die Erregerwiderstände, die durch aufeinanderfolgende Teilwiderstände längs einer Kontaktbahn verbunden sind; die Unempfindlichkeit gestattet dem Regelorgan, sich auf einen oder den anderen Kontakt einzustellen, ohne dauernd zwischen beiden zu pendeln. Im anderen Falle ist die Unempfindlichkeit ein Mangel, den man nach Möglichkeit zu beseitigen oder abzuschwächen sucht.

In der Reglergleichung, die wir soeben für drei Fälle aufgestellt haben, erscheint die Unempfindlichkeit nicht. Dies rührt daher, daß die Arbeitsgeschwindigkeit proportional der zu korrigierenden Abweichung gesetzt wurde. In Wirklichkeit ist diese Unempfindlichkeit vorhanden, und die Arbeitsgeschwindigkeit als Funktion der Abweichung wird durch Abb. 10 dargestellt. In den üblichen Apparaten liegt die Unempfindlichkeit im allgemeinen unter 1% der Betriebskenngröße. (Vgl. Kap. XI.) Sie hat keinen bedeutenden Einfluß auf

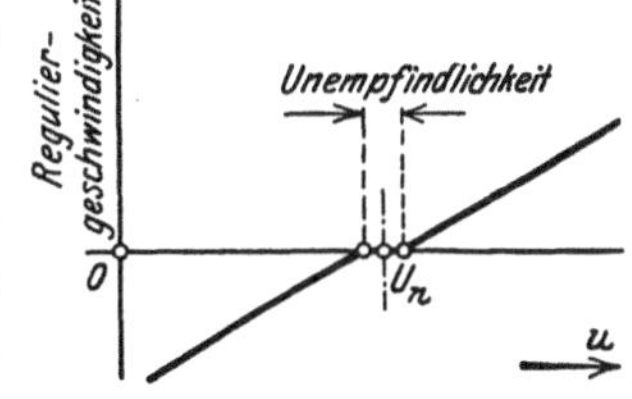

Abb. 10. Zum Begriff der Unempfindlichkeit.

die Arbeitsweise des Reglers und drückt sich darin aus, daß die geregelte Größe nicht streng konstant gehalten werden kann; sie kann vielmehr einen benachbarten Wert einnehmen, der nicht mehr als 1% vom vorschriftsmäßigen Wert abweicht.

IV. Anwendung des selbsttätigen Reglers auf die Spannungsregelung einer Sammlerbatterie.

20. Bestimmungsgrößen der Regelung. Wir untersuchen zunächst den Fall der Spannungsregelung einer Sammlerbatterie; diese Untersuchung wird an einem relativ einfachen Beispiel den Gang der Überlegung verdeutlichen.

Die Betriebsvorschrift richtet sich im allgemeinen nach den Erfordernissen des Netzes. Wir setzen sie als gegeben voraus, und zwar in der praktisch häufigsten Form: die Klemmenspannung soll, unabhängig von der Last, konstant bleiben.

Unter Vernachlässigung von Nebenerscheinungen wollen wir voraussetzen, daß die notwendigen Korrekturen durch Einsatz einer passenden Zahl von Elementen vorgenommen werden. Hierzu ist ein Teil der Elemente mit den Kontakten eines Schalters verbunden, auf denen ein Kontaktarm läuft, der vom selbsttätigen Regler bewegt wird.

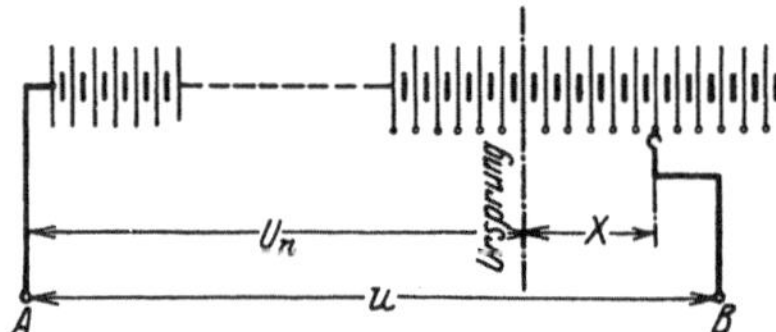

Abb. 11. Zur Regulierung einer Sammlerbatterie.

Im Einklang mit unserer Definition wird die „Steuergröße" eine der Größen sein, deren Wert nur von der Stellung des Reglerorganes abhängt. Die Zahl eingeschalteter Elemente wäre eine Steuergröße, welche dieser Bedingung genügt; das gleiche gilt von der elektromotorischen Kraft der Elemente, die nach Abb. 11 zwischen den Punkten A und B der Batterie liegen. Wir entscheiden uns für diese Größe als Steuergröße und bezeichnen ihren Wert mit E.

Der Einfachheit halber ersetzen wir noch die wirklichen elektromotorischen Kräfte der Elemente, die an der Regelung beteiligt sind, durch eine Folge unendlich kleiner elektromotorischer Kräfte, deren Summe der der Teilbatterie gleichbleibt. Dies läuft auf die Annahme hinaus, daß die elektromotorische Kraft der Batterie zwischen A und B sich stetig mit der Verstellung ψ des Läufers ändern soll.

21. Die Batteriegleichung während des Ausgleichsvorganges. Die Belastung wird definitionsgemäß der Strom sein, der von der Batterie, abgegeben werden soll. Wenn man die elektromotorische Kraft E ändert, ändert man im allgemeinen auch die Stromstärke. Diese Abhängigkeit wird durch die Art des Verbrauches beeinflußt; sie ist verschieden, je nachdem, ob es sich um Lampen oder Motoren handelt. Im letzten Falle ist weiterhin die Art der Leistungsabgabe dieser Motoren von Bedeutung. Entsprechend unserer früheren Definition nehmen wir an, daß während des Regulierungsvorganges der abzugebende Strom nicht schwankt.

Allgemein ist die Klemmenspannung der Batterie mit der Last und der Steuergröße durch die bekannte Beziehung verbunden:

$$u = E - iR,$$

wenn R den inneren Widerstand der Batterie bezeichnet. Diese Gleichung gilt sowohl im stationären Zustande wie während des Ausgleichsvorganges. Wenn die Stromstärke während der gesamten Störungsdauer ihren Wert J_2 beibehält, lautet also diese Gleichung (vgl. S. 7):

$$v = E - J_2 R.$$

Die Gleichung der Batterie braucht während des Ausgleichsvorganges als Veränderliche nur die Betriebskenngröße, die Steuergröße α, in diesem Falle also die elektromotorische Kraft E und die Zeit zu enthalten (die übrigens in diesem Sonderfalle in der Gleichung nicht vorkommt); die Belastung bleibt unverändert.

Nun ändert sich R, der Widerstand der Batterie, sowohl mit dem Ladezustand der Elemente als auch mit der Zahl der benutzten Elemente. Grundsätzlich müßte man also R aus dieser Gleichung mittels anderer Beziehungen eliminieren, welche diese Abhängigkeiten ausdrücken. Der Einfachheit halber betrachten wir jedoch R als unveränderlich während des Ausgleichsvorganges. Denn einerseits ändert sich der Ladezustand nur unmerklich während dieser Zeit; andererseits ändert sich auch die Zahl der benutzten Elemente nur außerordentlich wenig, da die für die Regelung verfügbaren Elemente für die selbsttätige Regulierung in den Grenzen einer Korrektur eine nur geringe Zahl im Vergleich zur Gesamtheit aller Elemente bilden. Wir können deshalb die oben aufgestellte Gleichung ohne weiteres als Gleichung der Batterie im Ausgleichszustand ansehen.

22. Die Maschinengleichung des Ausgleichsvorganges bezogen auf den stationären Betriebszustand. Da der Ausgleichsvorgang, den wir als Grundlage des Regelvorganges untersuchen, zwischen stationären Zuständen vermittelt, ist es zweckmäßig, von vornherein den stationären Zustand als Bezugsgröße zu wählen. Nach einiger Zeit nimmt die Betriebskenngröße wieder ihren vorschriftsmäßigen Wert U_n an, die Steuergröße wird auf einem Endwert α_f „festgehalten", die Belastung behält ihren unveränderlichen Wert J_2 bei. Die Gleichung des Ausgleichsvorganges geht also in eine andere Beziehung über, aus der die Zeit verschwunden ist; wir können sie schreiben:

$$M_s(U_n, J_2, \alpha_f) = 0.$$

Dies ist die Gleichung des stationären Betriebes.

Wenn wir aus dieser Gleichung und der Maschinengleichung des Ausgleichsvorganges:

$$M(U_n, J_2, \alpha_f, t) = 0$$

die Belastung J_2 eliminieren, erhalten wir die Gleichung des Ausgleichsvorganges, bezogen auf den Betriebszustand:

$$M(U_n, U, \alpha_f, \alpha, t) = 0$$

und endlich, indem man die relative Abweichung der Betriebskenngröße von ihrem vorschriftsmäßigen Wert im stationären Endzustand einführt,

$$M(\varDelta, U_n, \alpha, \alpha_f, t) = 0.$$

In dieser Gleichung strebt $\varDelta$ gegen Null und α gegen α_f, wenn die Zeit unbegrenzt zunimmt.

Wir wollen diese Bemerkungen auf den Fall der Sammlerbatterie anwenden. Die Gleichung der Batterie während des Ausgleichsvorganges ist

$$u = E - J_2 R.$$

Im stationären Betriebszustand hat die Klemmenspannung ihren vorschriftsmäßigen Wert U_n, der durch eine so große Zahl von Elementen erzeugt wird, daß ihre gesamte elektromotorische Kraft gleich E_f sei. Man hat also im Endzustande

$$U_n = E_f - I_2 R.$$

Durch Elimination von I_2 findet man endlich

$$U - U_n = E - E_f$$

oder

$$\frac{U - U_n}{U_n} \equiv \varDelta = \frac{E - E_f}{U_n}.$$

23. Die Reglergleichung. Die Reglergleichung drückt die Abhängigkeit der Bewegung des Reglerorganes, das auf die Steuergröße einwirkt, von den Spannungsdifferenzen gegen den vorschriftsmäßigen Spannungswert aus. Wenn wir einen der früher beschriebenen Apparate benutzen, deren Vorschrift lautet: Spannung $=$ const, so ist diese Reglergleichung, wie oben gezeigt wurde (Nr. 13),

$$\frac{d\varDelta}{dt} + \frac{\varDelta}{T_r} = T_s \cdot \frac{d^2\psi}{dt^2} + \left(\delta + \frac{T_s}{T_r}\right)\frac{d\psi}{dt}.$$

Wir bemerken, daß die Maschinengleichung, im vorliegenden Falle die der Batterie, die Zeit nicht explizit enthält. Dies bedeutet, daß die Änderungen der Betriebskenngröße den entsprechenden der Steuergröße sogleich folgen. Man kann hierbei erwarten, eine hinreichende Korrektur zu erhalten, welche rasch beendet ist, wenn man einen

Regler ohne Rückführung verwendet. Dieses zunächst durch den Versuch gefundene Ergebnis steht in voller Übereinstimmung mit der Rechnung.

Wenn die Zeit explizit in den Gleichungen des Ausgleichsvorganges vorkommt, so verschwindet dieser Einfluß meist mit wachsender Zeit. Dies ist eine Folge der Stabilitätsbedingungen. Man drückt diesen Sachverhalt oft so aus, daß man sagt, die Betriebskenngröße „folge" nicht sogleich den Änderungen der Steuergröße, sondern zeige eine gewisse Verspätung. Im Fall der Batterie folgt die Betriebskenngröße, nämlich die Klemmenspannung, sofort den Änderungen der elektromotorischen Kraft. Natürlich sind solche Regulierfälle weitaus die leichtesten.

Wir nehmen deshalb die Rückführung als beseitigt an; dies kommt darauf hinaus, die Dämpfung δ im Apparat System Cuénod zu unterdrücken oder die Magnete beim BBC-Regler zu entfernen. Mathematisch haben wir in der obigen Gleichung die Rückführungszeitkonstante $T_r = 0$ zu setzen; diese vereinfacht sich deshalb in

$$\Delta = T_s \cdot \frac{d\psi}{dt}.$$

Man kommt übrigens zum gleichen Ergebnis mit der Annahme $\delta = 0$. Wenn der Apparat keine Rückführung enthält, existiert keine vorübergehende Änderung des Arbeitspunktes, also auch nicht der Dämpfung. Die allgemeine Gleichung vereinfacht sich in

$$\frac{d\Delta}{dt} + \frac{\Delta}{T_r} = T_s \cdot \frac{d^2\psi}{dt^2} + \frac{T_s}{T_r} \cdot \frac{d\psi}{dt},$$

wofür man schreiben kann

$$\frac{d}{dt}\left(\Delta - T_s \frac{d\psi}{dt}\right) + \frac{1}{T_r}\left(\Delta - T_s \frac{d\psi}{dt}\right) = 0.$$

Das Integral dieser Gleichung

$$\Delta - T_s \cdot \frac{d\psi}{dt} = \text{const} \cdot e^{-\frac{t}{T_r}}$$

vereinfacht sich für hinreichend große Zeiten in

$$\Delta = T_s \cdot \frac{d\psi}{dt}.$$

Praktisch muß diese Zeit so groß sein, daß die Rückführungsfeder ihre indifferente Stellung merklich eingenommen hat.

24. Die Übersetzungsgleichung zwischen Regler und Batterie. Das Arbeitsorgan des Reglers, dessen Verstellung, bezogen auf den ganzen Bereich, mit ψ bezeichnet ist, steuert den Kontaktarm B, der die notwendigen Elemente zur Konstanthaltung der vorschriftsmäßigen Spannung einschaltet. Diese Elemente sind mit den äquidistanten Kontakten einer Kontaktbahn verbunden; der Kontaktarm stellt sich entsprechend der Reglerstellung ein.

Die Verteilung der Regelelemente längs der Kontaktbahn kann beliebig sein; jede Verteilung liefert eine verschiedene Form der Korrekturkurve. Wir setzen eine der üblichen Anordnungen voraus, bei welcher z. B. zwischen je zwei aufeinanderfolgenden Kontakten ein Element liegt: Dies ist die einfachste Form und sie ist außerdem symmetrisch, weil kein Teil der Kontaktbahn bevorzugt ist.

Unter diesen Bedingungen ist die elektromotorische Kraft E eine lineare Funktion der Verstellung ψ des Kontaktarmes. Man hat also

$$E = m\,\psi + n\,.$$

Die beiden Konstanten m und n sind durch die Randbedingungen bestimmt. An dem Ende der Kontaktbahn ($\psi = 0$ und 1) sind die elektromotorischen Kräfte

$$E_1 = n \quad \text{und} \quad E_2 = m + n\,,$$

so daß also

$$E = (E_2 - E_1)\,\psi + E_1$$

die Abhängigkeit der Steuergröße von der Verstellung des Reglers ausdrückt.

Endlich kann man diese Übersetzungsgleichung in die Form bringen

$$\frac{E - E_1}{U_n} = \frac{E_2 - E_1}{U_n} \cdot \psi = -\,\gamma \cdot \psi\,,$$

wenn U_n die vorschriftsmäßige Spannung bezeichnet. γ ist dann die „numerische Verteilung" der Steuergröße längs der Kontaktbahn.

Diese Größe kann einfach gedeutet und gemessen werden. Die Batterie möge zunächst leerlaufen, also keinen Strom abgeben. An der einen Grenze des Regelbereiches, etwa $\psi = 0$, ist dann die Klemmenspannung $U_0' = E_1$; an der anderen Grenze $\psi = 1$ ist sie $U_0'' = E_2$. Die Differenz dieser zwei Leerlaufspannungen, bezogen auf die vorgeschriebene Spannung, ist

$$\frac{U_0'' - U_0'}{U_n} = \frac{E_2 - E_1}{U_n} = -\,\gamma\,.$$

Diese Gleichung gibt also ein einfaches Mittel zur unmittelbaren Messung von γ an.

Wir wollen die Übersetzungsgleichung auf den Betriebszustand beziehen. Wir machen davon Gebrauch, daß die Übersetzungsgleichung des Betriebszustandes ebenfalls in der allgemeinen Gleichung enthalten ist. Dieser Endzustand entspricht dem Wert E_f der Steuergröße, wenn der Kontaktarm endgültig seine Endstellung ψ_f angenommen hat. Es ist also

$$\frac{E_f - E_1}{U_n} = - \gamma\, \psi_f.$$

Durch Elimination von E_1 entsteht hieraus

$$\frac{E - E_f}{U_n} = - \gamma\, (\psi - \psi_f).$$

25. Zusammenfassung der Reguliergleichungen der Batterie. Wir haben nach vorstehendem folgendes Gleichungssystem zu lösen:
Die Gleichung der Maschine während des Ausgleichsvorganges:

$$\varDelta = \frac{E - E_f}{U_n}. \tag{15}$$

Die Übersetzungsgleichung:

$$\frac{E - E_f}{U_n} = - \gamma\, (\psi - \psi_f). \tag{16}$$

Die Reglergleichung:

$$\varDelta = T_s \cdot \frac{d\psi}{dt}. \tag{17}$$

Die Elimination von E ergibt

$$\varDelta = - \gamma\, (\psi - \psi_f).$$

Diese Gleichung liefert zusammen mit (17) die Bewegungsgleichung des Kontaktarmes

$$T_s \cdot \frac{d\psi}{dt} + \gamma\, (\psi - \psi_f) = 0. \tag{18}$$

Sie bestimmt die Stellung des Kontaktarmes in jedem Augenblick des Regelvorganges oder seine Abweichung gegen die betriebsmäßige Endstellung, natürlich unter dem ausdrücklichen Vorbehalt, daß während des betrachteten Reguliervorganges keine neue Laständerung stattfindet.

Andererseits gibt die Einführung des so gerechneten ψ-Wertes in Gl. (17) die relative Abweichung als Funktion der Zeit, von dem Augenblick der plötzlichen Laständerung an gerechnet. Wenn der Regelvorgang richtig ausgeführt wird, strebt diese Abweichung mit wachsender Zeit gegen Null.

26. Integration der Regulierungsgleichungen. Die Gl. (18) läßt sich sofort integrieren:

$$\psi - \psi_f = C \cdot e^{-\frac{\gamma t}{T_s}}.$$

Die Integrationskonstante C kann durch die Anfangsbedingungen ermittelt werden. Während des stationären Zustandes, der der Laständerung voranging, betrug die Belastung I_1 und die vorgeschriebene

Spannung wurde durch einen Wert E_a der Steuergröße erzeugt; die gleichzeitige Stellung des Kontaktarmes ist ψ_a. Bei einer plötzlichen Belastungsänderung vom Werte I_1 auf den Wert I_2 geht die Klemmenspannung sofort von ihrem vorgeschriebenen Anfangswert zu einem Werte U_a über, da die Steuergröße noch nicht die Zeit zur Änderung gehabt hat. Dieser Augenblick definiert den Beginn des Ausgleichsvorganges, also auch des Reguliervorganges. Wenn man die Zeitzählung in diesem Augenblick beginnt, lautet also die Anfangsbedingung:

für $\qquad\qquad t = 0; \quad \Delta = \Delta_a \quad$ und $\quad \psi = \psi_a$.

Diese Anfangswerte sind unter sich durch bekannte Beziehungen verknüpft: Die Maschinengleichung im anfänglichen stationären Zustand ist

$$U_n = E_a - I_1 R$$

und unmittelbar nach der Belastungsänderung:

$$U_a = E_a - I_2 R .$$

so daß also gilt

$$\frac{U_a - U_n}{U_n} \equiv \Delta_a = - \frac{I_2 - I_1}{U_n} \cdot R .$$

Die Übersetzungsgleichung, bezogen auf den anfänglichen stationären Zustand, lautet:

$$\frac{E_a - E_f}{U_n} = - \gamma \cdot (\psi_a - \psi_f) .$$

Der Anfangszustand ist also völlig bestimmt.

Durch Einführung dieser Anfangswerte in die allgemeine Lösung erhält man endlich

$$(\psi - \psi_f) = (\psi_a - \psi_f) \cdot e^{-\frac{\gamma t}{T_s}}; \quad \Delta = \Delta_a \cdot e^{-\frac{\gamma t}{T_s}}.$$

Dieses Ergebnis ist leicht zu deuten: Das Reglerorgan führt eine aperiodische Bewegung aus. Der Kontaktarm bewegt sich von seiner anfänglichen Stellung ψ_a mit abnehmender Geschwindigkeit gegen die Endstellung ψ_f. Damit diese Regulierung stabil sei, muß der Exponent notwendig negativ sein. Sein Vorzeichen hängt vom Vorzeichen der numerischen Verteilung ab; dieses Vorzeichen ist durch den Richtungssinn der Verbindungen von der Kontaktbahn zu den am Regelvorgang beteiligten Elementen bestimmt.

Der Regelvorgang ist grundsätzlich erst nach unbegrenzt langer Zeit beendet; praktisch betrachtet man ihn als abgelaufen, wenn die Spannung nur noch sehr wenig (im allgemeinen $\pm 1\%$) von ihrem vorgeschriebenen Wert abweicht. Die hierzu erforderliche Zeit t_k bestimmt sich aus

$$\frac{1}{100} = \Delta_a \cdot e^{-\frac{\gamma}{T_s} \cdot t_k} .$$

Man erkennt hieraus, daß diese Zeit t_k von der spezifischen Laufzeit des Reglers abhängt, oder, kurz gesagt, von der Arbeitsgeschwindigkeit des Apparates.

Der Wert der numerischen Verteilung γ hängt von der Verteilung der Regulierzellen längs des ganzen Regelbereiches ab: Offenbar kann man die Dauer des Regelvorganges um so mehr vermindern, je größer γ ist, d. h. je größer die Änderung der elektromotorischen Kraft zwischen zwei aufeinanderfolgenden Kontakten ist.

V. Direkte Spannungsregelung eines Generators.

27. Voraussetzungen der direkten Spannungsregelung. Wir untersuchen die direkte Spannungsregelung eines Generators. Hierbei wird vorausgesetzt, daß der Generator mit konstanter Drehzahl betrieben wird. Der Regler soll auf den veränderlichen Widerstand des Feldkreises einwirken, um für alle Belastungen die Generatorspannung konstant zu halten.

Durch diese Angaben sind die Betriebsvorschrift und die Steuergröße genau umschrieben. Unsere Aufgabe besteht zunächst darin, die Maschinengleichung während des Ausgleichsvorganges aufzustellen; hierzu knüpfen wir an Abb. 12 an.

28. Die Maschinengleichung während des Ausgleichsvorganges. In einem Gleichstrom- oder Wechselstromgenerator kann man die Klemmenspannung U aus der elektromotorischen Kraft E und dem Strome I berechnen

$$U = E - I \cdot Z. \qquad (19)$$

Hierin sind alle Variablen als Effektivwerte aufzufassen, während Z eine verallgemeinerte innere Impedanz darstellt, die den Spannungsabfall in der Maschine erfaßt und im allgemeinen von der Stellung der Bürsten bzw. dem Leistungsfaktor der Belastung usw. abhängt.

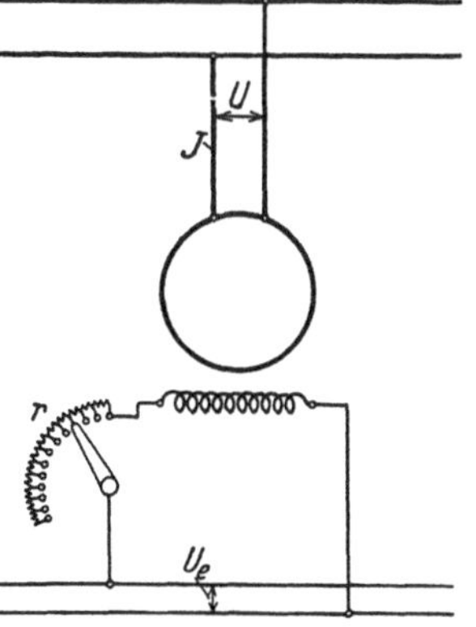

Abb. 12. Anordnung eines direkt geregelten Generators.

Jede Änderung des abgegebenen Stromes ruft entsprechende Schwankungen der Klemmenspannung hervor. Diese sollen ausgeglichen werden, indem man die elektromotorische Kraft, also letzthin den magnetischen Induktionsfluß regelt.

Wir wollen gemäß unseren allgemeinen Definitionen voraussetzen, daß der Strom I während des Regelvorganges konstant bleibt; wir haben demnach den Verlauf der Spannung während des Regelvorganges zu klären.

Sei I_2 der Endwert des Stromes nach der Belastungsänderung, so lautet die allgemeine Spannungsgleichung während des Ausgleichsvorganges

$$U = E - I_2 \cdot Z. \tag{20}$$

Der stationäre Endzustand ist durch eine Klemmenspannung definiert, die den vorgeschriebenen Wert besitzt; gleichzeitig weist die elektromotorische Kraft den Wert E_f auf. Der endgültige Betriebszustand wird also durch

$$U_n = E_f - I_2 Z \tag{21}$$

gegeben. Aus (20), (21) schließt man sogleich die Größe der Abweichung

$$\frac{U - U_n}{U_n} \equiv \varDelta = \frac{E - E_f}{U_n}. \tag{22}$$

Diese Gleichung ist ähnlich wie die entsprechende Beziehung gebaut, die wir im vorigen Kapitel für die Akkumulatorenbatterie aufgestellt haben. Indes ist die Analogie nur äußerlich. Denn im vorliegenden Falle ist die elektromotorische Kraft, die der selbsttätige Regler beeinflußt, keine eindeutige Funktion der Stellung des Kontaktarmes, sondern hängt außerdem von der Zeit ab. Nach den oben getroffenen Definitionen kann also diese elektromotorische Kraft nicht als Steuergröße aufgefaßt werden; vielmehr brauchen wir hierzu eine Größe, die in eindeutiger Beziehung zur Stellung des Kontaktarmes steht, und mit ihr haben wir die elektromotorische Kraft zu verknüpfen. Diese neue Größe, die demnach als Steuergröße benutzt werden kann, wird durch den **Feldwiderstand** gegeben.

Für jede Stellung des Kontaktarmes, somit für jeden Feldwiderstand r, ist der Erregerstrom i_e dem Gesetze unterworfen

$$L \frac{di_e}{dt} + i_e r = U_e. \tag{23}$$

Hier ist die Erregerspannung U_e nach Abb. 12 als konstant vorausgesetzt; L bedeutet die Induktivität des Feldkreises, r seinen Widerstand. Führt man die Zeitkonstante $T = \dfrac{L}{r}$ des Feldkreises ein, so kann (23) vereinfacht werden:

$$\frac{L}{r} \cdot \frac{di_e}{dt} + i_e = \frac{U_e}{r}. \tag{24}$$

Die „Zeitkonstante" ist, streng genommen, nicht konstant; denn es schwankt nicht nur r, sondern auch die Induktivität L hängt wegen der veränderlichen Permeabilität des aktiven Eisens vom Erregerstrom selbst ab. Dennoch kann man in einem hinreichend beschränkten Be-

reiche das Verhältnis dieser beiden Größen als ungefähr konstant ansehen und mit seinem Mittelwerte rechnen. Denn die Induktivitäts-
änderung wirkt im gleichen Sinne wie die Widerstandsänderung, so
daß beide Einflüsse einander zum großen Teil aufheben.

Wir schreiben deshalb

$$T \frac{di_e}{dt} + i_e = \frac{U_e}{r} = i_s \tag{25}$$

und betrachten T als Konstante; in Kapitel VII werden wir die Berech-
tigung dieser Annahme erweisen.

Das Verhältnis $\frac{U_e}{r} = i_s$ stellt den stationären Erregerstrom dar,
der sich für den Widerstand r entwickeln würde. Da er durch den Widerstand eindeutig gegeben ist (U_e wurde als konstant vorausgesetzt!),
definiert er zugleich die Stellung des Kontaktarmes.

Der Erregerstrom i_e bestimmt nun seinerseits erst die elektromotorische Kraft der Maschine. Innerhalb des üblichen Arbeitsbereiches
solcher Generatoren kann man die Leerlaufskennlinie durch eine Gerade ersetzen. Wir wählen als Bezugspunkt den endgültigen Betriebspunkt nach der Regelung, bei dem also die elektromotorische Kraft
gerade die vorschriftsmäßige Klemmenspannung ergibt. Die genannte
Näherung lautet dann mit einer passenden Konstanten m

$$E - E_f = m(i_e - i_f). \tag{26}$$

Da nun i_f konstant ist, kann man Gl. (25) schreiben

$$T \frac{d(i_e - i_f)}{dt} + (i_e - i_f) = (i_s - i_f). \tag{27}$$

Mit Rücksicht auf (26) und (22) folgert man die Gleichung der Abweichung

$$T \cdot \frac{d\Delta}{dt} + \Delta = \Delta_s. \tag{28}$$

Hierin ist

$$\Delta_s = \frac{m}{U_n}(i_s - i_f)$$

die relative Abweichung, die man im stationären Zustande erhalten
würde, falls der Kontaktarm in seiner augenblicklichen Stellung dauernd
festgehalten würde. Auch Δ_s kennzeichnet nach dieser Definition die
Stellung des Kontaktarmes auf der Kontaktbahn eindeutig und kann
als Steuergröße benutzt werden.

Gl. (28) gibt die gesuchte Maschinengleichung des Ausgleichsvorganges an. Jede Änderung des Erregerwiderstandes ist ja eindeutig
mit einer gewissen Änderung von Δ_s verknüpft. In Gl. (28) hat man
also das Gesetz, nach welchem die Abweichung sich ändert, wenn

man die relative Abweichung $\varDelta_s$ kennt. Diese Größe endlich wird durch den Regler beeinflußt.

29. Die Reglergleichung der direkten Regelung. Wir setzen voraus, daß wir einen der früher beschriebenen Reglerapparate benutzen. Ihre Reglergleichung wurde dort gerade für den uns jetzt interessierenden Fall der Betriebsvorschrift: Spannung = const hergeleitet. Hierfür erhielten wir zwischen der numerischen Verstellung ψ des Reglerorgans und dem Augenblickswert der relativen Abweichung $\varDelta$ die Beziehung (vgl. S. 19)

$$\frac{d\varDelta}{dt} + \frac{\varDelta}{T_r} = T_s \cdot \frac{d^2\psi}{dt^2} + \left(\delta + \frac{T_s}{T_r}\right)\frac{d\psi}{dt}.$$

Endlich haben wir noch die Abhängigkeit der Verstellung ψ von der Steuergröße anzugeben.

30. Übersetzungsgleichung zwischen Regler und Steuergröße der direkten Regelung. Wir haben oben erkannt, daß der Erregerwiderstand durch die relative stationäre Abweichung $\varDelta_s$ definiert werden kann. Zwischen dieser Steuergröße und der Verstellung ψ des Kontaktarmes längs der Kontaktbahn vermittelt die Übersetzungsgleichung. Sie hängt von der Art der Kontaktarmbewegung und von der Verteilung der Widerstände längs der Kontaktbahn ab. Jede der an sich beliebigen Verteilungen liefert eine bestimmte Korrekturkurve der Abweichung. Aus Symmetriegründen soll sie als linear vorausgesetzt werden, weil zudem nur diese Verteilung längs des ganzen Regelbereiches homogene Regulierungsbedingungen ergibt. Wir setzen also willkürlich

$$\varDelta_s = -\gamma(\psi - \psi_f). \tag{29}$$

$\varDelta_s$ verschwindet für $\psi = \psi_f$. In dieser Stellung $\psi = \psi_f$ verschwindet auch die stationäre Abweichung; dies ist also die Endstellung des Kontaktarmes nach Beendigung des Regelvorganges. γ ist die schon früher benutzte „numerische Verteilung".

Dieses Gesetz der Widerstandsverteilung im Feldkreise längs der Kontaktbahn wird durch die Konstruktion des Reglers festgelegt. Es erscheint zweckmäßig, einige Besonderheiten kurz zu untersuchen.

31. Die Verteilung der Widerstände längs der Kontaktbahn. Wir sahen, daß $\varDelta_s$ die stationäre Abweichung der Spannung ist, die stattfindet, wenn man den Kontaktarm endgültig in einer bestimmten Stellung festhält. Diese Abweichung hängt von der Belastung der Maschine ab, die ja für die Dauer des betrachteten Regelvorganges als unveränderlich vorausgesetzt wurde. Jedem Belastungswert entspricht also eine andere Verteilung der stationären Abweichungen $\varDelta_s$ beim Lauf des Kontaktarmes über die Kontaktbahn.

In unserem Falle setzen wir voraus, daß $\varDelta_s$ linear längs der Kontaktbahn verteilt sei. Sei in Abb. 13 MN diese Gerade, deren Lage und Neigung von der Last I_1 abhängt. Welche Lage nimmt diese Gerade an, falls die Belastung in den Wert I_2 übergeht? Man überzeugt sich leicht, daß sie sich nur ein wenig, fast parallel zu sich selbst verschieben kann.

Denn in einem beliebigen stationären Zustand mit der Belastung I herrscht die Klemmenspannung

$$U_s = E_s - IZ.$$

Insbesondere gilt daher für die normale, vorgeschriebene Spannung bei gleicher Belastung

$$U_n = E_n - IZ,$$

woher man schließt

$$\frac{U_s - U_n}{U_n} \equiv \Delta_s = \frac{E_s}{U_n} - \frac{E_n}{U_n}. \qquad (30)$$

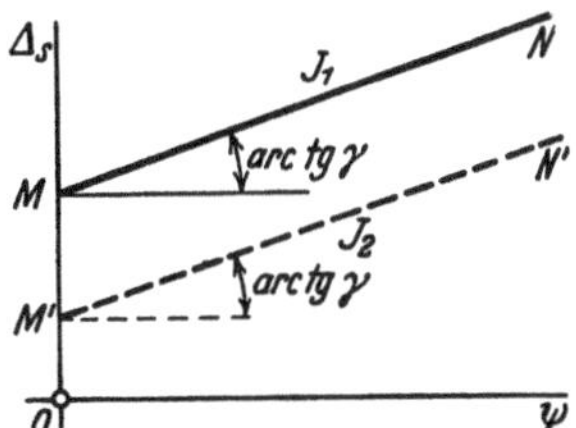

Abb. 13. Die Größe der Spannungsabweichung als Funktion der Stellung des Kontaktarmes.

Man erkennt hieraus, daß sich Δ_s und $\frac{E_s}{U_n}$ nur um eine Konstante $\frac{E_n}{U_n}$ unterscheiden. Die Verteilung von Δ_s längs der Kontaktbahn ist also wirklich, abgesehen von einer Konstanten, gleich der Verteilung von E_s.

Wir wollen die Verteilung des stationären Erregerstromes in Abhängigkeit von der Stellung des Kontaktarmes durch $i_{es} = f(\psi)$ darstellen. Einem bestimmten Werte von ψ, also einer bestimmten Stellung des Kontaktarmes, entspricht ein bestimmter Erregerstrom, da die Erregerspannung als unveränderlich vorausgesetzt wurde.

In einer Gleichstrommaschine mit Wendepolen und Bürsten in der neutralen Zone ist die entmagnetisierende Wirkung des Ankerstromes fast Null. Die elektromotorische Kraft $E_s = f(i_{es})$ hängt dann nur vom Erregerstrom ab. Das gleiche gilt von einem induktionsfrei belasteten Wechselstromgenerator. In diesen Fällen ist die Verteilung von E_s längs der Kontaktbahn, also die Funktion $E_s = F(f(\psi))$ eine eindeutige Funktion, unabhängig von der Belastung, und die Geraden MN oder $\Delta_s = -\gamma(\psi - \psi_f)$ sind unter sich parallel.

Wenn dagegen die Maschine eine merkliche Ankerrückwirkung besitzt (z. B. im Falle des induktiv belasteten Wechselstromgenerators), hängt die elektromotorische Kraft E_s im stationären Zustand vom Erregerstrom i_{es} und vom Ankerstrom I ab. Da die Ankerrückwirkung einen Teil des Erregerfeldes kompensiert, wird die elektromotorische Kraft von einem äquivalenten Erregerstrom i_r erzeugt, der der Differenz beider Feldanteile entspricht:

$$i_r = i_{es} - AI. \qquad (31)$$

Darin ist das „Übersetzungsverhältnis" A ein Proportionalitätsfaktor, der durch die Konstruktion der Maschine gegeben ist. Durch Ableitung ergibt sich nun:

$$\frac{dE_s}{d\psi} = \frac{dE_s}{di_r} \cdot \frac{di_r}{di_{es}} \cdot \frac{di_{es}}{d\psi} = \frac{dE_s}{di_r} \cdot \frac{di_{es}}{d\psi} \,,$$

wobei (31) beachtet wurde.

Die magnetische Charakteristik lautet

$$E_s = f(i_r)\,,$$

da die elektromotorische Kraft durch die resultierende Erregung nach (31) bestimmt ist. Wenn diese Kennlinie in einem hinreichend kleinen Bereich durch eine Gerade angenähert werden kann, ist $\frac{dE_s}{di_r}$ konstant, und auch der Wert $\frac{dE_s}{d\psi}$, der gleich $- U_n \gamma$ ist, wird mit Rücksicht auf Gl. (30) und (29) konstant. Man schließt hieraus wiederum, daß die Geraden $\varDelta_s = - \gamma(\psi - \psi_f)$ parallel verlaufen, wobei γ denselben Wert wie bei verschwindender Ankerrückwirkung beibehält.

Wenn dagegen die Charakteristik stark gekrümmt ist, also mit Rücksicht auf die bekannte Gestalt der Magnetisierungskurve $\frac{dE_s}{di_r} > \frac{dE_s}{di_{es}}$ gilt, bleibt die Verteilung von $\varDelta_s$ nicht mehr für alle Belastungen linear. Praktisch kommt jedoch dieser Fall äußerst selten vor, die Änderung der Verteilung von $\varDelta_s$ bei den verschiedenen Belastungen ist unbedeutend.

Aus diesen Überlegungen geht hervor, daß der Neigungswinkel γ der Verteilungsfunktion von $\varDelta_s$ über die Kontaktbahn hin praktisch unabhängig von der Belastung ist. Die Verteilung der Widerstände zwischen den einzelnen Kontakten kann also beispielsweise für den Leerlaufszustand der Maschine bestimmt werden.

32. Messung der numerischen Verteilung. Im Leerlaufszustand gibt die Klemmenspannung unmittelbar die elektromotorische Kraft an. Man braucht also die Erregerwiderstände nur so anzuordnen, daß die Leerlaufspannung mit der Verstellung ψ des Kontaktarmes linear anwächst.

Es sei

$$U_0 = U_n(a - \gamma\psi)$$

dieses Gesetz. Weiter seien U_0' und U_0'' die stationären Leerlaufspannungen für die beiden äußersten Stellungen $\psi = 0$ und $\psi = 1$ des Kontaktarmes. Für $\psi = 0$ ist also

$$U_0' = U_n \cdot a$$

und für $\psi = 1$

$$U_0'' = U_n(a - \gamma)\,.$$

Hieraus entnimmt man

$$\gamma = \frac{U_0' - U_0''}{U_n}\,. \tag{32}$$

γ ist also die Differenz der beiden äußersten Leerlaufspannungen, bezogen auf die Normalspannung. Praktisch besitzt γ die Größenordnung 0,5.

33. Die Gleichungen des Reguliervorganges. Durch Elimination der Größe $\varDelta_s$ aus der Gleichung des Ausgleichsvorganges

$$T \cdot \frac{d\varDelta}{dt} + \varDelta = \varDelta_s$$

und der Übersetzungsgleichung

$$- \gamma (\psi - \psi_f) = \varDelta_s$$

erhält man die Beziehung

$$\frac{d\varDelta}{dt} + \frac{\varDelta}{T} = - \frac{\gamma}{T} \cdot (\psi - \psi_f) \,.$$

Durch Verbindung mit der Reglergleichung

$$\frac{d\varDelta}{dt} + \frac{\varDelta}{T_r} = T_s \cdot \frac{d^2\psi}{dt^2} + \frac{d\psi}{dt} \cdot \left(\frac{T_s}{T_r} + \delta \right)$$

folgt nach Integration die Bewegungsgleichung des Kontaktarmes längs der Kontaktbahn und das Verhalten der Abweichung während des Regelvorganges.

34. Die abgestimmte Rückführung. Die linken Seiten der beiden letzten Gleichungen unterscheiden sich nur in den Zeitkonstanten T der Maschine und T_r des Reglers. Bisher haben wir keinerlei Zahlenangaben über den Regler gemacht. Es steht aber nichts im Wege, der Zeitkonstanten T_r einen besonderen Wert zu erteilen. Wir wählen insbesondere

$$T_r = T \,,$$

setzen also willkürlich die Reglerzeitkonstante T_r gleich der Maschinenzeitkonstante T. Wir untersuchen das Ergebnis unter dieser speziellen Voraussetzung. Wir werden später zeigen, wie dieses Ergebnis durch eine Verschiedenheit beider Zeitkonstanten beeinflußt wird; eine Abweichung zwischen T_r und T tritt übrigens praktisch stets ein, da T, die Hauptfeldzeitkonstante, nicht völlig konstant ist. Wir werden erkennen, daß diese Gleichheitsbedingung, welche wir die „Abstimmung der Rückführung" nennen, den günstigsten Regulierungsvorgang liefert.

Mathematisch drückt sich die Gleichheit von T_r und T in der Übereinstimmung der linken Seiten beider Differentialgleichungen aus. Daher wird die Ordnung der resultierenden Differentialgleichung um Eins herabgesetzt; der Regulierungsvorgang wird entsprechend einfacher beschrieben.

Mit diesen Bedingungen lautet unser System

$$\frac{d^2(\psi - \psi_f)}{dt^2} + \left(\frac{\delta}{T_s} + \frac{1}{T} \right) \frac{d(\psi - \psi_f)}{dt} + \frac{\gamma}{T \cdot T_s} \cdot (\psi - \psi_f) = 0 \,.$$

Wir bezeichnen mit x die Differenz

$$x = \psi - \psi_f \,.$$

Hiernach ist x die Verstellung des Kontaktarmes gegen die Stellung ψ_f, die er nach Einregelung der vorschriftsmäßigen Spannung einnimmt. Unsere Differentialgleichung nimmt die Form an

$$\frac{d^2 x}{dt^2} + \left(\frac{1}{T} + \frac{\delta}{T_s}\right)\frac{dx}{dt} + \frac{\gamma}{T \cdot T_s}\cdot x = 0$$

und

$$\frac{d\Delta}{dt} + \frac{\Delta}{T} = -\frac{\gamma}{T}\cdot x \,.$$

35. Das allgemeine Integral der Bewegungsgleichung des Kontaktarmes. Wir wollen die gefundene Differentialgleichung in die symmetrische Gestalt bringen:

$$\frac{d^2 x}{dt^2} + \left(\frac{1}{T} + \frac{1}{T'_s}\right)\frac{dx}{dt} + \frac{x}{T \cdot T'_s \cdot \delta'} = 0 \,.$$

Hierin ist $T'_s \equiv \dfrac{T_s}{\delta}$ als spezifische relative Laufzeit der Bewegung und $\delta' = \dfrac{\delta}{\gamma}$ als relative Rückführungsdämpfung eingeführt. Das allgemeine Integral dieser Gleichung zweiter Ordnung mit konstanten Koeffizienten lautet bekanntlich

$$x = C_1 \cdot e^{\alpha_1 t} + C_2 e^{\alpha_2 t} \,.$$

Hierin sind C_1 und C_2 Integrationskonstanten und α_1, α_2 die Wurzeln der „charakteristischen Gleichung"

$$\alpha^2 + \left(\frac{1}{T} + \frac{1}{T'_s}\right)\alpha + \frac{1}{\delta' \cdot T \cdot T'_s} = 0 \,.$$

Da die Koeffizienten dieser letzten Gleichung selbstverständlich reell sind, ergeben sich die Wurzeln beider als reell oder konjugiert komplex. Der erste Fall ergibt eine Bewegung nach einem Exponentialgesetz, im zweiten Falle erhält man je nach dem Vorzeichen des reellen Anteiles der Wurzeln eine angefachte oder gedämpfte Schwingung.

Wenn die Exponenten im ersten Falle positiv sind, verläuft die Bewegung des Kontaktarmes ins Unendliche. Praktisch ist die Bewegung jedoch durch die Konstruktion des Reglers begrenzt. Der Kontaktarm wird dann am Anschlag gebremst oder bleibt dort stehen. Natürlich ist eine solche Arbeitsweise praktisch unbrauchbar. Vielmehr ist es notwendig, daß die Realteile der Wurzeln negativ sind, d. h. daß die Doppelbedingung

$$\frac{1}{T} + \frac{1}{T'_s} > 0 \quad \text{und} \quad \frac{1}{T\,T'_s\,\delta'} > 0$$

erfüllt ist.

Mit Rücksicht auf die Definition von T'_s und δ' hängt nun das Vorzeichen dieser Größen wesentlich vom Vorzeichen der numerischen Verteilung γ ab. Dies bedeutet, daß die Verbindungen der Widerstände zur Kontaktbahn in bestimmter Reihenfolge angeordnet sein müssen.

Wenn also, wie es stets erfüllt sein wird, die Koeffizienten der charakteristischen Gleichung positiv und reell sind, ergeben sich beide Wurzeln entweder als negativ reell oder als konjugiert komplex mit negativem Realteil. Hieraus folgt, daß stets die Stellung des Kontaktarmes gegen Null strebt, wie es sein muß, wenn wir als Ursprung $(x = 0)$ den Ort des Kontaktarmes nach beendeter Regulierung wählen. Wenn die Wurzeln reell sind, erfolgt die Bewegung aperiodisch; sind sie komplex, so verläuft sie nach einer gedämpften Schwingung. In keinem Falle sind dann dauernde Pendelungen zu befürchten.

Dieser zunächst paradox erscheinende Schluß wird durch die Erfahrung bestätigt. Man erhält unmöglich Dauerschwingungen eines Reglers, der auf das Feld eines Wechselstromgenerators oder einer Dynamomaschine arbeitet, wenn dieser Regler keine Trägheit besitzt oder wenn der abgegebene Strom sich nicht ändert. Treten dennoch Dauerschwingungen auf, so rühren sie lediglich von der Trägheit der Reglerorgane her[1]; diese Trägheit kann praktisch stets auf einen sehr kleinen Wert gebracht werden. Wir weisen darauf hin, daß wir ja bei der Aufstellung der Reglergleichung alle beweglichen Teile als unbegrenzt leicht vorausgesetzt haben, so daß sie den steuernden Kräften keine merkliche Trägheit entgegensetzen.

Die Bewegung des Kontaktarmes geht um so schneller gegen Null, je größer der Betrag der Wurzeln α_1 und α_2 ist. Ihre Summe ist bekannt:

$$\alpha_1 + \alpha_2 = -\left(\frac{1}{T} + \frac{1}{T'_s}\right)$$

und ebenso ihr Produkt

$$\alpha_1 \cdot \alpha_2 = \frac{1}{\delta' \, T \, T'_s}.$$

Die Wurzeln selbst ergeben sich also um so größer, je größer die rechten Seiten sind, insbesondere also bei kleiner relativer spezifischer Laufzeit T'_s, da ja die Zeitkonstante T der Maschine als wesentlich unveränderliche Größe anzusehen ist.

Man hat sich früher bemüht, die Reguliergeschwindigkeit durch möglichste Verkleinerung der spezifischen Laufzeit zu erhöhen, indem man die Zeit möglichst kurz zu machen suchte, die der Kontaktarm bei einer bestimmten Spannungsänderung zu seiner Bewegung braucht.

---

[1] Abgesehen von gewissen mechanischen Fehlern, wie z. B. starke Reibung.

Die vorstehende Überlegung liefert die Begründung hierfür. Man erkennt jedoch, daß dieses Mittel versagen muß, sobald die Reglerzeitkonstante T_s klein gegen die Hauptfeldzeitkonstante T wird. In diesem Bereiche hat eine Verkleinerung von T_s praktisch keinen Einfluß auf die Arbeitsgeschwindigkeit mehr. Dieses wichtige Ergebnis wollen wir sogleich an der Gleichung der Spannungsabweichung noch einmal erläutern.

36. Das allgemeine Integral der Abweichungsgleichung. Da die Bewegungsgleichung des Kontaktarmes in der Form gefunden ist

$$x = C_1 e^{\alpha_1 t} + C_2 e^{\alpha_2 t},$$

folgt die Differentialgleichung der Abweichung

$$\frac{d\varDelta}{dt} + \frac{\varDelta}{T} = -\frac{\gamma}{T} \cdot x = -\frac{\gamma}{T} C_1 \cdot e^{\alpha_1 t} - \frac{\gamma}{T} C_2 \cdot e^{\alpha_2 t}.$$

Ihre allgemeine Lösung enthält das Integral der homogenen Gleichung

$$\frac{d\varDelta}{dt} + \frac{\varDelta}{T} = 0,$$

welches lautet

$$\varDelta = C \cdot e^{-\frac{t}{T}}.$$

Hierzu ist ein Partikularintegral der vollständigen Gleichung zuzufügen. Bekanntlich befriedigt eine „synchrone" Bewegung die Gleichung. Sei $M \cdot e^{\alpha_1 t}$ ein Glied dieser Lösung, so ergibt sich durch unmittelbares Einsetzen

$$\alpha_1 \cdot M \cdot e^{\alpha_1 t} + \frac{M}{T} e^{\alpha_1 t} = -\frac{\gamma}{T} C_1 e^{\alpha_1 t}.$$

Hieraus folgt

$$M\left(\alpha_1 + \frac{1}{T}\right) = -\frac{\gamma}{T} C_1; \quad M = -\frac{\gamma}{\alpha_1 T + 1} \cdot C_1.$$

Das zweite Exponentialglied liefert ein Glied von analogem Bau, so daß die allgemeine Lösung schließlich lautet:

$$\varDelta = C \cdot e^{-\frac{t}{T}} - \frac{\gamma C_1}{\alpha_1 T + 1} e^{\alpha_1 t} - \frac{\gamma C_2}{\alpha_2 T + 1} \cdot e^{\alpha_2 t}.$$

In dieser Gleichung ist die Integrationskonstante C durch einen speziellen Wert von $\varDelta$ aus einer entsprechenden Grenzbedingung zu bestimmen.

Im allgemeinen unterliegt also die Abweichung einem ähnlichen Gesetz wie die Bewegung des Kontaktarmes. Ihr Schwingungscharakter ist mit dem der Reglerbewegung verknüpft. Demgegenüber hängt das zeitliche Abklingen des hinzukommenden ersten Gliedes, $C \cdot e^{-\frac{t}{T}}$, nur von der Maschinenzeitkonstanten T ab. Andererseits ist C durch einen besonderen Wert von $\varDelta$ entsprechend der Grenzbedingung bestimmt und im allgemeinen von Null verschieden, da diese Bedingung eine beliebige Größe von C ergeben kann. Von wenigen Ausnahmen abgesehen, tritt also dieses Glied stets auf. Man erkennt hieraus, daß der selbsttätige Regler bis zu einem gewissen Grade nicht so schnell arbeiten kann, als es erwünscht wäre; die Regulierungszeit, d. h. die Zeit, die bis zum praktisch völligen Abklingen der Ausgleichsvorgänge verstreicht, hängt außer von der Konstruktion des selbsttätigen Reglers notwendig von den Haupteigenschaften der geregelten Maschine ab. Wir werden hierauf noch weiter unten zurückkommen.

37. Die Wurzeln der charakteristischen Gleichung. Durch Auflösung nach α ergibt die charakteristische Gleichung

$$\alpha = -\frac{1}{2}\left(\frac{1}{T} + \frac{1}{T'_s}\right) \pm \sqrt{\frac{1}{4}\left(\frac{1}{T} + \frac{1}{T'_s}\right)^2 - \frac{1}{\delta' T T'_s}}\,,$$

wofür wir auch schreiben können

$$\alpha = -\frac{1}{2}\left(\frac{1}{T} + \frac{1}{T'_s}\right)\left\{1 \pm \sqrt{1 - \frac{4}{\delta'\left(\sqrt{\frac{T'_s}{T}} + \sqrt{\frac{T}{T'_s}}\right)^2}}\right\}.$$

Die Realität der Wurzeln hängt im wesentlichen von dem Verhältnis $\frac{T'_s}{T}$ ab, das uns also ein kennzeichnendes Merkmal des Regelvorganges liefert. Wir haben drei Fälle zu unterscheiden, je nachdem ob $\frac{T'_s}{T}$ klein gegen 1 ist, nahe gleich 1 oder groß gegen 1.

38. Fall A. Langsame Regelung. Es sei $\frac{T'_s}{T}$ sehr groß gegen 1. Die Zeitkonstante der Maschine ist dann also sehr klein gegen die spezifische relative Laufzeit. Der Ausdruck im Nenner unter der Wurzel unterscheidet sich hierbei nur sehr wenig von $\sqrt{\frac{T'_s}{T}}$, so daß

$$\alpha = \sim -\frac{1}{2}\left(\frac{1}{T} + \frac{1}{T'_s}\right)\left\{1 \pm \sqrt{1 - \frac{4T}{\delta' T'_s}}\right\}.$$

Da die Größenordnung von δ' im allgemeinen zwischen 0,5 und 1 liegt, ist der Bruch unter der Wurzel klein gegen 1, und man kann die Wurzel in eine Binomialreihe entwickeln. Vernachlässigt man die Glieder höherer Ordnung, so entsteht

$$\alpha = -\frac{1}{2}\left(\frac{1}{T} + \frac{1}{T'_s}\right)\left\{1 \pm \left(1 - \frac{2T}{\delta' T'_s}\right)\right\}$$

und in gleicher Näherung

$$\alpha_1 = -\left(\frac{1}{T} + \frac{1}{T'_s}\right)\left(1 - \frac{T}{\delta' T'_s}\right) = \sim -\frac{1}{T}\,,$$

$$\alpha_2 = -\left(\frac{1}{T} + \frac{1}{T'_s}\right) \cdot \frac{T}{\delta' T'_s} = \sim -\frac{1}{\delta' T'_s} = -\frac{\gamma}{T_s}.$$

Man überzeugt sich leicht, daß diese Näherungswerte für $\delta' = 1$ in die genauen Werte übergehen.

Die allgemeine Gleichung der Kontaktarmbewegung lautet in diesem Falle

$$x = C_1 \cdot e^{-\frac{t}{T}} + C_2 \cdot e^{-\frac{\gamma}{T_s}t} \tag{33}$$

und die der Abweichung

$$\Delta = C \cdot e^{-\frac{t}{T}} - \frac{\gamma C_1}{\alpha_1 T + 1} \cdot e^{-\frac{t}{T}} - \frac{\gamma C_2}{\alpha_2 T + 1} \cdot e^{-\frac{\gamma}{T_s} \cdot t}$$

oder mit Einführung zweier neuen Integrationskonstanten A und B

$$\Delta = A \cdot e^{-\frac{t}{T}} + B \cdot e^{-\frac{\gamma}{T_s}t}. \tag{34}$$

Hier gehorchen also die Bewegung des Kontaktarmes und der Augenblickswert der Abweichung dem gleichen Gesetze. Da voraussetzungsgemäß die Maschinenzeitkonstante sehr viel kleiner als die spezifische relative Laufzeit ist, verschwindet das erste Exponentialglied sehr viel schneller als das zweite; nach einer relativ kurzen Zeit gilt daher merklich

$$x = \sim C_2 \cdot e^{-\frac{\gamma}{T_s} \cdot t}.$$

$$\Delta = \sim B \cdot e^{-\frac{\gamma}{T_s} \cdot t}.$$

In diesen Beziehungen kommt nun die Maschinenzeitkonstante nicht mehr vor; abgesehen von den Vorgängen unmittelbar nach Einsetzen der Regulierung entwickeln sich also die Bewegung und die Abweichung so, wie wenn die Maschinenzeitkonstante Null wäre, d. h. wie wenn die Ausgleichsvorgänge in der Maschine trägheitslos verliefen. Übrigens folgen die beiden obigen Gleichungen ohne weiteres aus den allgemeinen Differentialgleichungen, sofern man in diesen $T = 0$ setzt. Wir finden hier die schon am Beispiel der Sammlerbatterie erläuterten Vorgänge wieder.

Man erkennt aus der vorangehenden Untersuchung, daß während des langsamen Reguliervorganges der elektrische Zustand der Maschine in jedem Augenblicke merklich als stationär angesehen werden kann. Der Regler arbeitet so außerordentlich langsam, daß bei jeder Stellung des Kontaktarmes die elektrischen Ausgleichsvorgänge sich bis zur Erreichung des stationären Endwertes voll entwickeln können.

Der Regelvorgang kann als beendet angesehen werden, wenn die Exponentialfunktion, die für den Verlauf der Abweichung maßgebend ist, einen hinreichend kleinen Wert angenommen hat. Dieser Endwert muß im übrigen natürlich willkürlich festgesetzt werden. Verlangt man z. B. eine Abnahme der Abweichung bis auf 5% ihres Anfangswertes, so folgt die Regulierzeit T_k aus

$$e^{-\frac{\gamma}{T_s} \cdot T_k} = 0,05,$$

also die Regulierzeit zu rund

$$T_k = 3 \cdot \frac{T_s}{\gamma}.$$

39. Fall B. Eilregelung. Es sei $\frac{T_s'}{T}$ nahezu 1. Hierfür wird, da δ' im allgemeinen zwischen 0,5 und 1 liegt, die Wurzel imaginär. Die Wurzeln $\alpha_{1,2}$ sind komplex; wir setzen

$$\alpha_1 = -\frac{1}{2}\left(\frac{1}{T} + \frac{1}{T_s'}\right) + i\sqrt{\frac{1}{\delta' T T_s'} - \frac{1}{4}\left(\frac{1}{T} + \frac{1}{T_s'}\right)^2} = -\frac{1}{J} + i\beta,$$

$$\alpha_2 = -\frac{1}{2}\left(\frac{1}{T} + \frac{1}{T_s'}\right) - i\sqrt{\frac{1}{\delta' T T_s'} - \frac{1}{4}\left(\frac{1}{T} + \frac{1}{T_s'}\right)^2} = -\frac{1}{J} - i\beta.$$

Die Bewegungsgleichung des Kontaktarmes lautet

$$x = C_1 \cdot e^{-\frac{t}{J}} \cdot \cos(\beta t - C_2),$$

wo C_1 und C_2 die Integrationskonstanten sind. Die Abweichung Δ befolgt ein ähnliches Gesetz

$$\Delta = C \cdot e^{-\frac{t}{T}} + A \cdot e^{-\frac{t}{J}} \cos(\beta t - B).$$

Hierin ist C eine neue Integrationskonstante, während A und B aus C_1 und C_2 durch Einsetzen in die Differentialgleichung der Abweichung Δ zu bestimmen sind.

In diesem Falle verlaufen also die Verstellung x und die Abweichung Δ nach einer gedämpften Schwingung. Der Dämpfungsfaktor oder der entsprechende Exponent $\frac{1}{J}$ hängt sowohl von der spezifischen Laufzeit T_s' wie von der Zeitkonstante der Maschine ab. In allen Fällen verklingt die Schwingung.

Wenn man beachtet, daß nach Voraussetzung T_s' und T von gleicher Größenordnung sind, erkennt man, daß die Beziehung erfüllt ist

$$\frac{1}{J} \frac{1}{2}\left(\frac{1}{T_s'} + \frac{1}{T}\right) = \sim \frac{1}{T}.$$

Die beiden Dämpfungsfaktoren sind also nahezu gleich. Man kann jetzt die gesamte Regulierzeit ausrechnen, indem man den Exponentialfunktionen einen hinreichend kleinen, willkürlich festgesetzten Wert zuerteilt. Verfährt man wie oben, so erhält man rund

$$e^{-\frac{T_k}{T}} = 0,05; \qquad T_k = 3\,T.$$

Die Regulierzeit beträgt also das Dreifache der Maschinenzeitkonstante.

40. Fall C. Schnellregelung. Es sei $\dfrac{T'_s}{T}$ sehr klein gegen 1. Man versuchte natürlich, die Regulierzeit zu verkürzen. Als einfachstes Mittel hierzu erscheint der Bau von Apparaten mit immer kleinerer spezifischer Laufzeit. Wir wollen die Wurzeln der charakteristischen Gleichung berechnen, wenn $\dfrac{T'_s}{T}$ ein kleiner echter Bruch wird.

In dem allgemeinen Ausdruck

$$\alpha = -\frac{1}{2}\left(\frac{1}{T} + \frac{1}{T'_s}\right)\left\{1 \pm \sqrt{1 - \frac{4}{\delta\left(\sqrt{\dfrac{T'_s}{T}} + \sqrt{\dfrac{T}{T'_s}}\right)^2}}\right\}$$

vereinfacht sich der Ausdruck unter der Wurzel, wie oben, zu

$$\sqrt{1 - \frac{4\,T'_s}{\delta'\,T}} = \sim 1 - \frac{2\,T'_s}{\delta'\,T}\,.$$

Hieraus folgt

$$\alpha_1 = -\frac{1}{2}\left(\frac{1}{T} + \frac{1}{T'_s}\right)\left(2 + \frac{2\,T'_s}{\delta'\,T}\right) = \sim -\frac{1}{T'_s}$$

und

$$\alpha_2 = -\frac{1}{2}\left(\frac{1}{T} + \frac{1}{T'_s}\right)\frac{2\,T'_s}{\delta'\,T} = \sim -\frac{1}{\delta'T}\,.$$

Man erhält demnach die Bewegungsgleichung des Kontaktarmes

$$x = C_1 \cdot e^{-\frac{t}{T'_s}} + C_2 \cdot e^{-\frac{t}{\delta'T}}$$

und die Gleichung der Abweichung

$$\Delta = C \cdot e^{-\frac{t}{T}} + A \cdot e^{-\frac{t}{T'_s}} + B \cdot e^{-\frac{t}{\delta'T}}\,.$$

In dieser Gleichung verschwindet die Exponentialfunktion mit dem Exponenten $-\dfrac{t}{T'_s}$ sehr rasch, da T'_s sehr viel kleiner als T ist. Abgesehen von den allerersten Augenblicken gilt also merklich

$$\Delta = C \cdot e^{-\frac{t}{T}} + B \cdot e^{-\frac{t}{\delta'T}}\,.$$

Um hieraus die Regulierzeit zu bestimmen, muß man untersuchen, welcher der Exponenten $\dfrac{1}{T}$ oder $\dfrac{1}{\delta'T}$ größer ist. Man kann der Dämpfung δ', besonders bei Schnellreglern, einen Wert klein gegen 1 geben. Dann verschwindet die zweite Exponentialfunktion viel schneller als die erste, und die Regulierzeit ist angenähert durch den Verlauf der ersten Exponentialfunktion bestimmt:

$$e^{-\frac{T_k}{T}} = 0,05\,,$$

also in runden Ziffern

$$T_k = 3\,T\,.$$

Wiederum ist also die Regulierzeit gleich dem Dreifachen der Maschinenzeitkonstante.

41. Klassifizierung der Regler. Bedeutung des Schnellreglers. Die Bezeichnung „Schnellregler" eines selbsttätigen Reglers bezieht sich üblicherweise auf die Geschwindigkeit, mit der er eine Korrektur ausführt. Nach dem Vorangehenden erkennt man nun, daß die **Regulierzeit gegen einen Wert strebt, der nicht mehr vom Regler abhängt, sondern nur noch von der Maschine, auf die er arbeitet.** Dieses Kennzeichen ist also unbrauchbar. Es ist zweckmäßiger, mit Rücksicht auf die konstruktiven Schwierigkeiten, die man beim Bau eines Apparates mit sehr kleiner spezifischer Laufzeit zu überwinden hat, die Bewertung auf diese Größe zu gründen. Trotzdem bleibt, von einem gewissen Wert T_s an, eine Verkleinerung von T_s ohne Einfluß auf den Regulierungsvorgang: Zwei Apparate mit sehr verschiedener spezifischer Laufzeit können beim Arbeiten auf die gleiche Maschine praktisch identische Resultate liefern.

Da die Regulierzeit des Eilreglers bereits von derselben Größenordnung wie die des Schnellreglers ist, erhebt sich die Frage, welche Bedeutung der Bau von Schnellreglern hat. Ein Unterschied zwischen beiden Regulierarten ergibt sich aus dem Vorangehenden. Bei Benutzung eines Eilreglers verklingt die Spannungsabweichung nach einer gedämpften Schwingung, während beim Schnellregler die Zahl solcher Schwingungen viel kleiner ist. Beim Arbeiten auf ein Lichtnetz macht sich nun die schwingende Spannung durch das Flimmern des Lichtes viel unangenehmer bemerkbar als eine Spannungsänderung von bestimmtem Vorzeichen. Aus diesem Grunde ist in solchen Netzen der Schnellregler vorzuziehen. Vom Standpunkte des motorischen Antriebes dagegen ist diese Frage ohne praktische Bedeutung.

Um nun den Arbeitsvorgang der einzelnen Regler in allen Feinheiten zu überblicken, müssen wir die Integrationskonstanten an Hand der Grenzbedingungen bestimmen. Bevor wir zu dieser Rechnung übergehen, ist es zweckmäßig, die Vorgänge bei der plötzlichen Laständerung und ihre Rückwirkungen auf das magnetische Feld zu untersuchen.

42. Die Rückwirkung des Ankerfeldes auf den Erregerstrom im Augenblick der Laständerung. Da während der Zeit vor dem Regelvorgang der Zustand als stationär vorausgesetzt wurde, besitzt hierbei der Erregerstrom einen festen Wert, der durch die anfängliche stationäre Stellung des Kontaktarmes bestimmt wird. Allgemein übt nun das Ankerfeld eine entmagnetisierende Wirkung auf das Erregerfeld

aus. Im Augenblick der Belastungsänderung ändert sich diese Ankerrückwirkung, so daß also eine Flußänderung stattfindet; infolgedessen
tritt im Feldkreise eine elektromotorische Kraft auf. Diese elektromotorische Kraft addiert (oder subtrahiert) sich zur angelegten Klemmenspannung im Erregerkreis und ruft infolgedessen einen vorübergehenden Ausgleichsvorgang des bis dahin konstanten Erregerfeldes
hervor[1]).

Die inneren Gesetze dieses Vorganges lassen sich etwa folgendermaßen
schematisch darstellen. Auf einen magnetischen Kreis nach Abb. 14 (den
Induktor der Maschine) wirken
zwei Wicklungen ein, deren jede
durch eine unveränderliche elektromotorische Kraft gespeist wird.
Die erste ist die Erregerspannung,
die andere die elektromotorische
Kraft, welche durch die Rotation
der Maschine erzeugt wird. Im
stationären Zustand sind die von
diesen elektromotorischen Kräften erregten Ströme durch die Ausdrücke gegeben

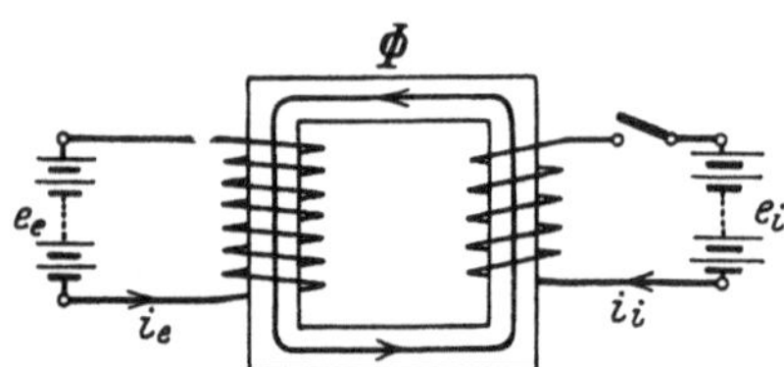

Abb. 14. Ersatzschema zur Berechnung der Ausgleichsvorgänge im Läuferkreis.

$$e_e = i_{es} \cdot r_e \,,$$

$$e_i = i_{is} r_i \,.$$

Wenn diese Ströme sich ändern, rufen sie im allgemeinen eine entsprechende Änderung des verketteten Flusses Φ hervor, also eine neue
induzierte elektromotorische Kraft in jedem der beiden Stromkreise.
Die Gleichungen dieses Ausgleichsvorganges lauten, wenn w_1 und w_2
die Windungszahlen beider Kreise sind,

$$\left. \begin{aligned} e_e &= i_e r_e + L_e \frac{d i_e}{d t} + w_1 \cdot \frac{d \Phi}{d t} \,, \\ e_i &= i_i r_e + L_i \frac{d i_i}{d t} + w_2 \frac{d \Phi}{d t} \,. \end{aligned} \right\} \tag{35}$$

Endlich ist der verkettete Fluß mit den erzeugenden Strömen durch
die Gleichung des magnetischen Kreises verknüpft, in welchem die
gesamte Durchflutung auf den magnetischen Widerstand R arbeitet:

$$\Phi = \frac{4 \pi \left(w_1 i_e + w_2 i_i \right)}{R} \,.$$

Da nun dieser magnetische Widerstand (Reluktanz) innerhalb eines
hinreichend kleinen Bereiches als konstant betrachtet werden kann,

<hr>

[1] Vgl. R. Rüdenberg: Elektrische Schaltvorgänge, Nr. 9, 10, 11. Berlin:
Julius Springer 1926.

folgt

$$\frac{d\Phi}{dt} = \frac{4\pi\left(w_1\dfrac{di_e}{dt} + w_2\dfrac{di_i}{dt}\right)}{R}.$$

Durch Einsetzen in Gl. (35) findet sich

$$e_e = i_e\,r_e + \left(L_e + \frac{4\pi w_1^2}{R}\right)\frac{di_e}{dt} + \frac{4\pi w_1 w_2}{R}\frac{di_i}{dt}.$$

Hierin stellt $L_e + \dfrac{4\pi w_1^2}{R}$ die Induktivität L_1 des Kreises, $\dfrac{4\pi w_1 w_2}{R}$ die Gegeninduktivität M beider verketteten Kreise dar, so daß man schreiben kann

$$e_e = i_e\,r_e + L_1\frac{di_e}{dt} + M\frac{di_i}{dt}.$$

Wir wollen jetzt annehmen, daß der Strom i_i plötzlich um einen endlichen Wert Δi_i springe. Da die Ableitung $\dfrac{di_i}{dt}$ dann unendlich groß wird und da die Glieder e_e und $i_e r_e$ endlich bleiben, muß $\dfrac{di_e}{dt}$ ebenfalls unendlich groß werden. Man schließt hieraus, daß also auch der Erregerstrom springen muß, wobei gilt

$$L_i \cdot \Delta i_e = -M \cdot \Delta i_i$$

oder angenähert

$$w_1 \cdot \Delta i_e = -w_2 \cdot \Delta i_i. \tag{36}$$

Während dieses Vorganges hat sich der Fluß nicht geändert. In der Tat betrug er unmittelbar vor der Änderung

$$\Phi = \frac{4\pi(w_1 i_{es} + w_2 i_{is})}{R}.$$

Unmittelbar nach dem Sprung ist

$$\Phi' = \frac{4\pi(w_1\{i_{es} - \Delta i_e\} + w_2 \cdot \{i_{is} - \Delta i_i\})}{R}.$$

Mit Rücksicht auf Gl. (36) gilt also wirklich

$$\Phi = \Phi'.$$

Man erkennt hieraus, daß beim Einsetzen des Regelvorganges, unmittelbar nach der plötzlichen Laständerung, das Hauptfeld noch keine Änderung erfahren hat. Dagegen hat die Klemmenspannung einen anderen Wert angenommen; diese Änderung rührt von der Zunahme oder Abnahme des inneren Spannungsabfalles durch Widerstand und Streuselbstinduktion des Ankers her. Wir wollen diese relative Abweichung, die am Anfang plötzlich auftritt, mit Δ_z bezeichnen; sie gibt die Spannungsänderung bei konstantem Hauptfluß an.

Im Beginn des Regelvorganges hat der Erregerstrom nicht mehr seinen stationären Wert, der durch die Stellung des Kontaktarmes

bestimmt ist; er ändert sich ja gleichzeitig mit der Belastung sprunghaft. Wenn der selbsttätige Regler in Ruhe verharrte, würde der Erregerstrom seinen ursprünglichen stationären Wert wieder annehmen,
wobei er eine entsprechende Änderung des Hauptflusses bewirken
würde. Die Spannungsänderung würde daher um einen neuen An-
teil Δ_φ anwachsen, welcher eben dieser Flußänderung entspricht. Insgesamt hätte man so die Spannungsabweichung

$$\Delta_a = \Delta_z + \Delta_\varphi \, , \tag{37}$$

die durch eine geeignete Verstellung des Kontaktarmes zu korrigieren
ist. Diese gesamte Abweichung Δ_a bei der Laständerung ist die Änderung der Gebrauchsspannung, berechnet unter der Annahme eines
unveränderlichen Erregerstromes.

Es ist interessant, das Gesetz zu untersuchen, nach dem die anfängliche Abweichung bei ruhendem Kontaktarm ihren Gesamtendwert Δ_a
erreichen würde, wie es bei einer Maschine ohne Regulierung eintreten
würde. Der Vergleich dieses Vorganges mit den Ergebnissen, die man
durch Anwendung der selbsttätigen Regelung erhält, gestattet, die
Wirksamkeit des Apparates zu beurteilen.

Wir haben früher (S. 41) gefunden, daß der Erregerstrom bei konstanter Erregerspannung das Gesetz befolgt

$$T \frac{di}{dt} + i = i_{st} \, .$$

Darin ist i_{st} der stationäre Erregerstrom, definiert durch den augenblicklichen Wert des Erregerwiderstandes. Unmittelbar vor Beginn des
Ausgleichsvorganges hat dieser Strom den Wert i_{s_a}, nach dem Ausgleichsvorgang besitzt er den gleichen Wert, da wir den Kontaktarm
als unbeweglich vorausgesetzt haben. Dagegen hat sich der Erregerstrom selbst verändert und den Wert i' angenommen. Vom Augenblick, der der plötzlichen Laständerung folgt, gilt

$$T \frac{di'}{dt} + i' = i_{s_a} \, .$$

Da voraussetzungsgemäß i_{s_a} unveränderlich bleibt, kann diese Gleichung sogleich integriert werden

$$i' - i_{s_a} = C \cdot e^{-\frac{t}{T}} \, .$$

Wir wollen diese Gleichung mit m multiplizieren. Mit Rücksicht
auf S. 41 bemerken wir, daß $m(i' - i_{s_a})$ nichts anderes ist als die
Abweichung der Spannung DC nach Abb. 15. Der Augenblickswert
der Spannungsabweichung unterscheidet sich also von dem Ge-
samtwert $\Delta_a = \Delta_z + \Delta_\varphi$ gerade um den Betrag DC. Man hat also

nach Abb. 15

$$DC = C' \cdot e^{-\frac{t}{T}},$$
$$DC = BC - BD.$$

BD ist die Abweichung im betrachteten Augenblick, von A aus gerechnet, d. h. ohne Berücksichtigung von $\varDelta_z$. BC ist die Endabweichung $\varDelta_\varphi$, nachdem der Strom i einmal seinen stationären Wert i_{s_a} erreicht hat. Also gilt

$$BD = \varDelta_\varphi - C' \cdot e^{-\frac{t}{T}}.$$

Zu Beginn dieses Vorganges ist $BD = 0$, so daß gilt

$$0 = \varDelta_\varphi - C'$$

und endlich

$$\varDelta = \varDelta_z + BD = \varDelta_z + \varDelta_\varphi \left(1 - e^{-\frac{t}{T}}\right).$$

Nach hinreichend langer Zeit entsteht hieraus

$$\varDelta = \varDelta_z + \varDelta_\varphi.$$

Die Tangente im Ursprung der Kurve des zeitlichen Spannungsanstieges ist

$$\left(\frac{d\varDelta}{dt}\right)_0 = \frac{\varDelta_\varphi}{T}.$$

Zusammenfassend erkennt man, daß die Spannungsänderung als Folge einer plötzlichen Belastungsänderung aus zwei Anteilen besteht: Der erste Anteil $\varDelta_z$ erscheint momentan bei konstantem Hauptfluß, der andere wird durch die Flußänderung des Hauptfeldes hervorgerufen und entwickelt sich nur langsam.

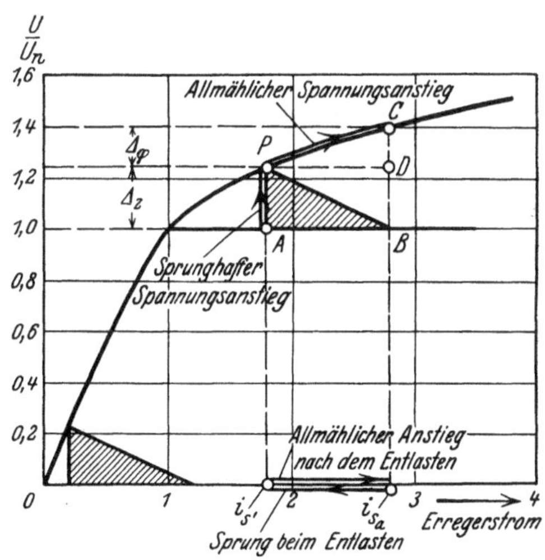

Abb. 15. Spannungsänderung bei plötzlicher Entlastung eines induktiv vorbelasteten Generators.

Der selbsttätige Regler ist der sprunghaften Spannungsänderung gegenüber machtlos. Dagegen kann er manchmal hinreichend schnell eingreifen, um die vollständige Ausbildung der Abweichung $\varDelta_\varphi$ zu unterdrücken (vgl. S. 73).

Wir wollen jetzt die Maschine unter dem Einfluß des Reglers untersuchen. Die Spannungsabweichung $\varDelta$ ist während des Reguliervorganges mit der Verstellung x des Kontaktarmes durch die Differentialgleichung des Feldsystemes verknüpft

$$\frac{d\Delta}{dt} + \frac{\Delta}{T} = -\frac{\gamma x}{T}.$$

Zu Beginn des Reguliervorganges $(t = 0)$ hat die Abweichung den Wert Δ_z, der durch die Belastungsänderung bei konstantem Hauptfluß entsteht. Andererseits nimmt der Kontaktarm die Stellung $x = x_a$ ein, und diese Stellung ist mit der gesamten Spannungsabweichung durch die Gleichung verknüpft

$$\Delta_a = -\gamma x_a,$$

wie wir weiter unten (S. 60) zeigen werden. Durch Einführung dieser Anfangsbedingungen erhalten wir die Richtungstangente im Anfang der Korrekturkurve:

$$\text{für} \quad t = 0 \quad \text{gilt} \quad \left(\frac{d\Delta}{dt}\right)_0 = \left(-\frac{\gamma x}{T}\right)_{t=0} - \left(\frac{\Delta}{T}\right)_{t=0} = \frac{\Delta_a - \Delta_z}{T} = \frac{\Delta_\varphi}{T}.$$

Die Richtung dieser Kurventangente ist also die gleiche wie im Fall des ruhenden Reglers. Dies bedeutet mit anderen Worten, daß die Abweichung anfänglich das gleiche Verhalten zeigt, unabhängig davon, ob die Maschine geregelt wird oder nicht. Der Versuch, dieses anfängliche Verhalten des Reglers abzuändern, hieße einen Regler suchen, der fähig ist, im voraus die Zukunft zu erraten.

43. Die Richtung der Abweichung Δ_φ. Es erscheint zweckmäßig, den Sinn, also das Vorzeichen von Δ_φ durch eine physikalische Betrachtung festzusetzen. Wir wollen, um uns nicht in Allgemeinheiten zu verlieren, eine Maschine voraussetzen, welche eine entmagnetisierende Ankerrückwirkung besitzt, also z. B. einen induktiv belasteten Wechselstromgenerator oder eine Gleichstromdynamo, in welcher die Bürsten im Sinne der Drehbewegung nach vorwärts verschoben sind. Der Hauptfluß wird dann erzeugt durch die Durchflutung der Feldwicklung, vermindert um die Durchflutung der Ankerrückwirkung. Wir wollen weiter annehmen, daß die Maschine plötzlich entlastet werde. Da jetzt die Ankerrückwirkungsdurchflutung verschwindet, ist die Erregerdurchflutung viel größer, als sie zur Erzeugung des Hauptflusses notwendig wäre, der seinerseits anfänglich sich nicht ändert. Der Erregerstrom verringert sich also sprunghaft beim Rückgang der Belastung, um sodann langsam seinem alten Werte zuzustreben, wobei der magnetische Hauptfluß entsprechend ansteigt (vgl. Abb. 15). Man erkennt also, daß die anfängliche Abweichung bei konstantem Hauptfluß als Spannungsanstieg erscheint, da es sich um eine Entlastung handelt. Diese Spannung wächst sodann außerdem noch, weil der Hauptfluß ansteigt. Die Tangente der Kurve der Korrektur ist also im Sinne wachsender Abweichung gerichtet.

Die gleiche Überlegung, angewandt auf andere Fälle der Belastungsänderung oder der Ankerrückwirkungsänderung, ergibt ohne

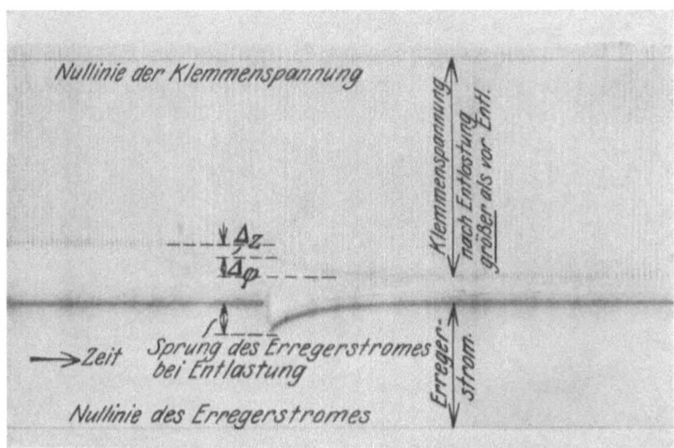

Abb. 16. Verlauf von Klemmenspannung und Erregerstrom bei plötzlicher Entlastung eines induktiv belasteten Wechselstromgenerators.

Zweideutigkeit in jedem Einzelfalle die Richtung der Ursprungstangente.

Dieser Vorgang wird durch das Oszillogramm nach Abb. 16 verdeutlicht. Ganz ähnliche Verhältnisse treten bei kapazitiver Belastung eines Wechselstromgenerators auf. Man erkennt aus Abb. 17, daß beim Entlasten der Erregerstrom sprunghaft ansteigt, während im gleichen Augenblick die Spannung um den Betrag der Streuspannung zurückgeht. Hierauf nimmt der Erregerstrom exponentiell auf seinen ursprünglichen Wert ab, und die Spannung verringert sich gleichzeitig nach einem ähnlichen Gesetze.

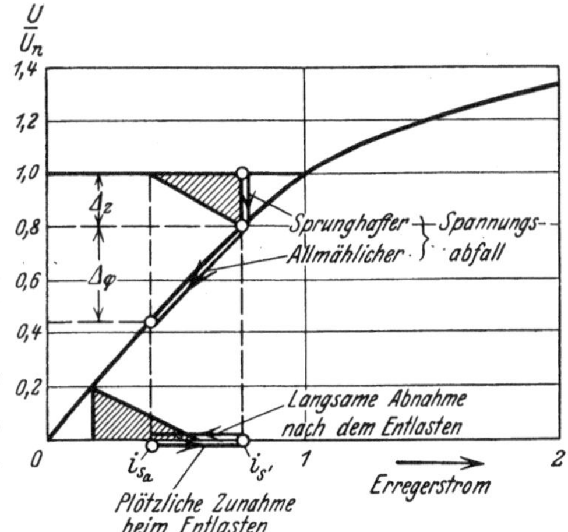

Abb. 17. Spannungsänderung bei plötzlicher Entlastung eines kapazitiv vorbelasteten Generators.

In Abb. 18 sind diese Erscheinungen an Hand eines Oszillogrammes dargestellt worden.

44. Die Grenzbedingungen bei einer plötzlichen Laständerung nach einem stationären Zustand. Im Anfang des Reguliervorganges nimmt der Kontaktarm seine stationäre Lage x_a ein. Es gilt also

$$\text{für}\quad t = 0 : x = x_a.$$

Durch die Übersetzungsgleichung ist dieser Wert in Beziehung gesetzt zur gesamten anfänglichen Spannungsabweichung bei unbeweglich gedachtem Kontaktarm mittels

$$\Delta_a = -\gamma\, x_a. \tag{38}$$

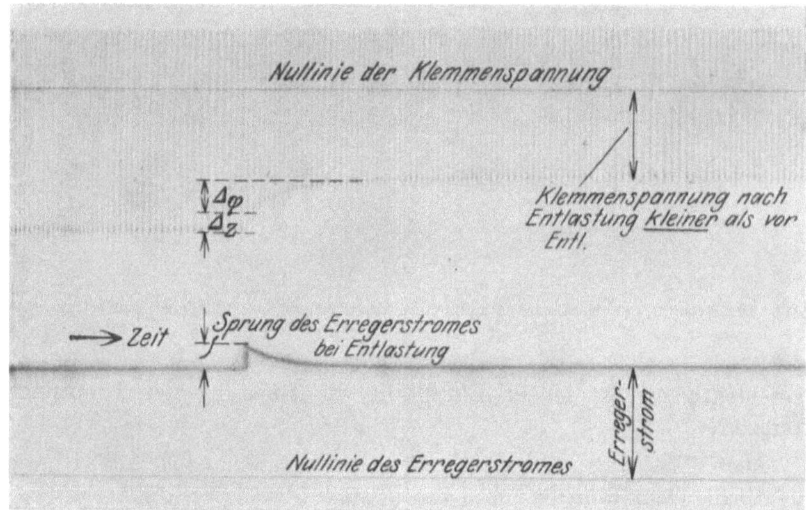

Abb. 18. Verlauf von Klemmenspannung und Erregerstrom bei plötzlicher Entlastung eines **kapazitiv** belasteten Wechselstromgenerators.

Denn der Ursprung von x ist ja so definiert, daß die Lagenänderung x_a des Kontaktarmes die gesamte Spannungsänderung kompensiert, die durch die Belastungsänderung hervorgerufen wird.

Andererseits ist unmittelbar nach der Laständerung zu Beginn des Regelvorganges ($t = 0$) die Spannungsabweichung gleich Δ_z (Spannungsanstieg bei konstantem Fluß). Also gilt

$$\text{für}\quad t = 0 : \Delta = \Delta_z,$$

wofür wir schreiben können

$$\Delta = \Delta_z \equiv \frac{\Delta_z}{\Delta_a} \cdot \Delta_a = \varrho \cdot \Delta_a, \tag{39}$$

wenn ϱ das Verhältnis $\dfrac{\Delta_z}{\Delta_a}$ bedeutet.

Die hier eingeführte Größe ϱ ist eine **Kennziffer der Ankerrückwirkung**: Man erkennt dies, indem man Gl. (39) umformt

$$\varrho = \frac{\Delta_z}{\Delta_a} = 1 - \frac{\Delta_\varphi}{\Delta_a}.$$

Bei entmagnetisierender Ankerrückwirkung entsprechend rein induktiver oder gemischt induktiver Last gilt nach Abb. 15 stets $\Delta_\varphi < \Delta_a$, und also $\varrho < 1$. Wenn die Maschine rein kapazitiv vorbelastet war, wechseln zwar Δ_φ und Δ_a das Vorzeichen, aber nach Abb. 17 bleibt $|\Delta_\varphi| < |\Delta_a|$ und damit $\varrho < 1$. Hierbei ist der Ohmsche Spannungsabfall in der Maschine nicht beachtet worden. In Abb. 19 ist nun das Diagramm einer Maschine mit gemischt Ohmisch-kapazitiver Belastung unter Berücksichtigung des Ohmschen Spannungsabfalles gezeichnet worden. Man entnimmt dieser Abbildung, daß hierbei der

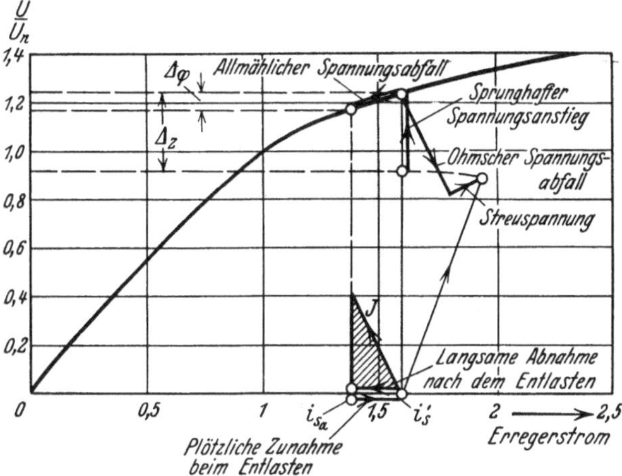

Abb. 19. Spannungsänderung einer kapazitiv vorbelasteten Maschine mit hohem Ohmschen Widerstand.

Sprung Δ_z einem Spannungsanstieg entspricht, der auch durch den folgenden Spannungsabfall Δ_φ nicht voll kompensiert werden kann; es gilt daher

$$\Delta_a < \Delta_\varphi$$

und daher kann jetzt $\varrho > 1$ werden.

Endlich haben wir vorausgesetzt, daß der Ausgleichsvorgang sich aus einem stationären Zustand der Maschine und des Reglers entwickelt. Wir müssen also beachten, daß in diesem Augenblick die Rückführung des Reglers völlig entspannt ist. Die erste Bewegung des Reglers vollzieht sich also so, wie wenn die Rückführung nicht vorhanden wäre. Um nun die Rückführung zu unterdrücken, genügt es nach S. 34, in der Reglergleichung $T_r = 0$ zu setzen. Dies liefert uns als gesuchte Bedingung

$$\text{für}\quad t = 0: \quad \Delta_z = T_s \cdot \left(\frac{d x}{d t}\right)_0$$

oder mit Rücksicht auf die Definitionen (38) und (39)

$$\text{für}\quad t = 0: \quad \left(\frac{dx}{dt}\right)_0 = -\frac{\gamma\, x_a}{T_s}\cdot\frac{\Delta_z}{\Delta_a} = -\frac{\varrho\, x_a}{\delta'\cdot T_s'}\,. \tag{40}$$

Diese Bedingung läßt sich übrigens auch aus dem unmittelbaren Studium z. B. des Apparates System Cuénod herleiten. Die Feder der Rückführung besitzt zu Beginn des Regelvorganges die völlig entspannte Stellung $u = 0$ (Abb. 4). Mit Rücksicht auf die Definitionen (7) und (8) S. 16 und folgende ergibt sich hieraus

$$\left(\frac{dz}{dt}\right)_0 = P\cdot y = \frac{2\,M\,i_n^2\cdot\Delta_z\cdot P}{\beta} = \frac{\Delta_z S}{T_s}$$

$$\left(\frac{d\left(\dfrac{z}{S}\right)}{dt}\right)_0 = \left(\frac{dx}{dt}\right)_0 = \frac{\Delta_z}{T_s}\,.$$

45. Bestimmung der Integrationskonstanten für den Fall des Eilreglers. Wir schreiben die Reglerkennziffer

$$\frac{T_s}{T'} = \Theta\,.$$

Der Fall des Eilreglers ist dann durch $\Theta = \sim 1$ definiert. Wir bestimmen hierfür an Hand der oben genannten Beziehungen die Integrationskonstanten unter der Annahme der plötzlichen Laständerung.

Zunächst wollen wir die **Bewegungsgleichung des Kontaktarmes** aufstellen. Hierfür gilt nach S. 51 die Gleichung

$$x = C_1\cdot e^{-\frac{t}{J}}\cdot\cos\left(\beta\, t - C_2\right).$$

Für die Rechnung ist die gleichwertige Form bequemer

$$x = e^{-\frac{t}{J}}\left[\overline{C}_1\cdot\cos\beta\, t + \overline{C}_2\sin\beta\, t\right],$$

wobei $\overline{C}_1$ und $\overline{C}_2$ zwei neue Integrationskonstanten bedeuten. Die früher angegebenen Grenzbedingungen liefern für $t = 0$:

$$x_a = \overline{C}_1$$

$$-\frac{\varrho\, x_a}{\delta' T_s'} = -\frac{\overline{C}_1}{J} + \beta\,\overline{C}_2\,,$$

so daß also gilt

$$\frac{x}{x_a} = e^{-\frac{t}{J}}\cdot\left[\cos\beta\, t - \frac{\varrho}{\delta' T_s'}\sin\beta\, t\right].$$

Hiermit ist die Bewegung des Kontaktarmes bekannt. Aus ihr entwickeln wir die Gleichung, welche für die Korrektur der Spannungsabweichung Δ maßgebend ist. Auf S. 51 wurde hierfür gefunden

$$\Delta = C\cdot e^{-\frac{t}{T}} + A\cdot e^{-\frac{t}{J}}\cos\left(\beta\, t - B\right),$$

wofür wir auch gleichwertig setzen können

$$\Delta = C \cdot e^{-\frac{t}{T}} + e^{-\frac{t}{J}} \cdot [M \cos \beta t + N \sin \beta t].$$

Die Konstanten M und N hängen von den Integrationskonstanten der Bewegung des Kontaktarmes ab und ergeben sich durch Einsetzen in das Partikularintegral der allgemeinen Differentialgleichung

$$T \frac{d\Delta}{dt} + \Delta = - \gamma x.$$

Da dieses Partikularintegral lautet

$$\Delta_p = (M \cos \beta t + N \sin \beta t)\, e^{-\frac{t}{J}},$$

hat man

$$\frac{d\Delta_p}{dt} = - \frac{e^{-\frac{t}{J}}}{J} (M \cos \beta t + N \sin \beta t) - \beta\, e^{-\frac{t}{J}} (M \sin \beta t - N \cos \beta t).$$

Hieraus folgt

$$- \frac{T}{J} \cdot e^{-\frac{t}{J}} (M \cos \beta t + N \sin \beta t) - \beta\, T \cdot e^{-\frac{t}{J}} (M \sin \beta t - N \cos \beta t)$$

$$+ e^{\frac{t}{T}} (M \cos \beta t + N \sin \beta t) = - \gamma\, x_i\, e^{-\frac{t}{J}} \Big[\cos \beta t + \frac{1}{\beta} \Big(\frac{1}{J} - \frac{\varrho}{T'\delta'} \Big) \sin \beta t \Big].$$

Durch Gleichsetzen der entsprechenden Koeffizienten gleicher Zeitfunktionen findet man

$$M \Big(1 - \frac{T}{J} \Big) + \beta\, T N = - \gamma\, x_a = \Delta_a$$

und

$$M (- \beta T) - N \Big(1 - \frac{T}{J} \Big) = \Delta_a \frac{1}{\beta} \Big(\frac{1}{J} - \frac{\varrho}{\delta' T'_s} \Big).$$

Durch Auflösung dieses Systems nach M und N ergibt sich

$$M = \Delta_a \frac{\dfrac{J - T}{J} - T \Big(\dfrac{1}{J} - \dfrac{\varrho}{\delta' T'_s} \Big)}{\Big(\dfrac{J - T}{J} \Big)^2 + \beta^2\, T^2},$$

$$N = \Delta_a \frac{\dfrac{J - T}{J} \cdot \dfrac{1}{\beta} \Big(\dfrac{1}{J} - \dfrac{\varrho}{\delta' T'_s} \Big)}{\Big(\dfrac{J - T}{J} \Big)^2 + \beta^2\, T^2}.$$

Diese Ausdrücke lassen sich erheblich vereinfachen. Denn mit Rücksicht auf S. 51 erkennen wir, daß aus der unmittelbaren Definition der Größen J und β folgt

$$\frac{1}{J} = \frac{1}{2} \Big(\frac{1}{T} + \frac{1}{T'_s} \Big); \qquad \beta = \sqrt{\frac{1}{\delta'\, T T'_s} - \frac{1}{J^2}}.$$

Der Nenner lautet mit Einführung dieses Wertes β

$$\left(1 - \frac{T}{\mathcal{J}}\right)^2 + \beta^2 T^2 \equiv 1 + \frac{T}{\delta' T'_s} - 2\frac{T}{\mathcal{J}}\,.$$

Anderseits gilt mit Rücksicht auf die Bedeutung von $\mathcal{J}$

$$1 - \frac{2T}{\mathcal{J}} \equiv 1 - \frac{2T}{2}\left(\frac{1}{T} + \frac{1}{T'_s}\right) = -\frac{T}{T'_s}$$

und also endgültig für den Nenner

$$\frac{T}{T'_s}\frac{1-\delta'}{\delta'}\,.$$

Wir finden hiermit nach naheliegenden Umformungen

$$M = \Delta_a \frac{1 - \dfrac{2T}{\mathcal{J}} + \dfrac{T\cdot\varrho}{\delta' T'_s}}{\dfrac{T}{T'_s}\cdot\dfrac{1-\delta'}{\delta'}} \equiv \Delta_a \frac{\varrho - \delta'}{1 - \delta'}\,.$$

Der Zähler der Größe N läßt sich schreiben:

$$\frac{\Delta_a}{\mathcal{J}\beta}\left[(\mathcal{J} - T)\left(\frac{1}{\mathcal{J}} - \frac{\varrho}{\delta' T'_s}\right) + \beta^2 \mathcal{J} T\right]$$

und nach Einführung des Wertes für β und Zusammenfassung

$$\frac{\Delta_a}{\mathcal{J}\beta}\left\{1 - \frac{2T}{\mathcal{J}} + \frac{T\varrho}{\delta' T'_s} + \frac{\mathcal{J}}{\delta' T'_s}(1 - \varrho)\right\}.$$

In den drei ersten Gliedern der geschweiften Klammer erkennt man wieder den Zähler von M. Hieraus folgt

$$N = \frac{\Delta_a}{\mathcal{J}\beta}\left\{\frac{\varrho - \delta'}{1 - \delta'} + \frac{\mathcal{J}(1 - \varrho)}{\delta' T'_s \cdot \dfrac{T}{T'_s}\dfrac{1-\delta'}{\delta'}}\right\}$$

oder schließlich

$$N = \frac{\Delta_a}{\mathcal{J}\beta}\cdot\frac{\varrho - \delta' + \dfrac{\mathcal{J}}{T}(1 - \varrho)}{1 - \delta'}\,.$$

Hiernach ergibt sich die allgemeine Lösung der Korrekturgleichung

$$\Delta = C\cdot e^{-\frac{t}{T}} + \Delta_a e^{-\frac{t}{\mathcal{J}}}\left[\frac{\varrho - \delta'}{1 - \delta'}\cos\beta t + \frac{1}{\mathcal{J}\beta}\frac{\varrho - \delta' + \dfrac{\mathcal{J}}{T}(1 - \varrho)}{1 - \delta'}\sin\beta t\right].$$

Die Integrationskonstante C ist durch die dritte Grenzbedingung bestimmt

$$\text{für}\quad t = 0:\ \Delta = \Delta_z = \varrho\cdot\Delta_a\,,$$

woher man schließt

$$\varrho = \frac{C}{\Delta_a} + \frac{\varrho - \delta'}{1 - \delta'}$$

und endlich

$$\frac{\Delta}{\Delta_a} = \delta' \frac{1-\varrho}{1-\delta'} e^{-\frac{t}{T}} + \frac{\varrho - \delta'}{1-\delta'} e^{-\frac{t}{J}} \left[\cos\beta t + \frac{1}{J\beta} \left(1 + \frac{J}{T} \frac{1-\varrho}{\varrho-\delta'} \right) \sin\beta t \right]. \quad (41)$$

Dieses Resultat gilt ebenso wie die Gleichung der Bewegung des Kontaktarmes in voller Strenge unter der Voraussetzung, daß die spezifische relative Laufzeit von derselben Größenordnung ist wie die Hauptfeldzeitkonstante. Die Vielheit der Parameter gestattet es nicht, diese Gleichung in eine leichter übersehbare Form zu kleiden. Wir wollen jedoch einige Besonderheiten hervorheben.

Im allgemeinen strebt die Abweichung Δ nach einer gedämpften Schwingung gegen Null; diese Schwingung pendelt jedoch nicht um den Endwert $\Delta = 0$, sondern um eine krummlinige Achse, die sich mehr und mehr der Abszissenachse annähert. Diese Achse wird analytisch durch das erste Glied dargestellt

$$\Delta_a \delta' \frac{1-\varrho}{1-\delta'} \cdot e^{-\frac{t}{T}}.$$

Wenn wir dagegen jetzt voraussetzen, daß die Maschine keine entmagnetisierende Ankerrückwirkung besitzt, wie es etwa in einer Gleichstrommaschine mit Wendepolen der Fall sein wird, wenn ihre Bürsten genau in der neutralen Zone stehen, oder in einer Wechselstrommaschine bei induktionsfreier Last, so wird das Verhältnis

$$\varrho = \frac{\Delta_z}{\Delta_a} = 1,$$

weil hierbei Δ_{φ} verschwindet. Unsere Beziehungen lauten dann für die Bewegungsgleichung des Kontaktarmes

$$\frac{x}{x_a} = e^{-\frac{t}{J}} \left[\cos\beta t + \frac{1}{\beta} \left(\frac{1}{J} - \frac{1}{\delta' T s'} \right) \sin\beta t \right]$$

und für die Korrektur der Spannungsabweichung

$$\frac{\Delta}{\Delta_a} = e^{-\frac{t}{J}} \left[\cos\beta t + \frac{1}{J\beta} \sin\beta t \right].$$

In diesem Falle verschwindet die Abweichung nach einer gedämpften Schwingung um die Abszissenachse. Stets durchläuft also die Abweichung positive und negative Werte; obwohl sie denselben Dämpfungsfaktor wie die Kontaktarmbewegung enthält, folgt sie dieser doch mit einer gewissen Verzögerung, die sich leicht berechnen ließe.

46. Der Eilregler ohne Rückführung. Wenn man $\delta = 0$ setzt, wird die spezifische relative Laufzeit $T'_s = \frac{T_s}{\delta}$ unendlich groß. Für die Größen J und β erhält man

$$\frac{1}{J} = \frac{1}{2} \left(\frac{1}{T} + \frac{1}{T'_s} \right) = \frac{1}{2T}$$

und

$$\beta = \sqrt{\frac{1}{T_s' T \, \delta'} - \frac{1}{\mathcal{J}^2}} + \sqrt{\frac{\gamma}{T \, T_s} - \frac{1}{4 \, T^2}} = \beta_0 \, .$$

Die Bewegung des Kontaktarmes vollzieht sich nach dem Gesetz

$$\frac{x}{x_a} = e^{-\frac{t}{2 \, T}} \Big[\cos \beta_0 t + \frac{1}{\beta_0} \Big(\frac{1}{2 \, T} - \frac{\gamma}{T_s} \Big) \sin \beta_0 t \Big]$$

und die Abweichung verklingt entsprechend

$$\frac{\Delta}{\Delta_a} = e^{-\frac{t}{2 \, T}} \Big[\cos \beta_0 t - \frac{1}{2 \, T \beta_0} \sin \beta_0 t \Big] \, .$$

Auch diese Gleichungen zeigen noch gedämpfte Schwingungen an. Dieses Ergebnis bestätigt nur die Überlegungen von S. 47, nach denen bei unmittelbarer Regulierung dauernde Schwingungen niemals zu befürchten sind, solange die Reglerorgane trägheitsfrei sind. Andererseits bestimmen diese Beziehungen den Fall der Schnellregelung, wenn $\delta = 0$ ist.

Wenn schließlich die spezifische Laufzeit selbst sehr groß wird, wird β_0 komplex; die Wurzeln der charakteristischen Gleichung bleiben dann reell, und man gelangt zu den Gleichungen der langsamen Regelung zurück, die wir hier nicht weiter entwickeln wollen.

47. Bestimmung der Integrationskonstanten für den Fall des Schnellreglers. Als Definition des Schnellreglers gilt: $\frac{T_s'}{T} \equiv \Theta$ ist klein gegen 1. Wir wissen, daß dieser Fall sich vom vorangehenden dadurch unterscheidet, daß die Wurzeln der charakteristischen Gleichung beide reell werden. Nachdem wir die strenge Lösung der Eilregelung kennen, ist es leicht, hieraus die Lösung für den Schnellregler herzuleiten. Es ist nur zu beachten, daß die Quadratwurzel jetzt lautet

$$\beta' = \sqrt{\frac{1}{\mathcal{J}^2} - \frac{1}{\delta' T \, T_s'}} = \sqrt{-1} \cdot \sqrt{-\frac{1}{\mathcal{J}^2} + \frac{1}{\delta' T_s' T}} = i\beta,$$

also

$$\beta = -i\beta'.$$

Indem man β in den gefundenen Gleichungen durch diesen Wert ersetzt, erhält man zunächst die Bewegungsgleichung des Kontaktarmes in der Form

$$\frac{x}{x_a} = e^{-\frac{t}{T}} \Big[\cos(-i\beta' t) - \frac{1}{\beta' i} \Big(\frac{1}{\mathcal{J}} - \frac{\varrho}{\delta' \mathcal{J}_s'} \Big) \sin(-i\beta' t) \Big] \, .$$

Bekanntlich ist nun

$$\cos(i\beta' t) \equiv \frac{e^{i(-i\beta' t)} + e^{-i(-i\beta' t)}}{2} = \frac{e^{\beta' t} + e^{-\beta' t}}{2} = \mathfrak{Cof} \, \beta' t$$

und sin $(i\beta't)$ läßt sich analog ausdrücken. Daher folgt

$$\frac{x}{x_a} = e^{-\frac{t}{T}} \cdot \left[\mathfrak{Cof}\,\beta't - \frac{1}{\beta'}\left(\frac{1}{T} - \frac{\varrho}{\delta'T_s'}\right)\mathfrak{Sin}\,\beta't\right].$$

Die gleiche Umformung ergibt für die Korrekturgleichung der Spannungsabweichung:

$$\frac{\varDelta}{\varDelta_a} = \delta'\frac{1-\varrho}{1-\delta'}\,e^{-\frac{t}{T}}$$

$$+ \frac{\varrho-\delta'}{1-\delta'}\,e^{-\frac{t}{T}}\left[\mathfrak{Cof}\,\beta't + \frac{1}{T\beta'}\left(1 + \frac{T}{T}\frac{1-\varrho}{\varrho-\delta'}\right)\mathfrak{Sin}\,\beta't\right]. \tag{42}$$

Obwohl diese Gleichungen für die Bewegung und die Abweichung die strenge Lösung der Differentialgleichungen darstellen, sind sie doch für eine Diskussion ungeeignet, weil die maßgebenden Funktionen schwer zu übersehen sind. Dagegen werden sie zur Konstruktion der genauen Kurven für den Verlauf von x und $\varDelta$ mit Nutzen herangezogen werden, um an Hand bestimmter Fälle den Genauigkeitsgrad der im folgenden entwickelten Näherungsrechnung zu beurteilen.

Wir können ein einfacheres Ergebnis erhalten, indem wir beachten, daß das Verhältnis $\Theta = \frac{T_s'}{T}$ sehr klein gegen 1 ist, ebenso wie gegen ϱ und δ'; diese liegen selbst im allgemeinen nahe bei 1. Wir wollen die entsprechenden Näherungswerte der Wurzeln in das allgemeine Integral der Bewegung des Kontaktarmes einführen. Wir haben nun nach S. 52

$$x = C_1 \cdot e^{-\frac{t}{T_s'}} + C_2 \cdot e^{-\frac{t}{\delta'T}}$$

und berechnen die Konstanten C_1 und C_2 durch die Grenzbedingungen. Es entsteht

$$x_a = C_1 + C_2,$$

$$\frac{\varrho\,x_a}{\delta'T_s'} = \frac{C_1}{T_s} + \frac{C_2}{\delta'T}.$$

Durch Auflösung nach C_1 und C_2 liefern uns diese beiden Gleichungen die Integrationskonstanten, die nach Einführung in die Bewegungsgleichung des Kontaktarmes ergeben

$$\frac{x}{x_a} = \frac{\varrho-\Theta}{\delta'-\Theta} \cdot e^{-\frac{t}{T_s'}} + \frac{\delta'-\varrho}{\delta'-\Theta} \cdot e^{-\frac{t}{\delta'T}}$$

oder näherungsweise als Bewegungsgleichung des Kontaktarmes

$$\frac{x}{x_a} = \frac{\varrho}{\delta'} \cdot e^{-\frac{t}{T_s'}} + \frac{\delta'-\varrho}{\delta'} \cdot e^{-\frac{t}{\delta'T}}. \tag{43}$$

Wir wollen diese Beziehungen an Hand der Kurven der Abb. 20 diskutieren. Man erkennt, daß zu Beginn des Ausgleichsvorganges der

Kontaktarm sich gegen die Stellung Null bewegt, die er einnehmen soll. Er überschreitet aber diese Lage bis zu einem Minimum B, um sodann langsam der Abszissenachse, also dem Endzustand zuzustreben. Diese Überschreitung OB „zwingt" sozusagen den Erregerstrom, sich rascher zu entwickeln. Dieser Vorgang entspricht der Überregulierung, die jeder Elektrotechniker gefühlsmäßig von Hand ausführen würde. Man erkennt hieraus die Bedeutung eines hinreichend groß bemessenen Feldwiderstandes, d. h. im allgemeinen eines hinreichend großen Regelbereiches für die Steuergröße.

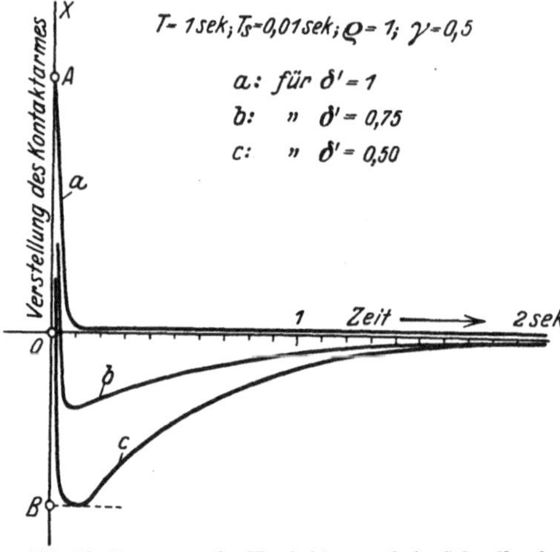

Abb. 20. Bewegung des Kontaktarmes beim Schnellregler.

Der ansteigende Teil BC, der sich viel langsamer entwickelt, rührt im wesentlichen von dem mit $e^{-\frac{t}{T}}$ multiplizierten Gliede her, das den Einfluß der Hauptfeldzeitkonstanten schildert.

Das Minimum B hängt insbesondere von den Dämpfungswerten δ' der Rückführung ab. In Abb. 20 sind einige Kurven für verschiedene Dämpfung δ' gezeichnet.

Wenn die spezifische relative Laufzeit T_s unendlich klein wird, deckt sich der Zweig AB mit der Ordinatenachse. Im Augenblick $t = 0$ ist der Kontaktarm in A: $x = x_a$, denn die beiden Exponentialfunktionen werden 1. Einen Augenblick später ist die mit T_s' verklingende Exponentialfunktion gleich Null, wenn T_s' gleich Null ist. Da die andere ihren Wert noch nicht merklich geändert hat, nimmt der Kontaktarm dann die Stellung ein

$$x = x_a \frac{\delta' - \varrho}{\delta'},$$

die im allgemeinen negativ ist.

48. Die Bemessung des Feldwiderstandes. Die vorstehend entwickelte Formel erlaubt es, schnell und mit guter Näherung die Bemessung der Regelwiderstände zu bestimmen, wenn man einen Stillstand des Kontaktarmes am Ende der Kontaktbahn vermeiden will. Wenn in Abb. 20 A die Stellung der vollen Belastung für den stationären Zustand darstellt und ebenso O die Stellung des Leerlaufzustandes, sieht man, daß der Widerstand mit Rücksicht auf die Feldschwächung mindestens über den Leerlaufswiderstand hinaus um die Größe $x_a \dfrac{\varrho - \delta'}{\delta'}$ vergrößert werden muß. Das gleiche gilt für Feldverstärkung von der Vollast nach aufwärts.

Wenn $\varDelta_m$ die gesamte Abweichung der Spannung im stationären Zustand bezeichnet, so wird mit Rücksicht auf die Übersetzungsgleichung $\varDelta_m = - \gamma \cdot x_a$, wenn die Maschine von Vollast in den Leerlauf übergeht. Man erkennt, daß der Feldwiderstand mindestens eine Entregung um $\varDelta_m \dfrac{\varrho - \delta'}{\delta'}$ unter die normale Leerlaufsspannung gestatten muß, und ebenso eine Übererregung bis auf $\varDelta_m \left(1 + \dfrac{\varrho - \delta'}{\delta'}\right)$ über die Leerlaufsspannung hinaus. Die Leerlaufsspannung muß also vom unteren Grenzwert $U_n \left[1 - \varDelta_m \dfrac{\varrho - \delta'}{\delta'}\right]$ bis zum oberen Grenzwert $U_n \left[1 + \varDelta_m \left(1 + \dfrac{\varrho - \delta'}{\delta'}\right)\right]$ linear mit der Verstellung des Kontaktarmes auf der Kontaktbahn geändert werden können.

49. Die Gleichung der Abweichung. Da diese die auf S. 46 entwickelte Form besitzt, genügt es uns, für C_1 und C_2 die oben gefundenen Werte einzuführen, da die Exponenten α_1 und α_2 die der Bewegungsgleichung des Kontaktarmes sind:

$$\varDelta = C \cdot e^{-\frac{t}{T}} \cdot \frac{\gamma\,x_a}{1 - \dfrac{T}{T_s'}} \cdot \frac{\varrho}{\delta'} \cdot e^{-\frac{t}{T}} - \frac{\gamma\,x_a}{1 - \dfrac{1}{\delta'}} \frac{\delta' - \varrho}{\delta'} \cdot e^{-\frac{t}{\delta T}}.$$

Beachtet man hier mit Rücksicht auf die Übersetzungsgleichung

$$- \gamma\,x_a = \varDelta_a \,,$$

so entsteht nach Vereinfachung

$$\frac{\varDelta}{\varDelta_a} \equiv \frac{C}{\varDelta_a} \cdot e^{-\frac{t}{T}} - \frac{\Theta}{1 - \Theta} \cdot \frac{\varrho}{\delta'} \cdot e^{-\frac{t}{T_s'}} + \frac{\delta' - \varrho}{\delta' - 1} \cdot e^{-\frac{t}{\delta' T}}.$$

Die Konstante C ergibt sich aus der Grenzbedingung

$$\text{für}\quad t = 0: \ \varDelta = \varrho\,\varDelta_a \,.$$

Nach Ausführung der Zwischenrechnung entsteht also

$$\frac{\varDelta}{\varDelta_a} = \frac{\delta' - \varrho}{\delta' - 1} \cdot e^{-\frac{t}{T \delta'}} + \left(\varrho - \frac{\delta' - \varrho}{\delta' - 1} + \frac{\Theta}{1 - \Theta} \cdot \frac{\varrho}{\delta'}\right) \cdot e^{-\frac{t}{T}}$$

$$- \frac{\Theta}{1 - \Theta} \cdot \frac{\varrho}{\delta'} \cdot e^{-\frac{t}{T_s'}} \,.$$

Vereinfacht man endlich mit Rücksicht auf die Kleinheit von Θ, so wird

$$\frac{\varDelta}{\varDelta_a} = \frac{\delta' - \varrho}{\delta' - 1} \cdot e^{-\frac{t}{\delta' T}} + \delta' \cdot \frac{\varrho - 1}{\delta' - 1} \cdot e^{-\frac{t}{T}} - \Theta \cdot \frac{\varrho}{\delta'} \cdot e^{-\frac{t}{T_s'}} \,.$$

Nun ist der Koeffizient in der dritten Exponentialfunktion sehr klein gegen die beiden anderen; da außerdem T_s' sehr klein ist, verklingt diese Exponentialfunktion außerordentlich rasch. Abgesehen von den ersten Augenblicken, also einer im Vergleich zur ganzen Regulierzeit sehr kleinen Zeitdauer, verschwindet das dritte Glied, und es verbleibt schließlich mit praktisch völlig hinreichender Näherung für die Abweichung $\varDelta$, bezogen auf die Anfangsabweichung $\varDelta_z = \varrho\,\varDelta$, der Ausdruck

$$\frac{\varDelta}{\varDelta_z} = \frac{\delta' - \varrho}{\varrho\,(\delta' - 1)}\,e^{-\frac{t}{\delta'\,T}} + \frac{\delta'}{\varrho}\cdot\frac{\varrho - 1}{\delta' - 1}\cdot e^{-\frac{t}{T}}. \tag{44}$$

Zur Prüfung dieser Näherungsrechnung wollen wir die Anfangsabweichung für $t = 0$ berechnen. Wir erhalten

$$\text{für}\quad t = 0:\ \varDelta = \varDelta_z\,.$$

Diese Grenzbedingung ist also erfüllt. Dagegen wird

$$\text{für}\quad t = 0:\ \left(\frac{d\varDelta}{dt}\right)_0 = \varDelta_z\cdot\frac{1}{T}\left[\frac{1}{\varrho} - \frac{1 + \delta'}{\delta'}\right].$$

Die Ursprungstangente an die $\dfrac{\varDelta}{\varDelta_z}$ Kurve müßte aber die Neigung haben

$$\left(\frac{d\varDelta}{dt}\right)_0 = \frac{1 - \varrho}{T}\,\varDelta_a = \varDelta_z\cdot\frac{1}{T}\left[\frac{1}{\varrho} - 1\right].$$

Der Widerspruch erklärt sich leicht aus der Vernachlässigung der Exponentialfunktion mit der Zeitkonstanten T'_s. Die wahre Abweichungskurve ergibt zunächst eine größere Abweichung als unsere Näherung, um sich dann ebenfalls der Abszissenachse zu nähern. Dieser kleine Unterschied ist indes von um so geringerer Bedeutung, je kleiner Θ ist. Man könnte ersichtlich die Kurve mittels der strengen Formel genauer rechnen; praktisch kann man sich indes mit der Näherungsrechnung begnügen, indem man gegebenenfalls den ersten Kurventeil mittels der bekannten Richtung der Ursprungstangente korrigiert.

50. Zahlenbeispiel. Man wird sich noch besser über die Genauigkeit der Näherungsrechnung klar, wenn man einen konkreten Fall untersucht. Hierzu wollen wir die beiden Ausdrücke in eine bequemere Gestalt bringen, indem wir das Verhältnis $\tau = \dfrac{t}{T}$, die „numerische Zeit" als unabhängige Variable einführen. So entstehen einerseits die strengen Beziehungen

$$\frac{\varDelta}{\varDelta_z} = \frac{\delta'}{\varrho}\,\frac{1 - \varrho}{1 - \delta'}\,e^{-\tau}$$

$$+ \frac{\varrho - \delta'}{\varrho\,(1 - \delta')}\cdot e^{\frac{T}{\mathfrak{J}}\cdot\tau}\left[\mathfrak{Cof}\,\beta'\,T\cdot\tau + \frac{1}{\mathfrak{J}\beta'}\left(1 + \frac{\mathfrak{J}}{T}\,\frac{1 - \varrho}{\varrho - \delta'}\right)\mathfrak{Sin}\,\beta'\,T\,\tau\right]$$

und andererseits die angenäherten Beziehungen:

$$\frac{\varDelta}{\varDelta_z} = \frac{1}{\varrho}\,\frac{\delta' - \varrho}{\delta' - 1}\,e^{-\frac{1}{\delta'}\tau} + \frac{\delta'}{\varrho}\cdot\frac{\varrho - 1}{\delta' - 1}\cdot e^{-\tau}.$$

Das Verhältnis $\dfrac{T}{\mathcal{T}}$ ist

$$\frac{T}{\mathcal{T}} = \frac{T}{2}\left(\frac{1}{T} + \frac{1}{T'_s}\right) = \frac{1}{2}\,\frac{\Theta + 1}{\Theta}$$

und

$$\beta'\,T = T\sqrt{\frac{1}{4}\left(\frac{1}{T} + \frac{1}{T'_s}\right)^2 - \frac{1}{\delta'\cdot T\cdot T'_s}} = \sqrt{\frac{1}{4}\left(\frac{\Theta + 1}{\Theta}\right)^2 - \frac{1}{\delta'\Theta}}\,.$$

Schließlich wählen wir für δ' den üblichen Wert $\delta' = 0{,}50$ und für Θ den praktisch häufig vorkommenden Wert $\Theta = \tfrac{1}{3}$. Der Unterschied beider Formeln für $\varrho = 1$ ist in Abb. 21 dargestellt.

Der genäherte Ausdruck der Abweichung ist deshalb bemerkenswert, weil er kein Glied mit der Zeitkonstanten T'_s mehr enthält. Die **Abweichung der augenblicklichen Spannung ist also völlig unabhängig von der spezifischen Laufzeit des selbsttätigen Reglers.** Die beiden Exponentialanteile, welche lediglich die Hauptfeldzeitkonstanten enthalten, verschwinden nach einer um so größeren Zeit, je größer diese Zeitkonstanten sind. Irgendeine Verbesserung der Regulierzeit kann nicht durch vergrößerte Arbeitsgeschwindigkeit des

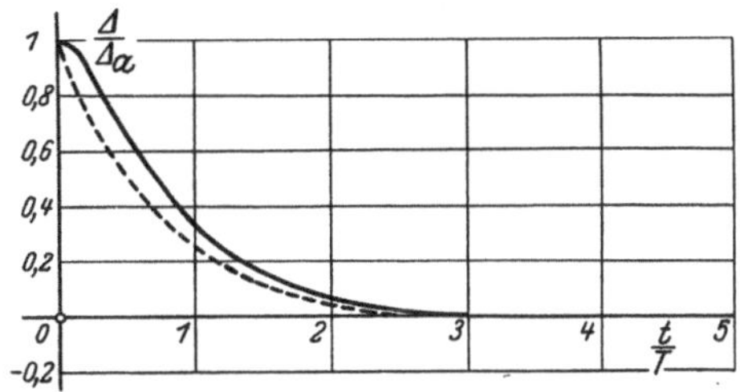

Abb. 21. Verlauf der Abweichung nach der strengen (—) und nach der Näherungsformel (- - -).

Reglers erzielt werden. Man kann dieses Ergebnis in der Form aussprechen: Die Regulierzeit der Spannungsregelung hängt, sobald die Regelung durch einen Schnellregler bewirkt wird, nicht mehr vom Regler ab, sondern nur noch von der regulierten Maschine. Dieser Schluß gilt praktisch für alle augenblicklich angewandten Regler.

51. Einige Sonderfälle. Die angegebenen Gleichungen vereinfachen sich beträchtlich in einigen Sonderfällen, die wir kurz besprechen wollen. Es sei 1). $\varrho = 1$. Wir haben dann eine Maschine ohne Ankerrückwirkung vor uns. Die Abweichung nach Gl. (44) wird dann durch die bemerkenswert einfache Form dargestellt

$$\frac{\varDelta}{\varDelta_z} = e^{-\frac{t}{\delta\,T}}.$$

Die Regelung wird hier durch eine Folge von Werten stets gleichen Vorzeichens bewirkt. Durch geeignete Wahl der Dämpfung δ' erkennt man, daß es möglich ist, diese Regulierung in sehr kurzer Zeit auszuführen. Mit Rücksicht auf die gemachten Näherungen ist allerdings dieser Ausdruck für $\delta' = 0$ unrichtig. Man muß dann von der strengen Formel Gebrauch machen, die für die Eilregelung (vgl. S. 66) aufgestellt wurde.

Dieser Fall findet sich häufig bei der Regulierung der Gleichstrommaschinen.

2. $\delta' = 1$. Die Gl. (44) nimmt für den Fall einer relativen Dämpfung $\delta' = 1$ eine unbestimmte Form an. Um ihren wahren Wert zu finden, genügt es, folgendermaßen vorzugehen.

Wir wollen, um die Schreibweise abzukürzen, vorübergehend setzen

$$\delta' - 1 = x; \qquad \frac{t}{T} = \tau; \qquad (1 - \varrho) = a \, .$$

Dann entsteht:

$$\frac{\varDelta}{\varDelta_z} = \frac{(x + a) \cdot e^{-\frac{\tau}{1+x}} - a\,(1 + x)\,e^{-\tau}}{\varrho\,x} \, .$$

Für $x = 0$ wird dies $\frac{0}{0}$. Durch Anwendung der L'Hopitalschen Regel wird

$$\lim_{x \to 0} \frac{\varDelta}{\varDelta_z} = \lim_{x \to 0} \frac{[(1 + x)^2 + \tau\,(x + a)]\,e^{-\frac{\tau}{1+x}} - a\,(1 + x)^2\,e^{-\tau}}{\varrho\,(1 + x)^2}$$

$$= \frac{e^{-\tau}}{\varrho}\,(1 + a\tau - a) \, .$$

Setzt man die ursprünglichen Werte wieder ein, so erhält man

$$\lim_{x \to 0} \frac{\varDelta}{\varDelta_z} = e^{-\frac{t}{T}} \cdot \left[1 + \frac{1 - \varrho}{\varrho} \cdot \frac{t}{T}\right] \, .$$

Dieses Ergebnis hätte man natürlich auch unmittelbar durch Integration der Differentialgleichung der Abweichung herleiten können, deren charakteristische Gleichung in diesem Falle eine Doppelwurzel $= -\frac{1}{T}$ besitzt.

52. Graphische Darstellung der Ergebnisse. Abb. 22 veranschaulicht durch Eintragung in rechtwinklige Koordinaten das Verhalten der augenblicklichen Abweichung, bezogen auf die Anfangsabweichung $\varDelta_z$ bei konstantem Fluß als Funktion der numerischen Zeit $\tau = \frac{t}{T}$.

Man erkennt, daß allgemein eine Vergrößerung der Dämpfung δ' den Regelvorgang verlangsamt. Für $\delta' = 0,5$ beträgt die Regulierzeit größenordnungsmäßig das 2- bis 3fache der Hauptfeldzeitkonstante, während für $\delta = 1$ sich diese Zeit auf das 4- bis 5fache der Hauptfeldzeitkonstanten verlängert.

Die Abweichungskurve unterschreitet die Abszissenachse lediglich im Falle einer feldverstärkenden Ankerrückwirkung $\varrho > 1$; indes bleiben diese negativen Werte stets recht klein. Man hat also ein Interesse daran, den Regler schwach zu dämpfen.

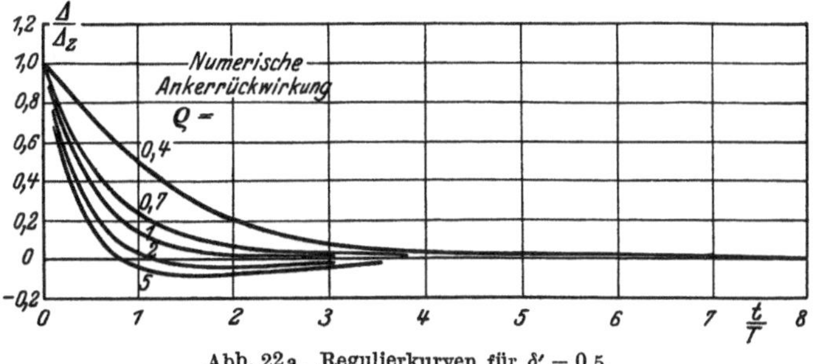

Abb. 22a. Regulierkurven für $\delta' = 0,5$.

Besonderes Interesse besitzt die Erkenntnis, daß auch im Falle starker entmagnetisierender Ankerrückwirkung (z. B. $\varrho = 0,4$) im Ver-

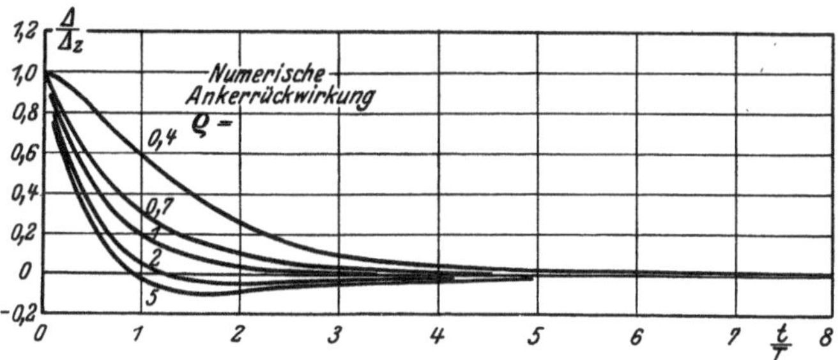

Abb. 22b. Regulierkurven für $\delta' = 0,6$.

laufe des Reguliervorganges die Abweichung ihren anfänglichen Wert nur um ein sehr geringes unterschreitet. So erhält man für $\varrho = 0,4$

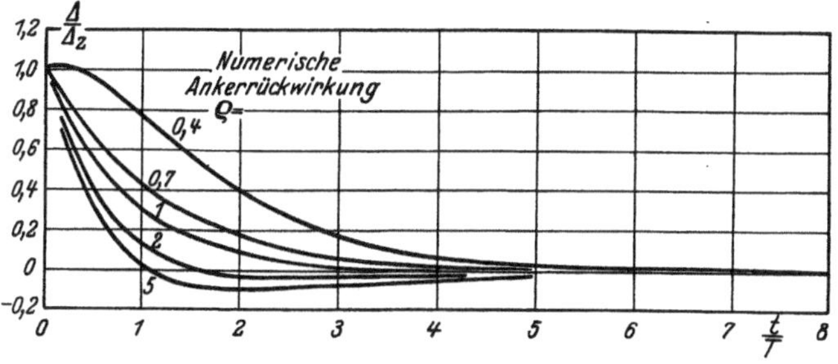

Abb. 22c. Regulierkurven für $\delta' = 1$.

und $\delta' = 1$ eine maximale Abweichung in der Größenordnung von $1,1\,\Delta_z$. Man beachte hierbei wohl, daß diese Anfangsabweichung die Abweichung bei konstantem Hauptfluß ist.

Wenn die Regulierung nicht vorhanden wäre, würde die Klemmenspannung der Maschine bis auf $\Delta_a = \dfrac{\Delta_z}{\varrho} = \dfrac{\Delta_z}{0,4} = 2,5\,\Delta_z$ anwachsen. Man erkennt hieraus, daß der selbsttätige Regler die Spannungsänderung durch Flußänderung praktisch unterdrückt und also die Abweichung lediglich auf den Anteil beschränkt, der vom inneren Spannungsabfall (Widerstand und Streuung) herrührt. Dieses Ergebnis wird durch die im Verlauf der Rechnung eingeführten Vereinfachungen nicht in Frage gestellt (vgl. S. 70).

Dieser Umstand, der der direkten Regelung eigentümlich ist, öffnet einige interessante Ausblicke für die Konstruktion der Wechselstromgeneratoren. Denn wenn die Ankerrückwirkung nahezu völlig mittels selbsttätigen Reglers beherrscht werden kann, wird sie für den Betrieb

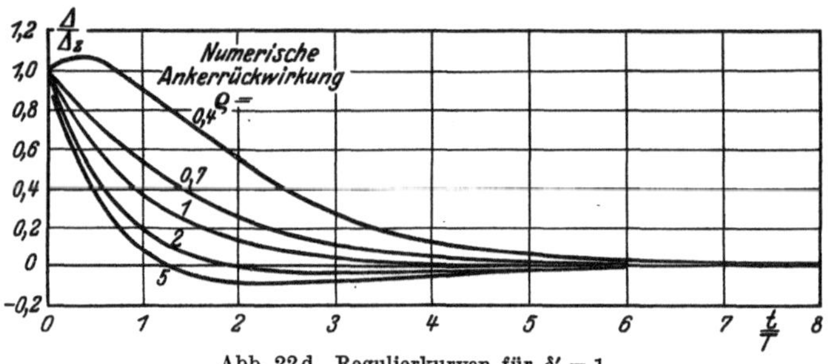

Abb. 22d. Regulierkurven für $\delta' = 1$.

im großen und ganzen bedeutungslos. Es erscheint also möglich, Maschinen mit sehr kleinem Luftspalt zu bauen, die im allgemeinen wirtschaftlicher und gegen Kurzschlüsse unempfindlicher sind, zumal wenn man für den Einbau einer geeigneten Entregungseinrichtung sorgt. Es erscheint insbesondere auch möglich, wohlverstanden, wenn man von einem Regler Gebrauch macht, häufiger synchronisierte Asynchrongeneratoren zu verwenden, deren Parallellauf sehr erleichtert ist. Augenblicklich ist eine solche Wechselstrommaschine ein Kompromiß zwischen einem schlechten Wechselstromgenerator und einem schlechten Asynchronmotor; denn der Luftspalt ist im ersten Falle zu klein, im zweiten zu groß. Mit einem direktwirkenden Regler versehen, kann diese Maschine in beiden Fällen ausgezeichnet arbeiten.

Der allgemeine Betriebszustand eines geregelten Generators nach der hier beschriebenen Reguliermethode wird durch Abb. 23 dargestellt. Die Spannung ist konstant bis zum Augenblick der Belastungsänderung. Es sei A eine solche Belastungsänderung; im Augenblicke ihres Entstehens erhöht (oder erniedrigt) sich die Spannung um einen Anfangswert Δ_z. Hierauf greift sofort der Regler ein und führt die Spannung auf ihren normalen Wert zurück innerhalb einer Zeit, die im wesent-

lichen nur von der Maschine selbst abhängt. Eine solche Spannungsänderung entwickelt sich unausbleiblich nach jeder Belastungsänderung.
Es wäre also ein Irrtum, zu glauben, daß ein selbsttätiger Regler die
Spannung beständig innerhalb der Grenzen seiner Unempfindlichkeit
konstant halten könnte. Er regelt sie zwar stets in mehr oder minder
kurzer Zeit auf den Normalwert, aber er ist gegenüber der anfänglichen
Abweichung ohnmächtig. Dagegen hat man zu beachten, daß die technischen registrierenden Spannungszeiger der Abweichung nicht stets
folgen, zumindest nicht auf ihren ganzen Betrag; dieser scheinbare Erfolg
wird dann der angeblich hohen Reguliergeschwindigkeit zugeschrieben.

Da die Registrierinstrumente ihren Papierstreifen im allgemeinen
sehr langsam abrollen, deckt sich jeder Regelvorgang mit einer einzigen
Ordinate und das Diagramm erscheint als ein mit einzelnen Spitzen
versehener Linienzug, wobei die
Zahl solcher Spitzen gleich der
Zahl der Belastungsschwankungen ist.

53. Die verstimmte Rückführung. Wir haben oben (vgl.
S. 45) willkürlich $T_r = T$ gewählt. Es ist nunmehr leicht,
sich nachträglich von dem Ein

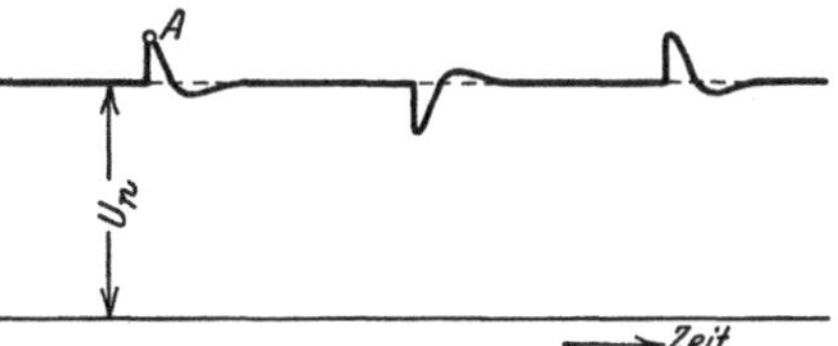

Abb. 23. Zeitlicher Verlauf der Spannung eines regulierten Generators über eine längere Beobachtungszeit.

fluß einer Verschiedenheit in den Zeitkonstanten des Hauptfeldes und
der Rückführung ein Bild zu machen.

Wir wollen, um ein bestimmtes Beispiel vor Augen zu haben, an
den Regler REX der Cuénod-Werkstätten anknüpfen und zuerst
$T_r > T$ voraussetzen. Die Entspannung der Feder der Rückführung
bleibt hinter der Entwicklung des Erregerstromes zurück, der Reglervorgang wird verlangsamt. Als Grenzfall wollen wir $T_r = \infty$ annehmen;
dies kommt darauf hinaus, die Ölbremse durch eine feste Stange zu
ersetzen. Nach Abschluß des Reguliervorganges hat die Spannung
nicht mehr ihren vorschriftsmäßigen Wert, sondern bleibt dauernd
je nach dem Sinne der Änderung kleiner oder größer. Wenn T_r, ohne
unbegrenzt anzuwachsen, doch sehr groß wird, strebt die Spannung
wieder ihrem Normalwerte zu, aber außerordentlich langsam. Die Regulierzeit wird also vergrößert.

Wir wollen weiterhin den gegenteiligen Fall $T_r < T$ betrachten
und sogleich zur Grenze $T_r = 0$ übergehen; gleichwertig hiermit ist
die Beseitigung der Rückführung. Dieser Fall kommt auf den oben bei der
Untersuchung des Eilreglers mit $\delta = 0$ erwähnten zurück. Die Spannung verklingt in Schwingungen mit abnehmender Amplitude. Sie
durchläuft also mehrere Male ihren vorschriftsmäßigen Wert, bevor
sie ihn endgültig annimmt, was ein Nachteil ist.

Die drei Fälle sind in Abb. 24 dargestellt. Es ist also vorteilhaft, $T_r = T$ zu machen, d. h. die Zeitkonstante der Rückführung auf die mittlere Hauptfeldzeitkonstante abzustimmen. Die Regulierung arbeitet dann stets im günstigsten Bereich.

54. Die Spannungsregulierung einer Gleichstrommaschine mit Nebenschlußerregung. Die oben abgeleiteten Ergebnisse lassen sich mit einer

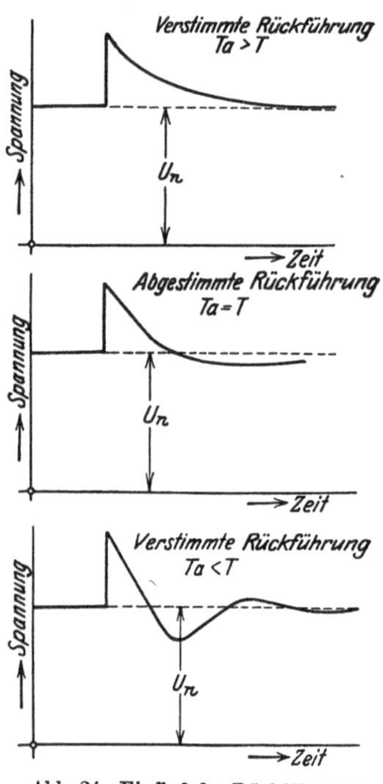

Abb. 24. Einfluß der Rückführungszeitkonstanten auf den Verlauf des Regulierganges.

vom technischen Standpunkt völlig ausreichenden Näherung auf die Gleichstrom-Nebenschlußmaschine anwenden. Man braucht nur zu beachten, daß diese Maschinen im allgemeinen einen nur kleinen Ohmschen Spannungsabfall besitzen, so daß man die Klemmenspannung des Feldkreises als praktisch konstant gleich der vorschriftsmäßigen Spannung ansehen darf.

Die Verteilung der Feldwiderstände längs der Kontaktbahn ergibt sich aus dieser Voraussetzung und bestimmt hierdurch den Koeffizienten γ. Zu einer Messung von γ an einem vorhandenen Widerstande braucht man entweder nur die Maschine aus einem Netze mit konstanter Spannung fremd zu erregen oder man bestimmt γ an der selbsterregten, leerlaufenden Maschine und rechnet das Versuchsergebnis auf den Fall konstanter Erregerspannung um.

Das folgende Problem, das sich auf veränderliche Erregerspannung bezieht, wird übrigens zeigen, wie man bei einer genaueren Untersuchung vorzugehen hätte (vgl. Kap. VI).

55. Einfluß einer Drehzahländerung. Wir haben bisher vorausgesetzt, daß die Drehzahl des Generators konstant sei. Jede Belastungsänderung verursacht nun im allgemeinen eine Veränderung des Drehmoments, das der Generator seinem Antriebsmotor entgegensetzt, und infolgedessen eine vorübergehende oder dauernde Drehzahländerung. Wenn also die Drehzahl genau konstant bleiben soll, so müßten die beweglichen Massen des Generators oder des gesamten Aggregates unendlich groß sein, was in Wirklichkeit natürlich nie der Fall ist.

Wir müssen deshalb den Einfluß einer Drehzahländerung auf die früheren Ergebnisse untersuchen. Hierzu betrachten wir lediglich Abweichungen von geringer Größe, etwa so wie die Schlupfänderung eines Asynchronmotors oder die vorübergehende Drehzahlschwankung eines mit Geschwindigkeitsregler ausgerüsteten Aggregates; wir wollen die Rechnung der Abweichungskurve unter dieser Voraussetzung aufstellen.

Es sei (n_f) die Leerlaufscharakteristik, bezogen auf die endgültige stationäre Drehzahl, die sich nach der Regelung einstellt, und es sei (n) die Charakteristik, bezogen auf eine beliebige Drehzahl n nach Abb. 25. Wenn E die elektromotorische Kraft während eines beliebigen Augenblickes des Regelvorganges bei der Drehzahl n bezeichnet, stellt sich hierbei die relative Abweichung ein

$$\Delta = \frac{E - E_f}{U_n}. \qquad (22)$$

Darin bedeutet E_f die elektromotorische Kraft nach Beendigung des Regelvorganges. Nun kann E aus dem Erregerstrom i und der Drehzahl n bestimmt werden; man hat für die Enddrehzahl n_f

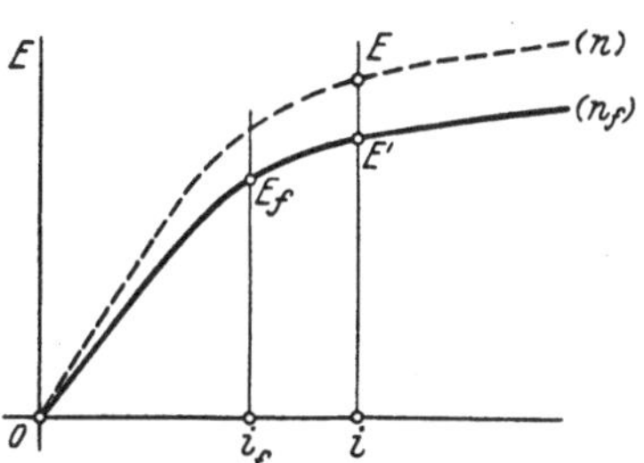

Abb. 25. Leerlaufskennlinien bei veränderlicher Drehzahl.

$$E' = \frac{n_f}{n} E. \qquad (23)$$

Aus der entsprechenden Kennlinie (n_f) lesen wir, wie früher auf S. 41 gezeigt wurde, die Beziehung ab

$$E' - E_f = m\,(i - i_f)$$

oder

$$E\frac{n_f}{n} - E_f = m\,(i - i_f). \qquad (45)$$

Durch Elimination von E aus den Gl. (22) und (45) entsteht

$$\Delta = \frac{n}{n_f}\frac{m}{U_n}(i - i_f) + \frac{E_f}{U_n}\frac{n - n_f}{n_f}.$$

Mit Rücksicht auf die Voraussetzung kleiner Drehzahlschwankungen liegt nun das Verhältnis $\dfrac{n}{n_f}$ nahe bei 1; außerdem unterscheidet sich die endgültige elektromotorische Kraft E_f, nachdem die Spannung ihren vorschriftsmäßigen Wert U_n angenommen hat, außerordentlich wenig von der Klemmenspannung. Das Verhältnis $\dfrac{E_f}{U_n}$ kann also durch 1 ersetzt werden. Endlich wollen wir mit

$$\Delta_n = \frac{n - n_f}{n_f}$$

die relative Drehzahlabweichung bezeichnen, bezogen auf die

Enddrehzahl. Die obige Gleichung schreibt sich dann

$$\Delta = \frac{m}{U_n}(i - i_f) + \Delta_n. \qquad (46)$$

Durch Vergleich dieses Ergebnisses mit Gl. (26) (S. 41) erkennt man, daß sich der Spannungsabweichung die relative Abweichung der Drehzahländerung Δ_n addiert.

56. Maschinengleichung während des Ausgleichsvorganges mit Berücksichtigung der Drehzahlschwankungen. Die Abweichungsgleichung (46) kann in der Form geschrieben werden

$$\Delta - \Delta_n = \frac{m}{U_n}(i - i_f).$$

Sie gestattet uns, indem wir nach der Zeit ableiten, den Erregerstrom in der Erregerstromgleichung (27) von S. 41 zu eliminieren. Man erhält

$$T\frac{d(\Delta - \Delta_n)}{dt} + (\Delta - \Delta_f) = \frac{m}{U_n}(i_s - i_f) = \Delta_s. \qquad (47)$$

Darin bedeutet Δ_s die Spannungsabweichung für die Charakteristik bei der endgültigen Drehzahl n_f für irgendeine Stellung des Kontaktarmes (S. 42). Δ_s wird durch die Übersetzungsgleichung wie früher bestimmt:

$$\Delta_s = \gamma \cdot x.$$

Die numerische Widerstandsverteilung γ bestimmt sich bekanntlich aus der Leerlaufscharakteristik (S. 44). Bei Drehzahlschwankungen ändern sich die elektromotorischen Kräfte proportional, und man erhält

$$\gamma = \frac{n}{n_f}\gamma_f.$$

Da γ_f der Koeffizient der Verteilung für die Geschwindigkeit n_f ist, ist γ der entsprechende Koeffizient für die Drehzahl n.

Mit Rücksicht auf die Kleinheit der Drehzahlschwankungen unterscheidet sich nun der Bruch $\frac{n}{n_f}$ sehr wenig von 1. Man kann daher γ als unabhängig von den Drehzahlschwankungen ansehen.

57. Einfluß der Drehzahländerung auf die Bewegungsgleichung des Kontaktarmes. Durch Zusammenfassung der Übersetzungsgleichung mit der Maschinengleichung findet man

$$T\frac{d\Delta}{dt} + \Delta = -\gamma x + \left(T\frac{d\Delta_n}{dt} + \Delta_n\right). \qquad (48)$$

Aus dieser Gleichung und der Reglergleichung lassen sich Δ und die Ableitungen von Δ eliminieren; unter der Voraussetzung der abgestimmten Rückführung ergibt sich

$$\frac{d^2x}{dt^2} + \left(\frac{1}{T_s'} + \frac{1}{T}\right)\frac{dx}{dt} + \frac{x}{\delta T_s' T} = \frac{\Delta}{T_s}\left(\frac{d\Delta_n}{dt} + \frac{\Delta_n}{T}\right). \qquad (49)$$

Bei verschwindender Drehzahländerung sind Δ_n und die Ableitungen von Δ_n gleich 0, so daß man die früher aufgestellte Bewegungsgleichung des Kontaktarmes wiederfindet. Im entgegengesetzten Fall kommt durch die Drehzahlschwankung eine neue Zeitfunktion in die Gleichung von x hinein.

Die Funktion zur Rechten kann als bekannt angesehen werden. Im allgemeinen hängt die Drehzahländerung von der Drehmomentenschwankung des Generators ab, also von der Belastungsänderung und der Änderung des magnetischen Feldes, ebenso wie von gewissen Eigenschaften der Antriebsmaschine. Falls die Belastung sich sprunghaft ändert, ist Δ_n nur von der Zeit und vom magnetischen Feld abhängig, d. h. also letzten Endes von der Klemmenspannung. Da diese im allgemeinen nur in kleinen Grenzen schwankt, kann Δ_n in guter Näherung während der gesamten Dauer des Reguliervorganges als Funktion lediglich der Zeit betrachtet werden.

Diese Zeitabhängigkeit ist bekannt, sobald die Eigenschaften des Antriebsmotors gegeben sind. Wenn es sich z. B. um eine Umformergruppe handelt, bestehend aus Asynchronmotor und Generator, ohne Drehzahlregelung, so wird Δ_n eine Exponentialfunktion der Zeit (vgl. Kap. X). Handelt es sich um einen Wasserturbinenantrieb, so ändert sich die Drehzahl zunächst im Augenblick der Belastungsänderung; sie strebt dann ihrem Dauerwert nach einem Gesetze zu, das durch die Eigenschaften der Turbine und des Geschwindigkeitsreglers gegeben ist.

Die allgemeine Lösung der Bewegungsgleichung des Kontaktarmes besteht aus der Summe des allgemeinen Integrals der homogenen Gleichung und einem Partikularintegral der vollständigen Gleichung. Diese partikuläre Lösung besitzt im allgemeinen dieselbe Form wie die Störungsfunktion, d. h. die rechte Seite. Man kann also die Bewegung des Kontaktarmes als Überlagerung zweier Bewegungen auffassen. Die erste entspricht dem ersten Teil der Lösung; sie bildet sich aus, wie wenn die Drehzahl konstant wäre. Die zweite, dem Partikularintegral entsprechend, stellt eine Bewegung dar, bei der der Kontaktarm sozusagen der Drehzahländerung folgt und erst zur Ruhe gelangt, wenn diese stationär geworden ist.

Dieses einfache Überlagerungsgesetz beider Bewegungen rührt daher, daß die Drehzahlschwankung Δ_n lediglich eine Funktion der Zeit ist. Dieses Verfahren hat den Vorzug, die beiden Komponentenbewegungen unabhängig voneinander darzustellen; jede von ihnen entwickelt sich, als ob die andere nicht existierte. Wenn z. B. ein Wasserturbinenaggregat mit einem Spannungsregler und einem Geschwindigkeitsregler ausgerüstet ist, die beide für sich stabil sind, d. h. also keine dauernde Schwingung unterhalten können, so bleibt die gleichzeitige Arbeitsweise beider Apparate stabil; es können keine Resonanzvorgänge zwischen den beiden Apparaten auftreten.

Diese Überlegungen werden ungültig, wenn die Drehzahlschwankungen beträchtlich werden. Die Spannungsabweichung hängt dann stark vom magnetischen Feld der Maschine ab, und Δ_n wird eine Funktion sowohl der Zeit wie der Spannungsschwankung Δ selbst. Wir werden uns jedoch mit dieser Aufgabe nicht länger beschäftigen.

58. Die vollständige Gleichung der Abweichung. Die Gl. (48) für Δ (S. 78) ist integrabel, sobald die Kontaktarmbewegung z bekannt ist. Die Funktion der Geschwindigkeitsabweichung, die schon in x auftrat, erscheint also zusätzlich in der allgemeinen Lösung der Spannungsabweichung. Infolgedessen sind die gleichen Schlüsse zu ziehen: Die Spannungsabweichung kann als Überlagerung einer Abweichung bei konstanter Drehzahl und einer Abweichung, die allein von der Drehzahländerung herrührt, aufgefaßt werden. Die Gesamtlösung der Aufgabe bereitet grundsätzlich keine Schwierigkeit.

Die Tangente im Ursprung der Regulierungskurve für eine sprunghafte Laständerung ergibt sich durch Überlegungen, die denen von S. 58 ähnlich sind. Indem man den Gliedern der Gl. (48) die Werte für den Beginn des Regelvorganges ($t = 0$) zuerteilt, entsteht

$$T\left(\frac{d\Delta}{dt}\right)_0 + \Delta_z = -\gamma x_a + T\left(\frac{d\Delta_n}{dt}\right) + \Delta_{n_0}.$$

Δ_{n_0} ist die Anfangsabweichung der Geschwindigkeit bezogen auf die Enddrehzahl, und es gilt

$$-\gamma x_a = \Delta_a = \Delta_z + \Delta_\varphi - \Delta_{n_0}.$$

Denn Δ_a ist die Gesamtabweichung, die durch eine Verstellung x_a zu regeln ist. Diese Abweichung enthält die Abweichung Δ_z bei konstantem Fluß, die von der Flußänderung herrührende Δ_φ und die Drehzahlabweichung $- \Delta_{n_0}$; der negative Wert rührt von der Bezugnahme auf die Endgeschwindigkeit her. Durch Einführung des Wertes von $\gamma \cdot x_a$ folgt endlich

$$\left(\frac{d\Delta}{dt}\right)_0 = \frac{\Delta_\varphi}{T} + \left(\frac{d\Delta_n}{dt}\right)_0.$$

Man erkennt hieraus wiederum, daß die Ursprungstangente dieselbe Richtung hat, wie wenn der selbsttätige Regler nicht vorhanden wäre.

Die vorangehenden Betrachtungen werden wir später zur Deutung der Oszillogramme heranziehen, die wir in Kap. X zur Bestätigung der aufgestellten Beziehungen anführen werden.

VI. Indirekte Spannungsregelung eines Generators.

59. Voraussetzungen der indirekten Spannungsregelung. Wir untersuchen einen Wechselstromgenerator, der mit konstanter Drehzahl betrieben wird. Er möge nach Abb. 26 durch eine besondere Erregermaschine erregt werden. Die indirekte Regelung besteht in einer Einwirkung auf den Nebenschlußkreis dieser Erregermaschine, dessen Widerstand durch den Regler gesteuert wird. Ersichtlich sind durch diese Angaben, genau wie im vorangehenden Kapitel, die Betriebskenngröße und die Steuergröße genau festgelegt.

60. Die Maschinengleichung des Ausgleichsvorganges. Wir gehen fortan nicht mehr auf die Abhängigkeit der Abweichung der Generatorklemmenspannung vom Erregerstrom i_p ein, der die Feldwicklung durchfließt; denn diese Gesetze sind nur vom magnetischen Aufbau der Maschine abhängig und gelten in gleicher Weise für Wechselstrom- und Gleichstrommaschinen. Diese Abhängigkeit lautet, wie wir früher gesehen haben (vgl. S. 41),

$$\frac{E - E_f}{U_n} = \frac{m}{U_n}(i_p - i_{pf}). \tag{50}$$

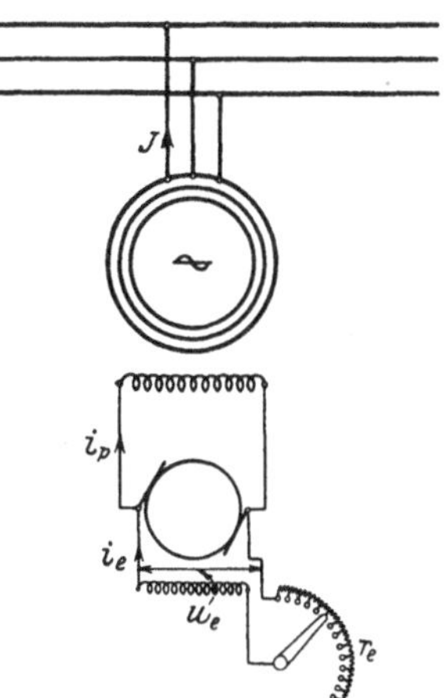

Abb. 26. Anordnung der indirekten Regelung eines Generators.

Die Klemmenspannung der Erregermaschine gleicht der elektromotorischen Kraft in ihrer Ankerwicklung, vermindert um den Spannungsabfall des Nutzstromes i_p. Im stationären Zustand ist sie eine Funktion lediglich des Feldstromes der Erregermaschine, da diese einen äußeren Kreis von konstantem Widerstande speist. Wir können deshalb die äußere Charakteristik der Erregermaschine als Funktion lediglich dieses Feldstromes ansehen, da die Erregermaschine auf einen festen äußeren Widerstand arbeitet.

Während des Ausgleichsvorganges, also während der Änderung des Stromes i_p, kann der Spannungsabfall im Anker der Erregermaschine bei fester Klemmenspannung verschiedene Werte annehmen. Da jedoch dieser Spannungsabfall stets sehr klein ist, bleiben diese vorübergehenden Schwankungen ohne merklichen Einfluß.

Man kann deshalb in erster Näherung den Spannungsabfall in der Erregermaschine vernachlässigen und als Klemmenspannung die elektromotorische Kraft bei Leerlauf einsetzen. Die Abhängigkeit der Klemmenspannung vom Erregerstrom ist dann durch die Leerlaufcharakteristik dieser Maschine gegeben. In besserer Näherung kann man den Verlauf der Klemmenspannung untersuchen, falls die Erreger-

maschine einen festen äußeren Widerstand speist: Diese **Belastungs-**
charakteristik, die die Klemmenspannung als Funktion des Erregerstromes darstellt, ist im allgemeinen eine der Leerlaufscharakteristik
benachbarte Kurve, die von dieser nur wenig abweicht. Im stationären Zustande liegt der Arbeitspunkt auf dieser Kurve; während des
Ausgleichsvorganges pendelt er zwischen den beiden Kurven.

Wir werden überdies den Erregerstrom der Erregermaschine gegen
den Feldstrom i_p der Hauptmaschine vernachlässigen.

Wir müssen nunmehr die Beziehung zwischen der elektromotorischen
Kraft E und der Steuergröße, also dem Feldwiderstand der Erregermaschine aufsuchen; hierbei ist die Belastung des Wechselstromgenerators konstant vorauszusetzen, während der genannte Feldwiderstand
sich mit der Zeit ändert. Wenn nun der Kontaktarm auf dem Feldwiderstand verstellt wird, ändert sich der Erregerstrom nach dem Gesetz

$$L_e \frac{d i_e}{dt} + i_e r_e = u_e. \tag{51}$$

Hierin bedeutet L_e die Induktivität der Feldwicklung der Erregermaschine, r_e ihren veränderlichen Widerstand und u_e die Klemmenspannung der Erregermaschine.

Durch Änderung von r_e ändert man gleichzeitig den Strom i_p im
Felde des Wechselstromgenerators, so daß auch die Klemmenspannung u_e
die Erregermaschine sich ändern muß, die ja mit den Feldklemmen
des Hauptgenerators unmittelbar verbunden ist. Es gilt also

$$L_p \frac{d i_p}{dt} + i_p r_p = u_e. \tag{52}$$

Darin ist L_p die Feldinduktivität des Wechselstromgenerators,
r_p sein Widerstand.

Endlich ist die Klemmenspannung der Erregermaschine mit dem
Erregerstrom durch die äußere Charakteristik (oder genähert die Leerlaufscharakteristik) der Erregermaschine verknüpft, wie wir oben gezeigt haben. Diese Klemmenspannung schwankt bei der Regulierung
innerhalb so weiter Grenzen, daß wir die Charakteristik nicht mehr
durch eine Gerade annähern können. Innerhalb der praktisch üblichen
Regulierungsgrenzen können wir die Kennlinien genau genug durch
eine **Parabel** ersetzen, indem wir schreiben

$$u_e^2 = A \cdot i_e. \tag{53}$$

Hierin ist A ein Proportionalitätsfaktor. Wir müssen weiter unten
noch einmal auf diese Näherung zurückkommen, die, wie später gezeigt
werden wird, eine besondere **Deutung der Zeitkonstanten der**
Erregermaschine nach sich zieht.

Wir wollen den Strom i_e eliminieren. Durch Ableitung von Gl. (53) entsteht

$$\frac{di_e}{dt} = \frac{2u_e}{A} \cdot \frac{du_e}{dt}. \tag{54}$$

Durch Einführung des Wertes von i_e und seiner Ableitung nach Gl. (53) und (54) in Gl. (51) ergibt sich weiter

$$u_e \cdot \frac{2L_e}{A} \frac{du_e}{dt} + r_e \cdot \frac{u_e^2}{A} = u_e$$

oder

$$\frac{2L_e}{r_e} \cdot \frac{du_e}{dt} + u_e = \frac{A}{r_e}. \tag{55}$$

Nun ist u_e mit dem Erregerstrom der Hauptmaschine durch Gl. (52) verknüpft. Durch Ableitung entnimmt man hieraus

$$\frac{du_e}{dt} = L_p \frac{d^2 i_p}{dt^2} + r_p \frac{di_p}{dt}. \tag{56}$$

Schreibt man Gl. (55) in der Form

$$u_e = \frac{A}{r_e} - 2 \frac{L_e}{r_e} \cdot \frac{du_e}{dt},$$

so ergibt sich durch Elimination von u_e und seiner Ableitung aus Gl. (52), (55) und (56)

$$L_p \frac{di_p}{dt} + i_p r_p = \frac{A}{r_e} - \frac{2L_e}{r_e}\left(L_p \frac{d^2 i_p}{dt^2} + r_p \frac{di_p}{dt}\right)$$

oder

$$\frac{2L_e}{r_e} \cdot \frac{L_p}{r_p} \cdot \frac{d^2 i_p}{dt^2} + \left(\frac{2L_e}{r_e} + \frac{L_p}{r_p}\right) \frac{di_p}{dt} + i_p = \frac{A}{r_e r_p}.$$

Die Quotienten $\frac{L_e}{r_e} = T_e$ und $\frac{L_p}{r_p} = T_p$ sind die **Hauptfeldzeitkonstanten der Erregermaschine und des Hauptgenerators**. Bei der Erregermaschine schwankt die Induktivität in relativ weiten Grenzen ebenso wie der Erregerwiderstand r_e; indessen schwächen sich beide Änderungen im Quotienten ab, da sie beide im gleichen Sinne wirken. Bei dem Wechselstromgenerator ist der Widerstand r_p konstant und die Induktivität L_p schwankt nur sehr wenig. Indolgedessen können wir die beiden Größen T_e und T_p als unveränderlich betrachten; hierauf werden wir noch einmal bei der Untersuchung der Zeitkonstanten in Kap. VIII zurückkommen.

Die Bedeutung des Gliedes $\frac{A}{r_e r_p}$ ist einfach. Wir wollen hierzu Zähler und Nenner mit dem stationären Feldstrom i_{es} der Erregermaschine multiplizieren; dieser Strom stellt sich ein, wenn der Feldwiderstand der Erregermaschine hinreichend lange (grundsätzlich unendlich lange) auf einem festen Wert r_e gehalten wird. Der Zähler gleicht mit Beachtung von Gl. (53) dem Quadrat der Spannung:

$$A\,i_{es} = u_s^2,$$

wenn u_s die stationäre Klemmenspannung der Erregermaschine bezeichnet. Der Nenner nimmt die Form an

$$i_{es} \cdot r_e\, r_p = u_s \cdot r_p\,.$$

Denn das Produkt $i_{es} \cdot r_e$ des stationären Erregerstromes mit dem Feldwiderstand der Erregermaschine gleicht der Klemmenspannung der Erregermaschine. Endlich stellt der Quotient

$$\frac{A}{r_e r_p} = \frac{A\,i_{es}}{r_e v_{es} \cdot r_p} = \frac{u_s^2}{u_s^2 r_p} = \frac{u_s}{r_p} = i_{ps}$$

den **stationären Erregerstrom des Feldes des Wechselstromgenerators** dar, also den stationären Erregerstrom, der sich bei dauerndem Verweilen des Kontaktarmes auf einen bestimmten Kontakt des Regulierwiderstandes einstellt. Der Wert i_{ps} definiert also unzweideutig den Wert des Regulierwiderstandes, somit die Stellung des Kontaktarmes auf der Kontaktbahn. Unsere Gleichung lautet jetzt endgültig:

$$2\,T_e\,T_p \frac{d^2 i_p}{dt^2} + (2\,T_e + T_p)\frac{di_p}{dt} + i_p = i_{ps}\,. \tag{57}$$

Endlich liefert diese Beziehung mit Rücksicht auf Gl. (50) das gesuchte Ergebnis, die Maschinengleichung während des Ausgleichsvorganges:

$$2\,T_e\,T_p \frac{d^2 \varDelta}{dt^2} + (2\,T_e + T_p)\frac{d\varDelta}{dt} + \varDelta = \varDelta_s\,. \tag{58}$$

Dabei ist, wie bei der direkten Regulierung, $\varDelta_s$ der bestimmende Wert der Steuergröße r_e:

$$\varDelta_s = \frac{m}{u_n} \cdot (i_{ps} - i_{p0})\,.$$

$\varDelta_s$ **ist hiernach die stationäre Abweichung, die der Kontaktarmstellung des Feldwiderstandes auf seiner Kontaktbahn entspricht.**

61. Die Verknüpfungsgleichung. Wie im vorangehenden Falle und zum gleichen Zwecke suchen wir eine solche Verteilung der Regulierwiderstände längs der Kontaktbahn, daß $\varDelta_s$ sich linear mit der Verstellung des Kontaktarmes ändert

$$\varDelta_s = -\gamma\,(\psi - \psi_f)$$

oder

$$\varDelta_s = -\gamma\,x\,, \tag{59}$$

wenn wir wiederum die Verstellung auf den endgültigen Ort des Kontaktarmes nach Beendigung des Reguliervorganges beziehen.

Der Aufbau der Regulierwiderstände ist nach den für die unmittelbare Regulierung aufgestellten Grundsätzen vorzunehmen (vgl. S. 42). Die Regulierwiderstände sind derart verteilt, daß die Leerlaufspannung an den Klemmen des Wechselstromgenerators linear mit der Verstellung des Kontaktarmes wächst. Die numerische Verteilung γ der Widerstände kann wie früher gemessen werden.

62. Die Regulierungsgleichungen. Durch Elimination der Größe Δ_s aus Gl. (58) der Maschine und der Verknüpfungsgleichung (59) erhält man

$$\frac{d^2\Delta}{dt^2} + \left(\frac{1}{2\,T_e} + \frac{1}{T_p}\right)\frac{d\Delta}{dt} + \frac{\Delta}{2\,T_e T_p} = -\frac{\gamma x}{2\,T_e T_p}. \tag{60}$$

Zusammen mit der Reglergleichung

$$\frac{d\Delta}{dt} + \frac{\Delta}{T_r} = T_s \cdot \frac{d^2x}{dt^2} + \left(\delta + \frac{T_s}{T_r}\right)\frac{dx}{dt}, \tag{61}$$

liefert diese Beziehung entweder durch Elimination von Δ die **Bewegungsgleichung des Kontaktarmes** oder durch Elimination von x **den Verlauf der Abweichung während des Reguliervorganges.**

Wir betrachten zuerst die **Bewegungsgleichung des Kontaktarmes.** Zur Elimination von Δ und seiner Ableitungen müssen wir Gl. (60) einmal und Gl. (61) zweimal ableiten. So entstehen drei neue Beziehungen, die in Verbindung mit Gl. (60) und (61) die vier Funktionen, nämlich Δ und seine drei ersten Ableitungen zu eliminieren gestatten. Die entstehende lineare Differentialgleichung für x ist dann, da sie $\dfrac{d^4x}{dt^4}$ enthält, von der vierten Ordnung.

63. Die abgestimmte Rückführung. Wiederum kann die Bewegungsgleichung des Kontaktarmes um eine Ordnung erniedrigt werden, wenn man über die Rückführungszeitkonstante T_r passend verfügt. Zu diesem Ergebnis führen zwei verschiedene Werte von T_r. Um dies einzusehen, leiten wir Gl. (61) nach der Zeit ab und fügen dieser abgeleiteten Gleichung Gl. (61) selbst hinzu, nachdem diese mit einem noch unbekannten Faktor $\dfrac{1}{\lambda}$ multipliziert wurde. Es entsteht

$$\frac{d^2\Delta}{dt^2} + \left(\frac{1}{\lambda} + \frac{1}{T_r}\right)\frac{d\Delta}{dt} + \frac{\Delta}{\lambda T_r} = T_s \cdot \frac{d^3x}{dt^3} + \left(\frac{T_s}{T_r} + \delta + \frac{T_s}{\lambda}\right)\frac{d^2x}{dt^2}$$
$$+ \frac{1}{\lambda} \cdot \left(\frac{T_s}{T_r} + \delta\right)\frac{dx}{dt}. \tag{62}$$

Durch Vergleich der linken Seite dieser Gleichung mit der der Gl. (60) erkennt man ihre Identität, falls man wählt

$$\left.\begin{array}{llll} \text{Erstens:} & T_r = T_p & \text{und} & \lambda = 2\,T_e \\ \text{Zweitens:} & T_r = 2\,T_e & \text{und} & \lambda = T_p \end{array}\right\}. \tag{63}$$

Wenn wir unser Gleichungssystem unter der einen oder anderen dieser Voraussetzungen auflösen, erniedrigen wir die Ordnung der Bewegungsgleichung des Kontaktarmes und infolgedessen auch die Ordnung der Abweichungsgleichung. Die Bewegung und die Abweichung entwickeln sich somit nach einem entsprechend einfacheren Gesetz. Wie früher, wollen wir die beiden besonderen Werte der Rückführungszeitkonstanten nach Gl. (63) als abgestimmte Rückführung bezeichnen. Man zeigt leicht, daß die abgestimmte Rückführung die günstigsten Regulierbedingungen ergibt.

Hierzu wollen wir zunächst T_r als sehr groß voraussetzen: Hierdurch kommt man auf den Fall der fast starren Rückführung zurück, die nach S. 75 die Regulierung verlangsamt.

Nunmehr wollen wir T_r als sehr klein annehmen und sogleich zur Grenze T_r gleich 0 übergehen. Die Reglergleichung vereinfacht sich in

$$\varDelta = T_s \cdot \frac{dx}{dt}.$$

Wenn wir jetzt $\varDelta$ und seine Ableitungen in Gl. (60) einführen, entsteht

$$\frac{d^3x}{dt^3} + \left(\frac{1}{T_p} + \frac{1}{2\,T_e}\right)\frac{d^2x}{dt^2} + \frac{1}{2\,T_e\,T_p}\frac{dx}{dt} + \frac{\gamma \cdot x}{2\,T_e\,T_p \cdot T_s} = 0.$$

Das allgemeine Integral dieser Gleichung setzt sich aus drei Exponentialfunktionen zusammen, deren Exponenten durch die Wurzeln der charakteristischen Gleichung gegeben sind:

$$\alpha^3 + \left(\frac{1}{T_p} + \frac{1}{2\,T_e}\right)\alpha^2 + \frac{1}{2\,T_e\,T_p}\cdot\alpha + \frac{\gamma}{2\,T_e\,T_p\,T_s} = 0.$$

Wenn γ negativ wäre, so würde wenigstens eine Wurzel dieser Gleichung positiv ausfallen; infolgedessen würde in der Lösung eine Exponentialfunktion mit positivem Exponenten auftreten, so daß die Verstellung x über alle Grenzen anwachsen würde. Dies bedeutet, daß praktisch der Kontaktarm am Ende der Kontaktbahn stehenbleiben würde. Da hierbei eine Regulierung unmöglich ist, ist dieser Fall auszuschließen.

Die drei Koeffizienten der charakteristischen Gleichung sind hiernach positiv und reell. Die Algebra gibt Auskunft über die Werte der Wurzeln: sie sind entweder alle drei reell und negativ oder die eine ist negativ und reell, während die beiden anderen konjugiert komplex sind. Um hierzwischen zu entscheiden, schreibe man die Gleichung in der Gestalt

$$\alpha^3 + A\,\alpha^2 + B\alpha + C = 0. \tag{64}$$

Wenn nun die Differenz $C - A \cdot B$ positiv ist, so ist hiermit der Fall dreier reeller Wurzeln ausgeschlossen. Die Gleichung besitzt dann also eine reelle negative Wurzel und zwei konjugiert komplexe Wurzeln mit positivem Realteil. In unserem Falle ist nun

$$C - A\,B = \frac{\varDelta}{2\,T_e T_p}\left\{\frac{\gamma}{T_s} - \left(\frac{1}{T_p} + \frac{1}{2\,T_e}\right)\right\}.$$

Wenn der Regler ein Schnellreglertyp ist, also seine spezifische Laufzeit T_s sehr klein ist, ist die Klammer notwendig positiv. Das allgemeine Integral der Bewegungsgleichung des Kontaktarmes enthält dann außer einer zeitlich abklingenden Exponentialfunktion mit negativem Exponenten eine Exponentialfunktion mit positivem Exponenten, die mit einer Sinusfunktion der Zeit multipliziert ist. Es würde dann also eine Schwingung mit unbegrenzt anwachsender Amplitude entstehen, die natürlich unzulässig ist.

Die Abstimmung der Rückführung ist also in unserem Falle eine zwingende Notwendigkeit. Man erkennt, daß bei fortschreitender Verkleinerung der Rückführungszeitkonstanten die Bewegungsgleichung des Kontaktarmes und der gesamte Reguliervorgang nach schwächer und schwächer gedämpften Schwingungen verlaufen, bis endlich diese Schwingungen in Dauerschwingungen übergehen oder sich sogar aufschaukeln; hierbei würde die Maschine nicht mehr arbeitsfähig sein.

Wir müssen endlich noch untersuchen, ob die zwei Fälle: $T_r = T_p$ oder $T_r = 2\,T_e$ gleichwertig sind oder ob einer von ihnen auszuschließen ist. Hierzu schreiben wir die beiden Bewegungsgleichungen nieder, welche je nach Wahl einer dieser Möglichkeiten entstehen. Im ersten Falle $\{T_r = T_p,\; x = 2\,T_e\}$ folgt

$$\frac{d^3x}{dt^3} + \left(\frac{1}{T_p} + \frac{1}{2\,T_e} + \frac{1}{T_s'}\right)\frac{d^2x}{dt^2} + \frac{1}{2\,T_e}\left(\frac{1}{T_p} + \frac{1}{T_s'}\right)\frac{dx}{dt}$$
$$+ \frac{x}{\delta'\,T_p \cdot 2\,T_e\,T_s'} = 0. \tag{65}$$

Im zweiten Falle dagegen ($T_r = 2\,T_e,\; \lambda = T_p$) erhält man

$$\frac{d^3x}{dt^3} + \left(\frac{1}{T_p} + \frac{1}{2\,T_e} + \frac{1}{T_s'}\right)\frac{d^2x}{dt^2} + \frac{1}{T_p}\left(\frac{1}{2\,T_e} + \frac{1}{T_s'}\right)\frac{dx}{dt}$$
$$+ \frac{x}{\delta' \cdot 2\,T_e \cdot T_p \cdot T_s'} = 0. \tag{66}$$

Man beachte, daß man durch Vertauschung von T_p mit $2\,T_e$ diese Gleichungen ineinander überführen kann. Da diese Gleichungen reelle und positive Koeffizienten haben, ergibt sich die charakteristische Gleichung vom dritten Grade. Ihre Wurzeln sind entweder alle drei reell und negativ oder die eine ist reell und negativ, die beiden anderen konjugiert komplex. Durch Bildung des Kriteriums $C - A\,B$ erhält man, wenn wie früher $\frac{T_s}{\delta}$ mit T_s' und $\frac{\delta}{\gamma}$ mit δ' bezeichnet wird, im ersten Fall

$$C - A\,B = \frac{1}{\delta' \cdot 2\,T_e T_p T_s'} - \frac{1}{2\,T_e}\left(\frac{1}{T_p} + \frac{1}{T_s'}\right)\left(\frac{1}{T_p} + \frac{1}{2\,T_e} + \frac{1}{T_s'}\right)$$

oder

$$\delta' 2\, T_e\, T_p\, T_s' (C - A\,B) = 1 - \delta' \left\{ \frac{T_s'}{T_p} + \frac{T_s'}{2\,T_e} + 1 + 1 + \frac{T_p}{2\,T_e} + \frac{T_p}{T_s'} \right\}$$

oder

$$\delta' 2\, T_e\, T_p\, T_s' \{C - A\,B\} = 1 - \delta' \left\{ \frac{T_p}{T_s'} + T_s' \left(\frac{1}{T_p} + \frac{1}{2\,T_e} \right) + \frac{T_p}{2\,T_e} + 2 \right\}.$$

Wenn T_s' unbegrenzt klein wird, bleibt diese Differenz negativ, infolgedessen werden die Wurzeln negativ und die Bewegung verläuft gedämpft. Wenn aber die spezifische Laufzeit nicht sehr klein ist und außerdem die Hauptfeldzeitkonstante T_p hinreichend groß gegen $2\,T_e$ ist, so kann die Klammer nach Multiplikation mit $\delta' < 1$ selbst kleiner als 1 werden; die Differenz $C - A\,B$ würde dann positiv werden. Wir erhalten also in diesem Fall abermals eine Schwingung mit zunehmenden Amplituden. Hieraus schließen wir, daß die Wahl $T_r = T_p$ nur zulässig ist, wenn stets $T_p > 2\,T_e$ und $\delta' \neq 0$ und hinreichend groß ist.

Im zweiten Falle ergibt dasselbe Kriterium

$$\delta' 2\, T_e\, T_p\, T_s \{C - A\,B\} = 1 - \delta' \left\{ \frac{2\,T_e}{T_s'} + T_s' \left(\frac{1}{T_p} + \frac{1}{2\,T_e} \right) + \frac{2\,T_e}{T_p} + 2 \right\}.$$

Falls T_s' sehr klein ist (Schnellregler), wird diese Differenz negativ, wenn δ' von 0 verschieden ist. Falls T_s' und $2\,T_e$ die gleiche Größenordnung besitzen und die Zeitkonstante der Erregermaschine sehr klein gegen die Hauptfeldzeitkonstante T_p ist, wird die Differenz positiv. Dieser Fall ist auszuschließen. Die Bedingung $T_r = 2\,T_e$ ist also im allgemeinen nur zulässig, wenn $2\,T_e > T_p$ und $\delta' \neq 0$ ist.

Zusammenfassend erkennt man, daß die Zeitkonstante der Rückführung stets dem größeren der beiden Werte T_p oder $2\,T_e$ anzugleichen ist. In einigen Fällen führen beide Möglichkeiten zu einer gedämpften Regulierung; indessen kann auch eine von ihnen auszuschließen sein, wenn die entsprechende Zeitkonstante hinreichend klein ist.

Wir wollen endlich beachten, daß nach diesen Überlegungen $\delta' \neq 0$ sein muß: Unterhalb eines bestimmten kritischen Dämpfungswertes erhält man also stets Schwingungen mit zunehmenden Amplituden.

64. Auflösung der allgemeinen Gleichungen für den Schnellregler mit abgestimmter Hemmung. Wir werden uns in der Folge auf die Untersuchung des Schnellreglers beschränken. Hierbei ist also die spezifische Laufzeit T_s' sehr klein gegen die beiden Zeitkonstanten T_p und $2\,T_e$. Praktisch ist lediglich der hierdurch umschriebene Fall von Bedeutung; denn die kleinen Maschinen mit ihren ebenfalls kleinen Zeitkonstanten dürften wohl stets direkt reguliert werden. Übrigens würden die vorausgeschickten allgemeinen Überlegungen stets die notwendigen Kriterien für eine befriedigend arbeitende Regeleinrichtung liefern.

Wir wollen die Wurzeln der charakteristischen Gleichung, der Bewegungsgleichung (65) für den Fall $T_r = T_p$ bestimmen:

$$\alpha^3 + \Big(\frac{1}{T_p} + \frac{1}{2\,T_e} + \frac{1}{T_s'}\Big)\alpha^2 + \frac{1}{2\,T_e}\Big(\frac{1}{T_p} + \frac{1}{T_s'}\Big)\alpha + \frac{1}{\delta'\,T_p \cdot 2\,T_e \cdot T_s'} = 0 \, . \quad (67)$$

Für den zweiten Fall $T_r = 2\,T_e$ erhält man dann die entsprechenden Wurzeln durch Vertauschung von T_p mit $2\,T_e$.

Zur Durchführung der Rechnung setzen wir stets grundsätzlich T_s' als sehr klein gegen T_p und $2\,T_e$ voraus. Infolgedessen dürfen wir die niederen Potenzen von $\frac{1}{T_s'}$ gegen die höchste vernachlässigen.

Bekanntlich läßt sich die gegebene charakteristische Gleichung aus der Form (64) durch die Substitution $\alpha = y - \frac{A}{3}$ überführen in

$$y^3 + p\,y + q = 0 \, .$$

Hierin ist gesetzt

$$p = \frac{3\,B - A^2}{3}; \quad q = \frac{2\,A^3 - 9\,A\,B + 27\,C}{27} \, .$$

Nach der Kardanischen Formel lauten die Wurzeln nun

$$\alpha_1 = -\frac{A}{3} + R_1 + R_2 \, ,$$

$$\alpha_2 = -\frac{A}{3} + \lambda\,R_1 + \lambda^2\,R_2 \, ,$$

$$\alpha_3 = -\frac{A}{3} + \lambda^2\,R_1 + \lambda\,R_2 \, ,$$

wenn man setzt

$$\lambda = -\frac{1 + i\sqrt{3}}{2} \, ,$$

$$R_1 = \sqrt[3]{-\frac{q}{2} + \sqrt{\Big(\frac{q}{2}\Big)^2 + \Big(\frac{p}{3}\Big)^3}} \, ,$$

$$R_2 = \sqrt[3]{-\frac{q}{2} - \sqrt{\Big(\frac{q}{2}\Big)^2 + \Big(\frac{p}{3}\Big)^3}} \, .$$

Wir wollen zur Vereinfachung schreiben

$$\frac{1}{T_p} = C_p \, ,$$

$$\frac{1}{2\,T_e} = C_e \, .$$

$$\frac{1}{T_s'} = k \, ,$$

$$\frac{1}{\delta'} = a \, .$$

Die aufzulösende Gleichung lautet:

$$\alpha^3 + (C_p + C_e + k)\,\alpha^2 + C_e(C_p + k)\,\alpha + a\,C_p \cdot C_e \cdot k = 0\,.$$

Die Werte von p und q sind Polynome, die wir nach fallenden Potenzen von k ordnen:

$$p = l k^2 + l_1 k + l_2\,,$$
$$q = m k^3 + m_1 k^2 + m_2 k + m_3\,.$$

Endlich ist

$$27 \cdot 4 \cdot \left[\left(\frac{p}{3}\right)^3 + \left(\frac{q}{2}\right)^2\right] = 4\,p^3 + 27\,q^2 = n k^6 + n_1 k^5 + n_2 k^4$$
$$+ n_3 k^3 + \cdots + n_6\,.$$

Wir wollen die verschiedenen Koeffizienten der Potenzen von k berechnen; zuerst wird

$$p = \tfrac{1}{3}\{3 C_e(C_p + k) - (C_p + C_e + k)^2\} = \tfrac{1}{3}\{- k^2$$
$$+ [3 C_e - 2(C_p + C_e)]\,k + [3 C_e C_p - (C_p + C_e)^2]\}\,.$$

Hieraus entsteht

$$l = -\tfrac{1}{3};\quad l_1 = C_e - \tfrac{2}{3}(C_p + C_e) = \tfrac{1}{3}(C_e - 2 C_p);$$
$$l_2 = C_e C_p - \tfrac{1}{3}(C_e + C_p)^2\,.$$

Weiter berechnet man

$$q = \frac{1}{27}\{2(C_p + C_e + k)^3 - 9 C_e(C_p + C_e + k)(C_p + k) + 27 C_p C_e \cdot a \cdot k\}$$

oder, nach Potenzen von k geordnet,

$$q = \frac{1}{27}\{2 k^3 + (6 C_p - 3 C_e)\,k^2 + [6(C_p + C_e)^2 - 9 C_e(C_p + C_e)$$
$$- 9 C_e C_p + 27 a\,C_p C_e]\,k + [2(C_p + C_e)^3 - 9 C_e C_p(C_p + C_e)]\}\,,$$

so daß also gilt

$$m = \frac{2}{27};\quad m_1 = \frac{1}{9}(2 C_p - C_e);\quad m_2 = \frac{2}{9}(C_p + C_e)^2 - \frac{1}{3} C_e(2 C_p + C_e)$$
$$+ a C_p C_e;\quad m_3 = \frac{2}{27}(C_p + C_e)^3 - \frac{1}{3} C_e C_p(C_p + C_e)\,.$$

Endlich findet man demnach

$$4 p^3 + 27 q^2 = 4\,[l k^2 + l_1 k + l_2]^3 + 27\,[m k^3 + m_1 k^2 + m_2 k + m_3]^2$$
$$= [4 l^3 + 27 m^2]\,k^6 + [12 l^2 l_1 + 54 m \cdot m_1]\,k^5 + \cdots\,.$$

Für die Kennziffern n in der Entwicklung dieses Polynoms nach Potenzen von k ergibt sich hiermit

$$n = -\frac{4}{27} + \frac{4}{27} = 0$$

und

$$n_1 = \frac{12}{9 \cdot 3}\,(C_e - 2\,C_p) + \frac{54 \cdot 2}{27 \cdot 9}\,(2\,C_p - C_e) = 0\,.$$

Glücklicherweise verschwinden also diese beiden ersten Faktoren. Es verbleibt daher nur

$$\left(\frac{p}{2}\right)^3 + \left(\frac{q}{3}\right)^2 = n_2' k^4 + n_3' k^3 + \cdots = \,\sim n_2' \cdot k^4,$$

wenn man die niederen Potenzen von k vernachlässigt; in gleicher Genauigkeit ist

$$-\frac{q}{2} = \,\sim\, -\frac{k^3}{27}\,.$$

Hieraus entstehen die Abschätzungen

$$R_1 = \,\sim \sqrt[3]{-\frac{k^3}{27} + \sqrt{n_2'} \cdot k^2} = \,\sim\, -\frac{k}{3}\,,$$

$$R_1 = \,\sim \sqrt[3]{-\frac{k^3}{27} - \sqrt{n_2'} \cdot k^2} = \,\sim\, -\frac{k}{3}\,.$$

Die Wurzeln der charakteristischen Gleichung lauten also

$$\alpha_1 = -\frac{1}{3}\,(C_p + C_e + k) - \frac{2\,k}{3} = \,\sim k\,,$$

$$\alpha_2 = \alpha_3 = -\frac{1}{3}\,(C_p + C_e + k) - \frac{k}{3}\left(\frac{-1 + i\sqrt{3}}{2}\right) + \frac{k}{3}\left(\frac{-1 - i\sqrt{3}}{2}\right)$$

oder

$$\alpha_2 = \alpha_3 = -\tfrac{1}{3}\,(C_p + C_e)\,.$$

Wenn wir den hier gegebenen Werten ihre ursprüngliche Bedeutung zurückgeben, so folgt endgültig

$$\alpha_1 = -\frac{1}{T_s'}\,,$$

$$\alpha_2 = \alpha_3 = -\frac{1}{3}\left(\frac{1}{T_p} + \frac{1}{2\,T_e}\right)\,.$$

Diese Wurzelwerte mögen diskutiert werden. Da alle drei negativ reell sind, entsteht eine gedämpfte Bewegung des Kontaktarmes. Da sie die numerische Widerstandsverteilung γ längs der Kontaktbahn nicht enthalten, so ist die Regulierdauer praktisch bis zur Beendigung des Reguliervorganges hiervon unabhängig. Endlich sind die drei Wurzeln mit Bezug auf T_p und $2\,T_e$ symmetrisch gebaut, eine Vertauschung dieser beiden Größen ändert somit die Wurzelwerte nicht. Man erkennt hieraus, daß beide Möglichkeiten, die Rückführung abzustimmen, gleichwertig sind, also ein und dasselbe Gesetz des Reguliervorganges liefern.

Wir haben nun diese Gleichungen unter der Voraussetzung $T_s' < T$ und $2\,T_e$ aufgelöst. In der Grenze $T_s' = 0$ versichert uns das Kriterium

$T - AB$, daß das negative Vorzeichen der Wurzeln erhalten bleibt (vgl. S. 87). In Wirklichkeit ist allerdings T'_s niemals 0, so daß eine der beiden Möglichkeiten zu einer nicht gedämpften Schwingung Anlaß geben kann. Hieraus folgt, daß dann die genäherte Lösung für die Wurzeln unzulässig ist und daß sie lediglich für die andere Möglichkeit benutzt werden darf. Dies rechtfertigt den schon oben gezogenen Schluß, daß in jedem Fall die Rückführungszeitkonstante dem größeren der beiden Werte $_pT$ oder $2\,T_e$ anzugleichen ist.

65. Die allgemeine Lösung für die Bewegungsgleichung und die Abweichungsgleichung. Unter den oben genannten Einschränkungen mit Bezug auf die Rückführung lautet die allgemeine Lösung für die Bewegungsgleichung des Kontaktarmes, da eine Doppelwurzel auftritt,

$$x = C_1 \cdot e^{-\frac{t}{T'_s}} + e^{-\frac{1}{3}\left(\frac{1}{T_p} + \frac{1}{2\,T_e}\right)t}(C_2 + C_3 t)\,. \qquad (68)$$

Man erhält die Abweichung durch Integration der Gl. (60), deren Lösung bekanntlich das allgemeine Integral folgender Gleichung enthält

$$\frac{d^2\varDelta}{dt^2} + \left(\frac{1}{2\,T_e} + \frac{1}{T_p}\right)\frac{d\varDelta}{dt} + \frac{\varDelta}{2\,T_e T_p} = 0\,. \qquad (69)$$

Hierzu tritt eine partikuläre Lösung der vollständigen Gleichung. Diese vollständige Lösung ist hier mit Rücksicht auf den Gleichungstyp, mit dem wir es zu tun haben, von derselben Gestalt wie x. Andererseits besitzt man das allgemeine Integral von Gl. (65), sobald man die Wurzeln der charakteristischen Gleichung kennt:

$$\alpha^2 + \left(\frac{1}{2\,T_e} + \frac{1}{T_p}\right)\alpha + \frac{1}{2\,T_e T_p} = 0\,.$$

Diese lauten, wie man ohne Rechnung übersieht,

$$\alpha_1 = -\frac{1}{T_p}\,; \quad \alpha_2 = -\frac{1}{2\,T_e}\,.$$

Die Abweichung $\varDelta$ folgt also dem Gesetz

$$\begin{aligned}
\varDelta = {}&K_1 \cdot e^{-\frac{t}{T_p}} + K_2 \cdot e^{-\frac{t}{2\,T_e}} \\
&+ C_0 \cdot e^{-\frac{t}{T_s}} + \left[(A + Bt)e^{-\frac{1}{3}\left(\frac{1}{T_p} + \frac{1}{2\,T_e}\right)t}\right]\,.
\end{aligned} \qquad (70)$$

Hierin sind nun noch die Integrationskonstanten zu bestimmen.

66. Grenzbedingungen für eine plötzliche Laständerung nach einem stationären Zustand. Wie früher gezeigt wurde (S. 60), nimmt der Kontaktarm zu Beginn des Reguliervorganges die Stellung x_a ein. Es gilt also die Grenzbedingung

$$\text{für} \quad t = 0\colon x = x_a\,. \qquad (71)$$

Mittels der Übersetzungsgleichung ist dieser Wert mit der anfänglichen totalen Abweichung verbunden

$$\Delta_a = -\gamma \cdot x_a. \tag{72}$$

Die Gründe hierfür sind oben für den Fall der direkten Regelung erläutert worden.

Voraussetzungsgemäß folgt die Störung einem stationären Zustande. In diesem Zustande ist die Rückführung vollständig entspannt, so daß die Kontaktarmbewegung einsetzt, wie wenn die Rückführung nicht vorhanden wäre. Wir haben also wiederum (S. 58)

$$\text{Für} \quad t = 0: \quad \left(\frac{dx}{dt}\right)_0 = \frac{\Delta_z}{T_s} = \frac{\varrho\,\Delta_a}{T_s} = -\frac{\varrho\,x_a}{\delta'\,T_s'}. \tag{73}$$

Hierin bedeutet Δ_z die **Anfangsabweichung bei konstantem Hauptfluß.**

Endlich müssen wir eine dritte Bedingung hinsichtlich der Verstellung x finden, da ja die allgemeine Lösung drei Integrationskonstanten enthält. Diese Bedingung liefert der anfängliche Verlauf der Regulierungskurve. Bei der unmittelbaren Regelung sahen wir, daß zu Beginn des Reguliervorganges die Abweichung verläuft, wie wenn der Regler nicht vorhanden wäre (S. 58). Bei der mittelbaren Regelung gilt das gleiche für die **Klemmenspannung der Erregermaschine.** Sie kann sich erst ändern, wenn der Kontaktarm eine gewisse Geschwindigkeit erreicht hat. Um so mehr kann also die Klemmenspannung des Wechselstromgenerators der Verstellung des Kontaktarmes erst folgen, wenn dieser eine merkliche Bewegung angenommen hat. Infolgedessen befolgt die Abweichung anfangs das gleiche Gesetz, wie wenn der Regler nicht vorhanden wäre. Die Ursprungstangente an die Regulierungskurve ist also, wie bei der unmittelbaren Regulierung, durch die Grenzbedingung gegeben

$$\text{für} \quad t = 0: \quad \left(\frac{d\Delta}{dt}\right)_0 = \frac{\Delta_\varphi}{T_p} = \Delta_a \frac{1-\varrho}{T_p}. \tag{74}$$

Im Nenner dieser Gleichung tritt die **Hauptfeldzeitkonstante** T_p des Wechselstromgenerators auf, weil es sich um eine Rückwirkung der Belastungsänderung auf den Haupterregerstrom handelt.

Streng genommen bedeutet die Änderung des Haupterregerstromes als Folge der Belastungsänderung im Wechselstromgenerator auch eine Belastungsänderung der Erregermaschine. Diese wirkt ihrerseits auf den Feldstrom der Erregermaschine zurück. Indessen sind bekanntlich die modernen Erregermaschinen stets mit Wendepolen versehen und die Bürsten stehen genau oder doch merklich in der neutralen Zone, so daß die Rückwirkung auf den Feldstrom der Erregermaschine verschwindet oder doch nur außerordentlich klein ist. Es bedeutet also keinen wesentlichen Fehler, sie zu vernachlässigen.

Endlich ist die Anfangsabweichung der Spannung gegeben durch

$$\varDelta = \varDelta_z = \varrho \cdot \varDelta_a \quad \text{für} \quad t = 0. \tag{75}$$

Durch Einführung dieser Anfangswerte in Gl. (61) entsteht die Aussage

$$\varDelta_a \frac{1-\varrho}{T_p} + \frac{\varDelta_a \varrho}{T_a} = T_s \cdot \left(\frac{d^2 x}{dt^2}\right) + \left(\frac{T_s}{T_a} + \delta\right) \frac{\varrho \varDelta_a}{T_s} \quad \text{für} \quad t = 0$$

oder

$$T_s \cdot \left(\frac{d^2 x}{dt^2}\right)_0 = \varDelta_a \left(\frac{1-\varrho}{T_p} - \frac{\delta \cdot \varrho}{T_s}\right).$$

Endlich ergibt sich mit dem Wert $\varDelta_a$ aus der Übersetzungsgleichung (72)

$$\left(\frac{d^2 x}{dt^2}\right)_0 = \left(\frac{\varrho}{\delta' T_s'^2} - \frac{1-\varrho}{T_p T_s' \delta'}\right) x_a. \tag{76}$$

Man erkennt, daß dieser Ausdruck ebenso wie die übrigen Grenzbedingungen von der **Bedingung der abgestimmten Rückführung** unabhängig ist.

67. Bestimmung der Integrationskonstanten für die Bewegungsgleichung des Kontaktarms. Durch Einsetzen in das allgemeine Integral der Bewegungsgleichung für x erhält man folgendes System:

$$x_a = C_1 + C_2,$$

$$\left(\frac{dx}{dt}\right)_0 = -\varrho \cdot \frac{x_a}{\delta' T_s'} = -\frac{C_1}{T_s'} - \frac{1}{3}\left(\frac{1}{T_p} + \frac{1}{2T_e}\right) C_2 + C_3,$$

$$\left(\frac{d^2 x}{dt^2}\right)_0 = \left(\frac{\varrho}{\delta' T_s^2}\right) - \frac{1-\varrho}{\delta' T_s' T_p'}\right) x_a = \frac{C_1}{T_s'^2} + \frac{1}{9}\left(\frac{1}{T_p} + \frac{1}{2T_e}\right)^2 C_2$$

$$- \frac{2}{3}\left(\frac{1}{T_p} + \frac{1}{2T_e}\right) C_3.$$

Diese Gleichungen lassen sich sogleich nach C_1, C_2, C_3 auflösen. Nach Ausführung der Zwischenrechnungen findet man ohne jede Vernachlässigung

$$C_1 = x_a \frac{\dfrac{\varrho}{\delta' T_s'^2} - \dfrac{1}{T_s'}\left(\dfrac{1-\varrho}{T_p \cdot \delta'} + \dfrac{2\varrho}{3\delta T}\right)}{\left(\dfrac{1}{T_s'} - \dfrac{1}{3T}\right)^2},$$

$$C_2 = x_a \frac{\dfrac{1}{T_s'^2}\left(\dfrac{\delta'-\varrho}{\delta'}\right) - \dfrac{1}{T_s'}\left(\dfrac{2}{3T}\dfrac{\delta'-\varrho}{\delta'} - \dfrac{1+\varrho}{\delta' T_p}\right)}{\left(\dfrac{1}{T_s'} - \dfrac{1}{3T}\right)^2}.$$

$$C_3 = \frac{C_1}{T_s'} + \frac{C_2}{3T} - \frac{\varrho x_a}{\delta' T_s'}.$$

Hierbei ist zur Abkürzung gesetzt

$$\frac{1}{T} = \frac{1}{T_p} + \frac{1}{2T_e}.$$

Wir wollen in den zwei ersten Ausdrücken, nachdem sie nach Potenzen von $\frac{1}{T_s'}$ geordnet sind, die niederen Potenzen gegen die höchste vernachlässigen. So entstehen die Näherungswerte

$$C_1 = \sim \frac{\varrho}{\delta'} \cdot x_a ,$$

$$C_2 = \sim \frac{\delta' - \varrho}{\delta'} \cdot x_a .$$

Indem man die vollständigen Werte von C_1 und C_2 in C_3 einführt, bemerkt man, daß die Glieder zweiter Ordnung sich wegheben; es verbleiben also nur die Glieder erster Ordnung, die wir allein beibehalten. Nach Zusammenfassung entsteht auf diesem Wege

$$C_3 = - x_a \left[\frac{1 - \varrho}{\delta' T_p} + \frac{\varrho - \delta'}{3 \delta' T} \right] .$$

Die Bewegungsgleichung des Kontaktarmes nimmt hiermit die Form an

$$\frac{x}{x_a} = \frac{\varrho}{\delta'} e^{-\frac{t}{T_s'}} + e^{-\frac{t}{3T}} \left\{ \frac{\delta' - \varrho}{\delta'} - \left[\frac{1 - \varrho}{\delta' T_p} + \frac{\varrho - \delta'}{3 \delta' T} \right] t \right\}$$

oder, wenn für T sein ursprünglicher Wert eingesetzt wird,

$$\frac{x}{x_a} = \frac{\varrho}{\delta'} e^{-\frac{t}{T_s'}} - \frac{\varrho - \delta'}{\delta'} e^{-\frac{1}{3}\left(\frac{1}{T_p} + \frac{1}{2 T_e}\right) t} \left\{ 1 + \frac{1}{3} \left[\frac{1 - \delta'}{\varrho - \delta'} \cdot \frac{1}{T_p} + \frac{1}{2 T_e} \right] t \right\} . \tag{77}$$

Diese Formel erinnert an das entsprechende Resultat bei der unmittelbaren Regelung. Der Kontaktarm beginnt seine Bewegung mit der Höchstgeschwindigkeit, durchschreitet sodann den stationären Punkt $(x = 0)$, um hierauf außerordentlich viel langsamer umzukehren. Diese Geschwindigkeit hängt von der Entspannung der Rückführung ab, also letzthin von der Aufbaugeschwindigkeit des Feldes in der Erregermaschine und dem Wechselstromgenerator. Abb. 27 möge zur qualitativen Veranschaulichung dieser Bewegung dienen.

Die Überschreitung der stationären Stellung des Kontaktarmes bis zur Ordinate OB in Abb. 27 stellt die Überregulierung dar. Es gilt mit sehr großer Näherung

$$OB = \sim - \frac{\varrho - \delta'}{\delta'} x_a . \tag{78}$$

Man erhält diese Beziehung, indem man beachtet, daß schon nach sehr kurzer Zeit die erste Exponentialfunktion und das mit t proportionale Klammerglied fast keinen Beitrag mehr liefern, während die zweite Exponentialfunktion sich zu diesem Zeitpunkt nur wenig von 1 unterscheidet.

68. Bemessung des Regulierwiderstandes. Man muß die Bedingung stellen, daß der Regler bei einer vollständigen Be- oder Entlastung nicht am Ende der Kontaktbahn stehenbleibt. Hierzu ist die Größe des Feldwiderstandes so zu bemessen, daß man den Widerstand sowohl nach der Seite des stationären Leerlaufzustandes wie der stationären Vollast um die Größe OB der Abb. 27 regulieren kann. Ausgedrückt in der Abweichung der stationären Spannung, beträgt diese Vergrößerung absolut genommen

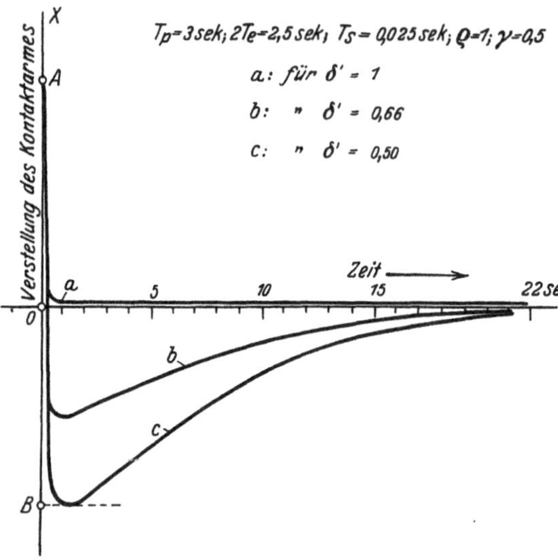

Abb. 27. Kontaktarmbewegung bei mittelbarer Regelung.

$$\gamma \cdot (OB) = \gamma \cdot \frac{\varrho - \delta'}{\delta'} \cdot x_a$$

$$= \Delta_m \cdot \frac{\varrho - \delta'}{\delta'}.$$

Hierin hat Δ_m die Bedeutung nach S. 69. Da die Erregerwiderstände durch den Leerlauf der Maschine bestimmt sind, erkennt man, daß der Widerstand die Einstellung einer kleinsten Leerlaufspannung ermöglichen muß, die durch

$$U_{\mathrm{min}} = U_n \left[1 - \Delta_m \cdot \frac{\varrho - \delta'}{\delta'} \right]$$

gegeben ist. Ebenso muß dieser Widerstand die Einregelung einer höchsten Leerlaufspannung vom Betrage

$$U_{\mathrm{max}} = U_n \left[1 + \Delta_m \left(1 + \frac{\varrho - \delta'}{\delta'} \right) \right] = U_n \left[1 + \Delta_m \cdot \frac{\varrho}{\delta'} \right]$$

gestatten. Außerdem muß der Spannungsausschlag linear längs der ganzen Kontaktbahn verteilt sein. Man überzeugt sich, daß diese Grenzen genau mit denen der unmittelbaren Regelung übereinstimmen (S. 69).

69. Die Bestimmung der Integrationskonstanten für die Abweichungsgleichung. Das allgemeine Integral der Abweichungsgleichung ist in Gl. (70) gefunden. In diesem Ausdruck stellen die drei letzten Glieder das Partikularintegral der inhomogenen Differentialgleichung dar. Die drei Konstanten C_0, A, B sind durch Einsetzen zu bestimmen.

Wir berechnen zuerst die Konstante C_0. Das dieser Größe proportionale Glied soll der Gleichung genügen:

$$\frac{d^2\Delta}{dt^2} + \left(\frac{1}{T} + \frac{1}{2\,T_e}\right)\frac{d\Delta}{dt} + \frac{\Delta}{2\,T_e\,T_p} = -\frac{\gamma\cdot x_a}{2\,T_e\,T_p}\cdot\frac{\varrho}{\delta'}\cdot e^{-\frac{t}{T'_s}}.$$

Wir wollen das Partikularintegral $C_0\,e^{-\frac{t}{T'_s}}$ samt seinen Ableitungen einsetzen. Mit Rücksicht auf die Beziehung $\Delta_a = -\gamma\,x_a$ (S. 93) entsteht nach Zusammenfassung

$$\frac{C_0}{T'^2_s} - \left(\frac{1}{T_p} + \frac{1}{2\,T_e}\right)\frac{C_0}{T'_s} + \frac{C_0}{2\,T_e\,T_p} = \frac{\varrho\cdot\Delta_a}{2\,T_e\,T_p\cdot\delta'}$$

oder

$$C_0\left\{\frac{2\,T_e\,T_p}{T'^2_s} - \frac{T_p + 2\,T_e}{T'_s} + 1\right\} = \frac{\varrho\,\Delta_a}{\delta'}.$$

Wir wollen auch hier die niederen Potenzen von $\frac{1}{T'_s}$ gegen die höchste außer acht lassen. Dann entsteht

$$C_0 = \sim \frac{\varrho\cdot\Delta_a}{2\,T_e\,T_p\,\delta'}\cdot T'^2_s.$$

Die partikuläre Lösung, soweit sie sich auf die Exponentialfunktion $e^{-\frac{t}{T'_s}}$ bezieht, lautet also

$$\Delta_a\cdot\frac{\varrho}{\delta'}\cdot\frac{T'^2_s}{2\,T_e\,T_p}\cdot e^{-\frac{t}{T'_s}}.$$

Wir wollen nun beachten, daß einerseits die übrigen Exponentialfunktionen des vollständigen Integrals die Exponenten $\frac{t}{T_p}$, $\frac{t}{2\,T_e}$ und $\frac{t}{3\,T}$ aufweisen, welche sämtlich bedeutend kleiner als $\frac{t}{T'_s}$ sind und deshalb sehr viel langsamer verklingen. Andererseits ist die Größe dieser Exponentialfunktion proportional mit T'^2_s, so daß wir dieses ganze Glied infolge seiner Kleinheit streichen können. Unsere allgemeine Lösung vereinfacht sich dann in

$$\Delta = K_1\cdot e^{-\frac{t}{T_p}} + K_2\,e^{-\frac{t}{2\,T_e}} + (A + Bt)\cdot e^{-\frac{t}{3\,T}},$$

worin nun noch A und B zu ermitteln sind.

Diese Koeffizienten bestimmen sich durch Einsetzen in das zweite Glied der Gleichung der Kontaktarmbewegung

$$\frac{d^2\Delta}{dt^2} + \left(\frac{1}{T_p} + \frac{1}{2\,T_e}\right)\frac{d\Delta}{dt} + \frac{\Delta}{2\,T_e\,T_p}$$

$$= -\frac{\Delta_a}{2\,T_e\,T_p}\cdot\frac{\varrho - \delta'}{\delta'}\,e^{-\frac{t}{3\,T}}\left[1 + \left(\frac{1 - \delta'}{\varrho - \delta'}\frac{1}{T_p} + \frac{1}{2\,T_e}\right)\frac{t}{3}\right]\cdot$$

Indem man hier die Partikularlösung $(A + B \cdot t)\, e^{-\frac{t}{3T}}$ und ihre Ableitungen einsetzt, ergibt sich nach Zusammenfassung

$$\frac{1}{9\,T^2}(A + Bt) - \frac{2\,B}{3\,T} + \left(\frac{1}{T_p} + \frac{1}{2\,T_e}\right)\left[B - \frac{1}{3\,T}(A + Bt)\right] + \frac{A + Bt}{2\,T_e\,T_p}$$

$$= -\frac{\varDelta_a}{2\,T_e\,T_p}\,\frac{\varrho - \delta'}{\delta'}\left\{1 + \left(\frac{1-\delta'}{\varrho-\delta'}\frac{1}{T_p} + \frac{1}{2\,T_e}\right)\frac{t}{3}\right\}.$$

Durch Vergleich der von t freien Koeffizienten folgt

$$\frac{A}{9\,T^2} - \frac{2\,B}{3\,T} + \frac{1}{T}\left(B - \frac{A}{3\,T}\right) + \frac{A}{2\,T_e\,T_p} = \frac{\varDelta_a}{2\,T_e\,T_r}\,\frac{\varrho - \delta'}{\delta}$$

oder nach Ausführung von Zwischenrechnungen mit der Abkürzung $\frac{1}{T} = \frac{1}{T_p} + \frac{1}{2\,T_e}$:

$$\frac{A}{9}\left\{5 - 2\left(\frac{2\,T_e}{T_p} + \frac{T_p}{2\,T_e}\right)\right\} + \frac{B}{3}\left\{T_p + 2\,T_e\right\} = -\frac{\varrho - \delta'}{\delta'}\cdot\varDelta_a\,.$$

und endlich mit der weiteren Abkürzung $\frac{2\,T_e}{T_p} = \tau$

$$\frac{A}{9}\left\{5 - 2\left(\tau + \frac{1}{\tau}\right)\right\} + \frac{B}{3}(2\,T_e + T_p) = -\frac{\varrho - \delta'}{\delta'}\,\varDelta_a\,. \qquad (79)$$

Weiterhin ergibt der Vergleich der Koeffizienten von t

$$\frac{B}{9\,T^2} - \frac{B}{3\,T^2} + \frac{B}{2\,T_e\,T_p} = -\frac{\varDelta_a}{2\,T_e\,T_p}\,\frac{\varrho - \delta'}{3\,\delta'}\left(\frac{1-\delta'}{\varrho-\delta'}\frac{1}{T_p} + \frac{1}{2\,T_e}\right)$$

oder nach Zusammenfassung

$$B\left\{1 - \frac{4\,T_e\,T_p}{9\,T^2}\right\} = -\frac{\varDelta_a}{3\,T_p}\,\frac{\varrho - \delta'}{\delta'}\left(\frac{1-\delta'}{\varrho-\delta'} + \frac{2\,T_e}{T_p}\right),$$

Hierin ist

$$1 - \frac{4\,T_e\,T_p}{9\,T^2} \equiv 1 - \frac{2}{9}\left\{\frac{2\,T_e\,T_p}{T}\left(\frac{1}{T_p} + \frac{1}{2\,T_e}\right)\right\}$$

$$\equiv 1 - \frac{2}{9}\left[(T_p + 2\,T_e)\left(\frac{1}{T_p} + \frac{1}{2\,T_e}\right)\right] = \frac{1}{9}\left[5 - 2\left(\tau + \frac{1}{\tau}\right)\right].$$

Daher folgt

$$B = \frac{3\,\varDelta_a}{T_p}\cdot\frac{(1-\delta')\,\tau + \varrho - \delta'}{\delta'\,(2\,\tau^2 - 5\,\tau + 2)}\,.$$

Nunmehr kann der gefundene Wert von B in Gl. (79) eingesetzt werden. So findet man zunächst

$$\frac{A}{9}\left[5 - 2\left(\tau + \frac{1}{\tau}\right)\right] = -\frac{\varrho - \delta'}{\delta'}\cdot\varDelta_a - \frac{\tau + 1}{3}\,T_p\cdot B$$

und nach Ausführung der Zwischenrechnungen

$$A = \varDelta_a \cdot \frac{9\,\tau}{\delta'}\cdot\frac{\tau^2(2\,\varrho + 1) - \tau(4\,\varrho - 1) + 3\,\varrho - 3\,\delta'(\tau^2 - \tau + 1)}{(2\,\tau^2 - 5\,\tau + 2)^2}\,.$$

Wir wenden uns jetzt zur Berechnung der Integrationskonstanten K_1 und K_2, die wir durch die oben gefundenen Größen A und B ausdrücken wollen. Indem wir in Gl. (70) zur Grenze $A = 0$ übergehen, finden wir als erste Grenzbedingung

$$\text{für} \quad t = 0: \; \varDelta = \varrho \varDelta_a$$

und

$$K_1 + K_2 + A = \varrho \cdot \varDelta_a .$$

Weiterhin gilt

$$\left(\frac{d\varDelta}{dt} \right)_0 = \varDelta_a \frac{1 - \varrho}{T_p}$$

oder

$$- \frac{K_1}{T_p} - \frac{K_2}{2 T_e} - \frac{A}{3 T} + B = \frac{1 - \varrho}{T_p} \cdot \varDelta_a .$$

Diese beiden Gleichungen lassen sich einfacher schreiben:

$$K_1 + K_2 = \varrho \cdot \varDelta_a - A$$

$$- \tau \cdot K_1 - K_2 = (1 - \varrho) \tau \cdot \varDelta_a + \frac{A}{3} (1 + \tau) - B \cdot \tau \cdot T_p .$$

Durch Auflösung dieser beiden Beziehungen nach K_1 und K_2 findet man

$$\left. \begin{aligned} K_1 &= \varDelta_a \left[\varrho - \frac{\tau}{1 - \tau} \right] - \frac{A}{3} \frac{2 - \tau}{1 - \tau} - B \cdot T_p \cdot \frac{\tau}{1 - \tau} , \\ K_2 &= - \varDelta_a \frac{\tau}{1 - \tau} - \frac{A}{3} \frac{1 - 2\tau}{1 - \tau} + B T_p \cdot \frac{\tau}{1 - \tau} . \end{aligned} \right\} \tag{80}$$

Hiermit sind A, B, K_1, K_2 bestimmt. Kennt man also die Zeitkonstante T_e der Erregermaschine und T_p des Wechselstromgenerators, so kann man leicht die Konstanten der Abweichungsgleichung berechnen und damit die Regulierungskurve zeichnen. Indessen ist es wegen des unübersichtlichen Baues dieser Ausdrücke nicht möglich, den Einfluß der Dämpfung δ' und der numerischen Ankerrückwirkung ϱ leicht zu beurteilen. Deshalb ist es vorzuziehen, sie durch eine weitere Näherung erneut zu vereinfachen, anstatt die strengen Werte zu benutzen, da diese Vereinfachungen bereits die wesentlichen Züge ergeben.

70. Durchführung einer Näherungsrechnung. Im allgemeinen besitzen die Zeitkonstanten T_p und $2 T_e$ die gleiche Größenordnung. Bezeichnet also T_m den arithmetischen Mittelwert dieser Zeitkonstanten

$$T_m = \tfrac{1}{2} (T_p + 2 T_e) , \tag{81}$$

so kann man setzen

$$T_p = T_m (1 + \varepsilon) ,$$

$$2 T_e = T_m (1 - \varepsilon) .$$

Hierin ist ε im allgemeinen hinreichend klein gegen 1. Man kann deswegen die höheren Potenzen von ε gegen die erste Potenz streichen und genau genug schreiben

$$\tau = \frac{2\,T_e}{T_p} = \frac{1-\varepsilon}{1+\varepsilon} = \sim 1 - 2\,\varepsilon,$$

sowie

$$\frac{1}{T} = \frac{1}{T_m}\left(\frac{1}{1+\varepsilon} + \frac{1}{1-\varepsilon}\right) = \sim \frac{1}{T_m}(1 - \varepsilon + 1 + \varepsilon) = \frac{2}{T_m}.$$

Mit diesen Bedingungen vereinfachen sich die Konstanten in folgender Weise: Als Nenner von A und B entsteht

$$2\tau^2 - 5\tau + 2 = 2(1-2\,\varepsilon)^2 - 5(1-2\,\varepsilon) + 2 = 8\,\varepsilon^2 + 2\,\varepsilon - 1$$

$$= \sim -(1-2\,\varepsilon) = -\tau.$$

Weiterhin ist

$$B = -\frac{3}{T_p}\,\frac{(1-\delta')\tau + \varrho - \delta'}{\delta'\tau}\,\varDelta_a$$

oder

$$B = -\frac{3\,\varDelta_a}{T_m}\left[\frac{1+\varrho-2\,\delta'}{\delta'} - \varepsilon\,\frac{1-\varrho}{\delta'}\right] = \sim -\frac{3\,\varDelta_a}{T_m}\left[\frac{1+\varrho-2\,\delta'}{\delta'}\right].$$

Der in A eingehende Ausdruck lautet umgeformt

$$\tau^2 - \tau + 1 = \tau\left(\tau + \frac{1}{\tau} - 1\right) = \tau\left[1 - 2\,\varepsilon + \frac{1}{1-2\,\varepsilon} - 1\right] = \sim \tau.$$

Daher entsteht nach Kürzen durch τ^2

$$A = \sim \frac{9\,\varDelta_a}{\delta'}\left\{(2\,\varrho+1)\tau - (4\,\varrho-1) + \frac{3\,\varrho}{\tau} - 3\,\delta'\,\frac{2\,\tau-1}{\tau}\right\}.$$

Führt man jetzt $\tau = 1 - 2\,\varepsilon,\ \frac{1}{\tau} = 1 + 2\,\varepsilon$ ein, so ergibt sich

$$A = \frac{9\,\varDelta_a}{\delta'}\{2 + \varrho - 3\,\delta' + \varepsilon(2\,\varrho-2)\}.$$

Hierin ist das mit ε proportionale Glied gegen das andere zu streichen, da ϱ nur wenig von 1 abweicht

$$A = \frac{9\,\varDelta_a}{\delta'}[2 + \varrho - 3\,\delta'].$$

Die Gleichung der Abweichung lautet endlich

$$\varDelta = K_1 \cdot e^{-\frac{t}{T_m}(1-\varepsilon)} + K_2 \cdot e^{-\frac{t}{T_m}(1+\varepsilon)} + (A + B\,t)\,e^{-\frac{2}{3}\frac{t}{T_m}}$$

oder

$$\varDelta = \left\{K_1 \cdot e^{\varepsilon\frac{t}{T_m}} + K_2 \cdot e^{-\varepsilon\frac{t}{T_m}}\right\} e^{-\frac{t}{T_m}} + (A + B\,t)\,e^{-\frac{2}{3}\frac{t}{T_m}}.$$

In diesem Ausdruck läßt sich die erste Klammer vereinfachen. Hierzu wollen wir die zwei Exponentialfunktionen in eine Reihe entwickeln.

Es ergibt sich

$$K_1 \cdot e^{\varepsilon \frac{t}{T_m}} = K_1 \left\{ 1 + \frac{\varepsilon t}{T_m} + \frac{1}{2!}\left(\frac{\varepsilon t}{T_m}\right)^2 + \frac{1}{3!}\left(\frac{\varepsilon t}{T_m}\right)^3 + \cdots \right\}$$

$$K_2 \cdot e^{-\varepsilon \frac{t}{T_m}} = K_2 \left\{ 1 - \frac{\varepsilon t}{T_m} + \frac{1}{2!}\left(\frac{\varepsilon t}{T_m}\right)^2 - \frac{1}{3!}\left(\frac{\varepsilon t}{T_m}\right)^3 + - \cdots \right\}$$

$$K_1 \cdot e^{\varepsilon \frac{t}{T_m}} + K_2 \cdot e^{-\varepsilon \frac{t}{T_m}} = (K_1 + K_2) + (K_1 - K_2)\frac{\varepsilon t}{T_m}$$

$$+ (K_1 + K_2) \cdot \frac{1}{2!}\left(\frac{\varepsilon t}{T_m}\right)^2 + (K_1 - K_2)\frac{1}{3!}\left(\frac{\varepsilon t}{T_m}\right)^3 + \cdots.$$

Wir wollen die Werte von $K_1 + K_2$ und $K_1 - K_2$ berechnen. Durch Einführung der eben gefundenen Näherungen für A und B in die Gl. (80) ergibt sich

$$K_1 + K_2 = \varrho \Delta_a - A = \left[\varrho - \frac{9}{\delta'}(2 + \varrho - 3\delta') \right] \Delta_a$$

oder

$$K_1 + K_2 = \left[(27 + \varrho) - \frac{18 + 9\varrho}{\delta'} \right] \Delta_a .$$

Andererseits findet man durch Subtraktion des Wertes K_2 von K_1

$$K_1 - K_2 = \left(\varrho + \frac{2\tau}{1 - \tau} \right) \Delta_a - \frac{A}{3}\frac{1 + \tau}{1 - \tau} - BT_p\frac{2\tau}{1 - \tau} ,$$

$$K_1 - K_2 = \varrho \Delta_a + \frac{1}{2\varepsilon} \left\{ 2(1 - 2\varepsilon)\Delta_a - \frac{A}{3}(2 - 2\varepsilon) - 2BT_p(1 - 2\varepsilon) \right\},$$

und mit Einführung der Werte von A und B

$$K_1 - K_2 = \frac{\Delta_a}{2\varepsilon}\left\{ 2 - \frac{6}{\delta'}(2 + \varrho - 3\delta') + \frac{6}{\delta'}(1 + \varrho - 2\delta') \right\} + \cdots.$$

Hierbei sind die weiteren Glieder vernachlässigt, da sie ε nicht enthalten.

Indem man weiterhin auch im Nenner die Glieder streicht, welche ε nicht enthalten, folgt

$$K_1 - K_2 = \frac{\Delta_a}{\varepsilon}\frac{4\delta' - 3}{\delta'} .$$

Es ist somit

$$K_1 e^{-\frac{\varepsilon t}{T_m}} + K_2 \cdot e^{\frac{\varepsilon t}{T_m}} = \left((27 + \varrho) - \frac{18 + 9\varrho}{\delta'} \right) + \frac{4\delta' - 3}{\delta'}\frac{t}{T_m} \Big) \Delta_a$$

$$+ (K_1 + K_2)\left[\frac{1}{2!}\left(\frac{\varepsilon t}{T_m}\right)^2 + \frac{1}{4!}\left(\frac{\varepsilon t}{T_m}\right)^4 + \cdots \right]$$

$$+ (K_1 - K_2)\left[\frac{1}{3!}\left(\frac{\varepsilon t}{T_m}\right)^3 + \frac{1}{5!}\left(\frac{\varepsilon t}{T_m}\right)^5 + \cdots \right].$$

In diesen beiden Reihen verschwinden alle Glieder, welche ε in höheren als der ersten Potenz enthalten, gegen das erste Glied. Da überdies für große Zeiten der Faktor $e^{-\frac{t}{T_m}}$ so schnell verklingt, daß die Größe der Reihenglieder keine Rolle spielt, strebt das Produkt gegen Null. Es gilt also angenähert für den Verlauf der Abweichung

$$\frac{\varDelta}{\varDelta_a} = \left\{\left(27 + \varrho - \frac{18 + 9\varrho}{\delta'}\right) + \frac{4\delta' - 3}{\delta'} \frac{t}{T_m}\right\} e^{-\frac{t}{T_m}}$$
$$+ \frac{9}{\delta'} \left\{2 + \varrho - 3\delta' - \frac{1 + \varrho - 2\delta'}{3} \frac{t}{T_m}\right\} e^{-\frac{2}{3}\frac{t}{T_m}}. \tag{82}$$

Im Ursprung des Regelvorganges ($\varDelta = 0$) gilt also

$$\text{für} \quad t = 0: \quad \varDelta = \varrho\varDelta_a; \quad \left(\frac{d\varDelta}{dt}\right) = (1 - \varrho)\frac{\varDelta_a}{T_m}.$$

Man bemerkt also, daß der **Anfangswert der Abweichung** mit der Grenzbedingung in Einklang steht, dagegen hat die **Ur**sprungstangente an die Regulierungskurve nicht genau den richtigen Wert, welcher gleich $(1 - \varrho)\dfrac{\varDelta_a}{T_p}$ sein müßte.

Dieses Ergebnis kommt also der Wahrheit um so näher, je näher das Verhältnis $\dfrac{2T_e}{T_p} = 1$ ist; in der Mehrzahl aller praktisch vorkommenden Fälle ist die Näherung hinreichend genau.

Die Abweichung zeigt hier, wie aus den vorangegangenen Untersuchungen hervorgeht, einige bemerkenswerte Eigenschaften. Ihr **Ver**lauf hängt in keiner Weise mehr von der spezifischen Lauf-zeit des Reglers ab. Die Regulierzeit, gemessen durch den Verlauf der Klemmenspannung, hängt also auch nicht mehr von der Reglerapparatur ab, wenn diese hinreichend schnell arbeitet. Man erkennt jetzt insbesondere, daß sogar zwei untereinander stark verschiedene Regler völlig identische Ergebnisse liefern können, wenn sie unter gleichen Rückführungsbedingungen auf die gleiche Maschine arbeiten. Die hieraus weiterhin zu folgernden Schlüsse sind bereits oben für den Fall der unmittelbaren Regelung angegeben worden (S. 71).

71. Untersuchung einiger Sonderfälle. Wir besprechen zunächst die Regelung einer Maschine ohne entmagnetisierende Ankerrückwirkung: $\varrho = 1$.

In diesem Fall nimmt die Abweichung die einfachere Form an

$$\frac{\varDelta}{\varDelta_a} = \left\{\left(28 - \frac{27}{\delta'}\right) + \left(4 - \frac{3}{\delta'}\right)\frac{t}{T_m}\right\} e^{-\frac{t}{T_m}} + \frac{1 - \delta'}{\delta'}\left(27 - \frac{6t}{T_m}\right)e^{-\frac{2}{3}\frac{t}{T_m}}.$$

Sie läßt sich insbesondere auf Gleichstrommaschinen mit Wende-polen übertragen, deren Bürsten in der neutralen Zone stehen.

Als weiteren Sonderfall untersuchen wir den Grenzfall einer verschwindend kleinen Zeitkonstante der Erregermaschine ($T_e = \sim 0$).

Bei der Betrachtung dieses Grenzfalles versagt Gl. (82), weil die Näherung dann unzulässig wird: T'_s ist nicht mehr gegen $2\,T_e$ zu streichen. Wir müssen deshalb zu der ursprünglichen Differentialgleichung (60) zurückkehren, in welcher wir $T_e = 0$ einsetzen. Diese Gleichung nimmt dann die Gestalt an

$$T_v \frac{d\varDelta}{dt} + \varDelta = -\gamma \cdot x\,,$$

in welcher wir die Maschinengleichung des Ausgleichvorganges im Falle der unmittelbaren Regelung wiedererkennen. Zusammen mit der Reglergleichung liefert sie uns die Bewegungsgleichung des Kontaktarmes und die Abweichung selbst. Wir gewinnen auf diesem Wege dieselben Ergebnisse wie bei der Untersuchung der unmittelbaren Regulierung.

Wenn also die Zeitkonstante der Erregermaschine außerordentlich klein gegen die Hauptfeldzeitkonstante des Wechselstromgenerators ist, verläuft der Reguliervorgang nach den Gesetzen der unmittelbaren Regelung. Wir werden auf dieses wichtige Ergebnis noch zurückkommen und es durch graphische Darstellung der Abweichung veranschaulichen.

72. Beziehung der Abweichung zu ihrem Anfangswert. Bezieht man die Abweichung auf den Anfangswert $\varDelta_z$, der bei konstantem Fluß zustande kommt, so lautet die Abweichungsgleichung

$$\frac{\varDelta}{\varDelta_z} = \left[\frac{27\,\delta' + \varrho\,\delta' - 18 - 9\,\varrho}{\varrho\,\delta'} + \frac{4\,\delta' - 3}{\varrho\,\delta'}\,\frac{t}{T_m}\right] e^{-\frac{t}{T_m}}$$
$$+ \frac{9}{\varrho\,\delta'}\left[(2 + \varrho - 3\,\delta') - \frac{1 + \varrho - 2\,\delta'}{3}\,\frac{t}{T_m}\right] e^{-\frac{2}{3}\frac{t}{T_m}}\,. \tag{83}$$

73. Graphische Darstellung der Ergebnisse. Indem man den Ausdruck (83) graphisch darstellt, erhält man die Kurven nach Abb. 28. Man bemerkt auch hier, daß die Verringerung der Dämpfung δ' die Regulierdauer vergrößert; jedenfalls ruft eine solche Maßnahme eine größere Schwankung der Abweichung hervor: Die Abweichung schlägt um so mehr nach negativen Werten über, je kleiner die Dämpfung ist. Der günstigste Wert ergibt sich etwa bei $\delta' = 0,6$.

Diese Regulierkurven unterscheiden sich erheblich von den entsprechenden Kurven der unmittelbaren Regelung. Zunächst ist die Regulierzeit viel größer. Während man bei der unmittelbaren Reglung als Regulierzeit etwa das Dreifache der Maschinenzeitkonstante erhält, findet man hier für die Regulierzeit etwa das Sieben- bis Achtfache der mittleren Zeitkonstante. Da weiterhin diese mittlere Zeitkonstante die Größenordnung der Zeitkonstante der Hauptmaschine besitzt, schließt man, daß die Regulierzeit der mittelbaren Regelung mehr als doppelt so groß als die der unmittelbaren Regelung ist. Sodann erkennt man, daß die maximale Abweichung hier das 1,5- bis 1,7fache der anfänglichen Abweichung $\varDelta_z$ bei konstantem Fluß erreichen kann. Obwohl diese Spitze immer noch recht beträchtlich ist, ist sie doch merklich

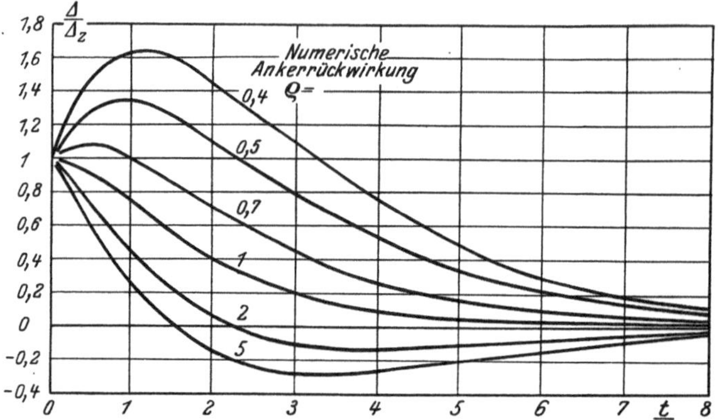

Abb. 28a. Regulierungskurven der mittelbaren Regelung für $\delta' = 1$.

kleiner als die der unmittelbaren Regelung, da z. B. bei $\varrho \pm 0,4$ die gesamte Abweichung der ungeregelten Maschine das 2,5fache von $\varDelta_z$ erreichen würde.

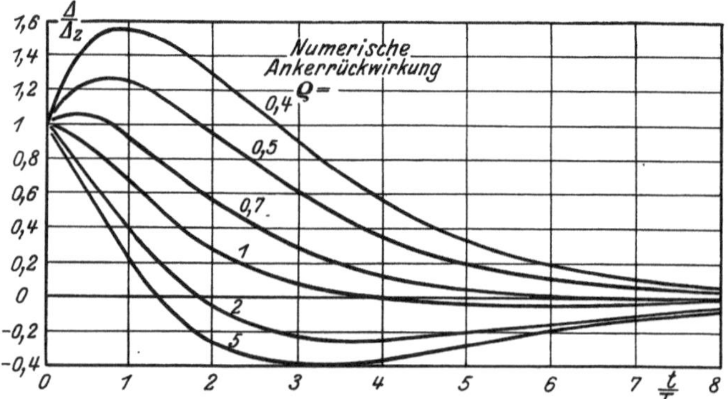

Abb. 28b. Regulierungskurven der mittelbaren Regelung für $\delta' = 0,8$.

Endlich kommen zu diesen ungünstigen Eigenschaften noch weitere Nachteile der mittelbaren Regelung, die von der oft sehr ungünstigen Gestalt der Leerlaufscharakteristik der Erregermaschine stammen (vgl. Kap. 8). Alle diese Nachteile sprechen zuungunsten der mittelbaren Regelung. Ihr einziger Vorteil ist wirtschaftlicher Art, da man nur eine kleinere Apparatur benötigt. Gelegentlich kann es vielleicht auch von Vorteil sein, daß man den Verbrauch an Erregerleistung mittels einer solchen Regelung bedeutend herabsetzen kann. Demgegenüber arbeitet aber, wie gesagt, die mittelbare Regelung nicht nur viel langsamer, sondern sie kann sogar unter Umständen

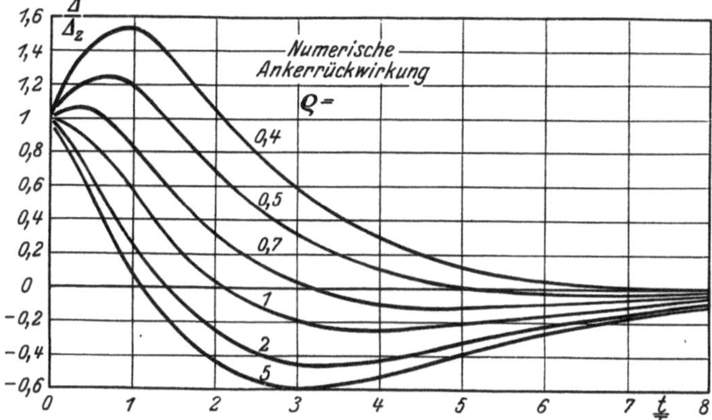

Abb. 28c. Regulierungskurven der mittelbaren Regelung für $\delta' = 0,6$.

gefährlich werden. Bei ihr besteht die Möglichkeit dauernder Schwingungen.

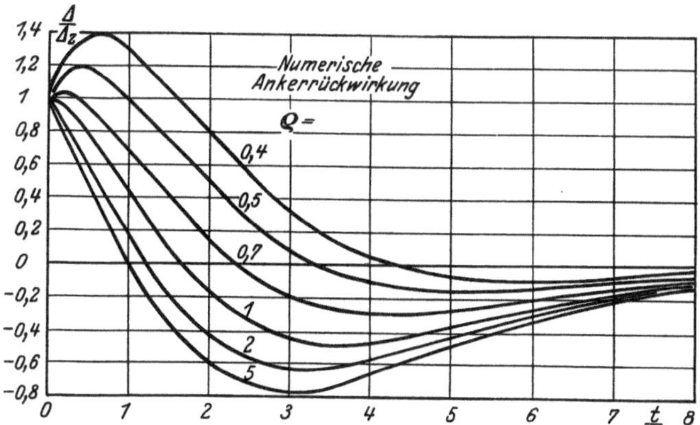

Abb. 28d. Regulierungskurven der mittelbaren Regelung für $\delta' = 0,5$.

Es ist indes relativ leicht möglich, diese Verhältnisse merklich zu verbessern, indem man der Erregermaschine eine außerordentlich kleine Zeitkonstante gibt. Hierzu genügt es, in ihren Feldkreis einen hinreichend großen Widerstand einzuschalten und sie fremd mittels einer hohen Spannung zu erregen, anstatt sie in der Selbsterregungsschaltung zu betreiben. Wir haben gezeigt, daß man hierdurch für die Abweichung die Gesetze der unmittelbaren Regelung wiederfindet, deren Vorzüge also ebenfalls wiedergewonnen sind.

74. Einfluß einer Drehzahländerung auf die mittelbare Regelung. Eine Drehzahländerung von kleinem Betrage beeinflußt die gefundenen Ergebnisse ebenso wie im Falle der unmittelbaren Regelung. Wir wollen uns infolgedessen an dieser Stelle nicht weiter damit beschäftigen. Es sei lediglich hervorgehoben, daß das Problem hier ein wenig komplizierter ist, je nachdem, ob die Erregermaschine auch den Drehzahländerungen des Wechselstromgenerators folgt oder nicht. Die Schlußweise bleibt im übrigen die gleiche wie früher (vgl. S. 78).

VII. Die Hauptfeldzeitkonstante.

75. Zusammenhang der Hauptfeldzeitkonstanten mit den Kenngrößen der Maschine. Die Formeln, die das Gesetz der Kontaktarmbewegung und das Verhalten der Spannungsabweichung ausdrücken, enthalten die Hauptfeldzeitkonstante, die dabei als unveränderlich vorausgesetzt wird. In Wirklichkeit ist dies nicht der Fall. Infolgedessen muß man einerseits die Folgen dieser Veränderlichkeit untersuchen; andererseits ist die Definition und Berechnung der Zeitkonstanten zu klären, die in unsere Formeln eingehen.

Wir wollen zuerst den Ankerstrom gleich Null setzen oder ihn als unveränderlich und ohne entmagnetisierende Ankerrückwirkung voraussetzen. Jede Veränderung der Klemmenspannung gleicht dann der Änderung der elektromotorischen Kraft im Anker, also auch, bei konstanter Drehzahl, der Änderung des Induktionsflusses; man beachte hierbei, daß verabredungsgemäß die Änderung in relativen Werten gemessen wird.

Der Induktionsfluß, der die Feldspulen durchsetzt, gleicht dem Ankerfluß, vermehrt um den Streufluß zwischen den Polen. Diese Vergrößerung läßt sich bekanntlich durch den Hopkinsonschen Streufaktor ν ausdrücken. Wir wollen weiterhin mit w die in Reihe geschaltete Windungszahl der Feldwicklung bezeichnen, ferner sei r der Widerstand der Feldwicklung, Φ der Nutzfluß im Anker, und u_e die Klemmenspannung der Erregerwicklung. Die Gleichung des Feldstromes lautet dann

$$w \cdot \nu \cdot \frac{d\Phi}{dt} + ir = u_e . \tag{84}$$

Da weiterhin von der Ankerrückwirkung abgesehen werden soll, ist der Fluß mit dem Erregerstrom durch die Gleichung verknüpft

$$w_1 i = R \cdot \Phi . \tag{85}$$

Darin bedeutet R den magnetischen Widerstand für den Nutzfluß Φ und w_1 die mit einem magnetischen Kreis verkettete

Windungszahl. Wir wollen uns erinnern, daß eine Ankerrückwirkung analytisch durch ein Zusatzglied zu berücksichtigen wäre, das dem Ankerstrom proportional ist (vgl. S. 54).

Durch Elimination von i aus diesen beiden Gleichungen entsteht

$$w \cdot v \cdot \frac{d\Phi}{dt} + \frac{R}{w_1} \cdot r \cdot \Phi = u_e .$$

Diese Beziehung verknüpft den Fluß Φ oder die ihm proportionale elektromotorische Kraft E im Anker mit der Klemmenspannung des Feldkreises. Diese Beziehung ist von der gleichen Gestalt wie die Gleichung des Erregerstromes, die wir schon kennen. Sie definiert die Zeitkonstante des Flusses, wenn wir schreiben

$$\frac{w_1 \cdot w \cdot v}{R r} \frac{d\Phi}{dt} + \Phi = \frac{u_e}{r} \cdot \frac{w_1}{R}$$

oder

$$\frac{w_1 w \cdot v}{R r} \frac{d\Phi}{dt} + \Phi = \Phi_s .$$

Darin ist Φ der stationäre Fluß, der der Erregerspannung u_e bei dem Feldwiderstande r entspricht. Um dies einzusehen, braucht man nur speziell den stationären Zustand zu betrachten. Der Differentialquotient verschwindet dann und man erhält

$$\Phi = \Phi_s = \frac{u_e}{r} \cdot \frac{w_1}{R} .$$

Indem man diese Gleichung mit dem Proportionalitätsfaktor multipliziert, der den Fluß mit der EMK verknüpft, findet man die Maschinengleichung des Ausgleichsvorganges wieder

$$\frac{w w_1 \cdot v}{R r} \frac{dE}{dt} + E = E_s .$$

Führt man hier den Wert der relativen Abweichung nach S. 40 ein, so wird

$$\Delta = \frac{E - E_n}{U_n} .$$

Da nun E_n und U_n Konstanten sind, gilt

$$\frac{w w_1 \cdot v}{R r} \frac{d\Delta}{dt} + \Delta = \Delta_s . \tag{86}$$

Die Zeitkonstante kann also hiernach definiert werden mittels

$$T = \frac{w \cdot w_1 \cdot v}{R r} .$$

Wir haben früher Gl. (86) aus der des Erregerstromes entwickelt, wobei wir annahmen, daß für den in Rede stehenden Bereich die Leerlaufscharakteristik als Gerade betrachtet werden könne. Diese Näherung findet sich hier wieder. Sie ist in der Abhängigkeit des magnetischen

Widerstandes R vom Erregerstrom enthalten. Man erkennt dies, indem man den Faktor m der Gl. (26) als Funktion des Erregerstromes oder — genauer genommen — der Stromdifferenz $i_e - i_f$ betrachtet. Durch Ableitung von Gl. (26) nach der Zeit ergibt sich nämlich

$$\frac{d\Delta}{dt} = \frac{m}{U_n} \cdot \frac{d(i_e - i_f)}{dt} + \frac{(i_e - i_f)}{U_n} \cdot \frac{dm}{d(i_e - i_f)} \cdot \frac{d(i_e - i_f)}{dt}$$
$$= \frac{m}{U_n} \frac{d(i_e - i_f)}{dt} \left[1 + \frac{i_e - i_f}{m} \frac{dm}{d(i_e - i_f)} \right]. \tag{87}$$

Faßt man diese Beziehung mit Gl. (29) in der Form zusammen:

$$\frac{L}{r} m \frac{d(i_e - i_f)}{dt} + (i_e - i_f)m = (i_e - i_f)m ,$$

so erhält man

$$\frac{L}{r\left[1 + \frac{i_e - i_f}{m} \frac{dm}{d(i_e - i_f)} \right]} \frac{d\Delta}{dt} + \Delta = \Delta_s . \tag{88}$$

Diese Beziehung hat in aller Strenge genau dieselbe Form wie die oben gefundene Gl. (84). Unsere Näherung läuft also darauf hinaus, daß man

$$\frac{dm}{d(i_e - i_f)} = 0$$

annimmt. Demgegenüber hat Gl. (86) den Vorzug, genau zu definieren, was man unter dem Begriff der Zeitkonstante zu verstehen hat. Dies ist in Gl. (24) nicht möglich, welche den Begriff der veränderlichen Feldselbstinduktion L enthält.

Der magnetische Widerstand R läßt sich aus der magnetischen Charakteristik der Maschine leicht finden. Sei Φ ein beliebig herausgegriffener Nutzfluß, i_s der zur Erzeugung von Φ notwendige Erregerstrom, so hat man

$$\Phi \cdot R = w_1 \cdot i_s .$$

Hieraus kann man R sofort ausrechnen und erhält die Zeitkonstante

$$T = \frac{w \cdot v}{r} \cdot \left(\frac{\Phi}{i_s} \right)_C .$$

Hierbei zeigt der Index (C) an, daß man die stationären Werte von Φ und i_s aus der Magnetisierungskennlinie abzugreifen hat.

Die somit definierte Zeitkonstante ist noch nicht vollständig. Wir haben sowohl die Ankerrückwirkung außer acht gelassen, wie auch die sekundären Ströme, die in den massiven Teilen der Pole entstehen. Es ist zweckmäßig, noch den Einfluß dieser Nebenerscheinungen zu untersuchen.

76. Einfluß der Wirbelströme in den Polschuhen auf die Zeitkonstante. Wenn sich der Hauptfluß zeitlich ändert, entstehen in den massiven Teilen des magnetischen Kreises Wirbelströme. Sie widersetzen sich der Flußänderung und ändern hierdurch den vorher gerechneten Wert der Zeitkonstante ab.

Wir wollen zur Vereinfachung annehmen, daß der ganze magnetische Kreis aus lamelliertem Eisen aufgebaut sei, so daß in ihm keine Wirbelströme auftreten können. Diese sekundären Ströme sollen vielmehr in einer gedachten Spule fließen, welche konzentrisch zur Feldspule aufgebracht und in sich kurzgeschlossen ist. Überdies möge diese Spule ebenso viele Windungen haben wie die Erregerspule. Es sei r_w der Widerstand dieser kurzgeschlossenen Spule. Wir vernachlässigen ihre Streuung, so daß sie vollständig mit der Feldspule verkettet ist.

Die Beziehungen zwischen der Klemmenspannung, der Erregerwicklung, den Strömen und dem Flusse lauten unter diesen Annahmen für die Feldspule

$$w \cdot v \frac{d\Phi}{dt} + ir = u_e$$

und für die kurzgeschlossene Spule

$$w \cdot v \cdot \frac{d\Phi}{dt} + i_w \cdot r_w = 0\,;$$

endlich gilt nach dem Durchflutungsgesetz

$$\Phi \cdot R = w_1 i + w_1 \cdot i_w\,.$$

Nach Elimination der beiden Ströme i und i_w ergibt sich also für den Fluß die Differentialgleichung

$$\frac{R \cdot r}{w_1} \cdot \Phi + w \cdot \frac{r_w + r}{r_w} \cdot v \cdot \frac{d\Phi}{dt} = u_e$$

oder analog der obigen Gleichung

$$\left[\frac{w \cdot w_1 \cdot v}{R \cdot r} \cdot \frac{r_w + r}{r_w}\right] \frac{d\Phi}{dt} + \Phi = \frac{u_e \cdot w_1}{R \cdot r} = \Phi_s\,.$$

Man erkennt hieraus, daß die Zeitkonstante mit Einschluß der Wirbelstromwirkung durch diesen Ausdruck gegeben ist:

$$T = \frac{w \cdot w_1 \cdot v}{R \cdot r} \cdot \frac{r_w + r}{r_w} = \frac{w \cdot v}{r} \cdot \left(\frac{\Phi}{i_s}\right)_C \cdot \frac{r_w + r}{r_w}\,. \tag{89}$$

Die Anwesenheit des gesamten in sich kurzgeschlossenen Stromkreises, der nach unseren Voraussetzungen die Wirbelströme führt, vergrößert also die Zeitkonstante der Maschine. Dieses Ergebnis gilt ebenso für jeden massiven Teil des magnetischen Kreises wie auch für alle sonstigen Maschinenteile, die mit Bezug auf den magnetischen Kreis Kurzschlußwindungen bilden. Insbesondere kann man also diese Ergebnisse übertragen auf die Dämpferwicklung, den metallischen Spulenkasten, die Befestigungsbolzen usw. Endlich spielt der Ankerkreis, sobald die Maschine eine entmagnetisierende Ankerrückwirkung aufweist, eine ähnliche Rolle, weil ja dann eine transformatorische Verkettung zwischen Anker und Feld wirksam ist. Indes ist hierbei die Verkettung in Wirklichkeit komplizierter, weil die Verbraucher gegenelektromotorische Kräfte entwickeln können und das Netz eine zusätzliche Impedanz aufweist. Da wir stets angenommen haben, daß der Ankerstrom während des Reguliervorganges konstant bleibt, so bedeutet dies, daß die Anwesenheit des Ankers keinen Einfluß auf die Zeitkonstante hat. Es genügt infolgedessen zu beachten, daß dieser Einfluß tatsächlich vorhanden ist, im allgemeinen aber nur sehr kleine Wirkungen ausüben kann.

Die Bestimmung des gleichwertigen Wirbelstromwiderstandes r_w ist einfach, sobald der induzierte Kreis genau definiert ist. Für einen metallischen Spulenkasten z. B. ist r_w genau der Widerstand dieses induzierten Stromkreises, als Kurzschlußwindung aufgefaßt. Diesen Widerstand hat man natürlich auf die Windungszahl der Feldwicklung umzurechnen, wie es aus der Behandlung der Transformatoren wohl bekannt ist.

Falls die Wirbelströme in den massiven Teilen des Feldsystems fließen, ist die Rechnung allerdings schwieriger, da hier der Sitz und die Verteilung der Wirbelströme von vornherein nicht bekannt sind. Im allgemeinen genügt es indessen, das Verhältnis $\dfrac{r_w + r}{r_w}$ durch Vergleich mit den bekannten Werten irgendwelcher Maschinen abzuschätzen. Denn infolge des hohen spezifischen Widerstandes des Eisens weicht dieses Verhältnis nicht stark von 1,1 ab. Wir werden später zeigen, wie man dieses Verhältnis durch den Versuch bestimmen kann; im übrigen verweisen wir auf R. Rüdenberg[1].

77. Der Mittelwert der Zeitkonstanten. Da die Zeit „konstante" grundsätzlich veränderlich ist, müssen wir in unsere Formeln einen gewissen Mittelwert einführen. Allerdings begehen wir hierdurch einen Fehler; durch eine geeignete Wahl dieses Mittelwertes kann aber der hierdurch entstehende Fehler sehr klein gemacht werden, so daß er wenig oder gar keinen Einfluß auf die hauptsächlich interessierenden Größen hat. Insbesondere werden wir die Regulierzeit sowie die Größe und Schwankung der Spannungsabweichung annähernd richtig erhalten. Für den Versuch entsteht hieraus die Forderung, den begangenen Fehler anzugeben und hieraus den Rechnungsgang zu rechtfertigen.

In dem allgemeinen Ausdruck der Zeitkonstanten nach Gl. (89)

$$T = \frac{w_1 \cdot w \cdot v}{R \cdot r} \cdot \frac{r_w + r}{r_w}$$

sind nun insbesondere zwei Größen veränderlich: der magnetische Widerstand R und der elektrische Widerstand r des Feld-

---

[1] Elektrische Schaltvorgänge, Kap. II, § 11. Berlin: Julius Springer 1926.

kreises. Wir behandeln zuerst den Fall der unmittelbaren Regelung.

Allgemein ändert sich der Induktionsfluß zwischen bekannten und
hinreichend beschränkten Grenzen. Man kann hieraus die äußersten
Werte des magnetischen Widerstandes unter Benutzung der Magnetisierungskennlinie ableiten. Die Erfahrung zeigt, daß die Differenz
zwischen den beiden Extremalwerten niemals sehr beträchtlich ist, so
daß der arithmetische Mittelwert mit dem während des Regelvorganges
häufigst benutzten Wert übereinstimmt. Wir wollen infolgedessen mit
diesem Werte rechnen, indem wir setzen: mittlerer magnetischer Widerstand = arithmetischer Mittelwert der Extremalwerte.

Bei der unmittelbaren Regelung ändert sich der Widerstand r des
Feldkreises gleichzeitig mit der Stellung des Kontaktarmes. Auch hier
ist indessen der Regelbereich so klein, daß man das arithmetische Mittel
der Extremalwerte für die Rechnung benutzen darf, indem man setzt

$$r = \tfrac{1}{2}(r_{\mathrm{max}} + r_{\mathrm{min}}).$$

Etwas verwickelter liegen die Verhältnisse bei der mittelbaren
Regelung. Für die Hauptfeldzeitkonstante des Wechselstromgenerators kann der mittlere magnetische Widerstand nach den vorstehend genannten Überlegungen als arithmetisches Mittel der Extremalwerte bestimmt werden; dabei ist der Widerstand r konstant
und bekannt.

Dagegen gelten andere Überlegungen für die Hauptfeldzeitkonstante
der Erregermaschine. Wird sie mit konstanter Drehzahl betrieben, so
gleicht die Klemmenspannung merklich der EMK des Ankers, sie ist
also dem Induktionsfluß proportional. Da das Produkt des Feldstromes
der Erregermaschine mit dem Feldwiderstand r_e im stationären Zustand mit der Klemmenspannung im Gleichgewicht steht, so ist es
proportional mit dem Hauptfluß Φ; das Produkt Rr_e, des magnetischen
Widerstandes mit dem elektrischen Feldwiderstand, das im Nenner
des allgemeinen Ausdruckes der Zeitkonstante auftritt, wird also

$$R \cdot r_e = \mathrm{const} \cdot \frac{r_e \cdot i_s}{\Phi} = \mathrm{const} \cdot \frac{\Phi}{\Phi} = \mathrm{const},$$

sobald die beiden Größen i_e und r_e stationär sind. Da nun die Augenblickswerte während des Reguliervorganges sich nur wenig von den
stationären Werten unterscheiden, kann man den Bruch $\dfrac{r_s \cdot i_e}{\Phi}$ und also
die Zeitkonstante der Erregermaschine als einheitliche Kon-
stante im ganzen Regelbereich betrachten. Man braucht sie also lediglich für irgendeinen Arbeitspunkt zu bestimmen, den man zweckmäßig
im Arbeitsbereich der selbsttätigen Regulierung wählt.

In diese Zeitkonstante geht außerdem der Bruch $\dfrac{r_e + r_w}{r_w}$ ein, der mit dem Mittelwert des Feldwiderstandes zu rechnen ist, welcher vom selbsttätigen Regler eingestellt wird. Außerdem ist diese Zeitkonstante noch mit einem Faktor umzurechnen, der von der Gestalt der Magnetisierungskennlinie abhängt. Man vergleiche hierzu Kap. VIII.

Der Streukoeffizient v kann nach bekannten Verfahren berechnet werden, mit denen wir uns hier nicht beschäftigen. Wir werden jedoch später zeigen, wie er durch den Versuch bestimmt werden kann. Bekanntlich liegt er größenordnungsmäßig in der Nähe von 1,2.

Wenn das Feldsystem weder einen Spulenkasten noch Bandagen noch irgendein Organ besitzt, das die Rolle einer Kurzschlußwindung übernehmen kann, rührt der Wirbelstromkorrekturfaktor nur von den massiven Teilen des Systemes her. Man kann ihn, wie oben erwähnt, im Mittel abschätzen durch

$$\frac{r_w + r}{r_w} = \sim 1,1 .$$

Im entgegengesetzten Fall muß man hierzu noch den Posten hinzuzählen, der von den Widerständen der induzierten Kurzschlußkreise herrührt, wie oben erläutert wurde (S. 110).

78. Annäherungswerte für die Zeitkonstante einer Maschine bei gegebenen Abmessungen. Wir wollen endlich den Wert der Zeitkonstanten für eine bestimmte Maschine aus ihren Abmessungen zu berechnen suchen. Als Eigenzeitkonstante definieren wir dabei die Zeitkonstante, die für die Feldspulen selbst berechnet werden kann, wobei also von den zusätzlichen äußeren Widerständen im Feldkreis ausdrücklich abgesehen wird.

Wir gehen hierbei aus von der Gl. (89)

$$T_i = \frac{v \cdot w}{r_i} \cdot \frac{r_w + r_i}{r_w} \cdot \left(\frac{\Phi}{i_s}\right)_C .$$

Es sei nun

l_e = mittlere Länge einer Windung der Feldspulen,

s = Querschnitt des Kupferdrahtes,

r_i = Widerstand sämtlicher Erregerspulen,

ϱ = spezifischer Widerstand des Kupfers.

Die Formel für die Zeitkonstante kann dann umgeformt werden in

$$T_i = w \cdot v \cdot \frac{r_w + r_i}{r_w} \cdot \left(\frac{\Phi}{i_s}\right)_C \cdot \frac{s}{w \cdot l_e \cdot \varrho} = v \, \frac{r_w + r_i}{r_w} \cdot \frac{l_i \cdot D}{p} \cdot \frac{H_m}{\sigma_e \cdot l_e \cdot \varrho} . \quad (90)$$

Hierin sind noch folgende Bezeichnungen benutzt:

H_m = maximales Magnetfeld im Luftspalt,

l_i = Länge des Feldkreises,

D = Durchmesser des Feldkreises,

λ = Strombelag,

σ_e = Erregerstromdichte, bezogen auf Leerlaufserregung,

p = Polpaarzahl,

f_1 = Wicklungsfaktor,

f = Frequenz.

Die Richtleistung der Maschine, welche als Mehrphasenmaschine vorausgesetzt wird, ist dann

$$N = \frac{\pi^2}{\sqrt{2}} \cdot f \cdot H_m \cdot \lambda \cdot \frac{l_i D^2}{p} \cdot f_1 \,. \tag{91}$$

Im allgemeinen ist das Verhältnis zwischen dem Durchmesser D und der Länge des Feldkörpers l_i gleich p. Mit Hilfe dieser Beziehung findet man aus (90) und (91) durch Elimination von D

$$T_i = \nu \cdot \frac{r_w + r_i}{r_w} \cdot \frac{l_i}{l_e \cdot \varrho \cdot \sigma_e} \cdot \sqrt[3]{\frac{N \cdot H_m^2 \cdot \sqrt{2}}{p^2 \cdot \dfrac{f}{p} \cdot \lambda \cdot f_1 \cdot \pi^2}} \,.$$

Das Verhältnis $\dfrac{l_i}{l_e}$ der Länge des Feldkörpers zur mittleren Windungslänge der Feldspulen besitzt die Größenordnung $\frac{1}{5}$. Endlich findet man, wenn man die Richtleistung in kVA ausdrückt und den Quotienten

$$60 \cdot \frac{f}{p} = n; \quad \frac{N}{n} \cdot 1000 = N_{1000} = \text{Richtleistung bei tausend Umläufen}$$
$$\text{pro Minute}$$

einführt

$$T_i = \nu \cdot \frac{r_w + r_i}{r_w} \cdot \frac{1}{5 \cdot \varrho \cdot \sigma_e} \cdot \sqrt[3]{\frac{H_m^2 \cdot 60 \cdot 4 \cdot \sqrt{2} \cdot 10^{10}}{\pi^2 \cdot \lambda \cdot f_1}} \cdot \sqrt[3]{\frac{N}{n \, (2\,p)^2}}$$

oder

$$T_i = K \cdot \sqrt[3]{\frac{N_{1000}}{(2\,p)^2}} \ \text{sec} \,. \tag{92}$$

Wir wollen die Größenordnung des Faktors K abschätzen.

Als üblichen Wert des maximalen Luftspaltfeldes setzen wir ein $H_m = 8500$ Gauß. Ferner benutzen wir die Werte: Spezifischer Widerstand des warmen Kupfers $\varrho = 0{,}021 \cdot 10^5$ cgs.

Stromdichte in der Feldwicklung bei Leerlaufserregung:

$$\sigma_e = 120 \ \text{Amp/cm}^2 \,,$$

Strombelag

$$\lambda = 250 \ \text{Amp/cm} \,,$$

Wirbelstromfaktor

$$\frac{r_w + r_i}{r_w} = 1{,}1\,,$$

Streukoeffizient

$$\nu = 1{,}2,$$

Wicklungsfaktor für Drehstrommaschinen

$$f_1 = 0{,}95\,.$$

Es ergibt sich dann in runden Zahlen für **Mehrphasen- und Gleich-strommaschinen** $K = 1{,}0$; für **Einphasengeneratoren** $K = 1{,}2$.

Bei der Berechnung des Faktors K für Einphasengeneratoren hat man zu beachten, daß nur zwei Drittel des Ankerumfanges bewickelt sind; mit dem entsprechend kleineren Wicklungsfaktor von 0,825 (an Stelle von 0,95) erhält man dann den oben genannten Wert $K = 1{,}2$.

Die hier gefundene Beziehung zeigt, daß im wesentlichen bereits die spezifische Richtleistung N_{1000} und die Polzahl $2p$ die Zeitkonstante bestimmen; alle übrigen hierfür maßgebenden Größen schwanken nicht sehr stark von Maschine zu Maschine, und diese Schwankungen heben sich teilweise gegeneinander auf. **Man kann also durch konstruktive Maßnahmen die Zeitkonstante der Maschine praktisch nicht beeinflussen.**

Die wirksame Zeitkonstante des gesamten Feldkreises, die in die Reguliergleichungen eingeht, kann hiernach nur durch Anordnung äußerer, induktionsfreier Widerstände willkürlich verändert werden (vgl. S. 105).

Diese wirksame Zeitkonstante ergibt sich aus der Eigenzeitkonstante der Maschine durch Umrechnung im Verhältnis des Eigenwiderstandes zum Gesamtwiderstand. Ist also r' der äußere Zusatzwiderstand, so gilt

$$T = T_i \frac{r_i}{r_i + r'}\,.$$

Hierbei ist die unbedeutende Änderung dieses Widerstandsverhältnisses durch die Wirbelströme vernachlässigt.

Der Wert des Faktors K kann an Hand statistischer Angaben geprüft werden. Wir führen einige Beispiele an:

Einphasengenerator 13500 kVA, $n = 333\ \mathrm{min^{-1}}$; 6 Pole. Zeitkonstante berechnet ($K = 1{,}2$): $T = 12{,}5''$, gemessen $13{,}1''$.

Drehstromgenerator 7000 kVA, $n = 83{,}3\ \mathrm{min^{-1}}$, 72 Pole. Zeitkonstante berechnet ($K = 1$): $T = 2{,}52''$, gemessen $2{,}5''$.

Gleichstrommaschine 20 kW, $n = 1450\ \mathrm{min^{-1}}$, 4 Pole. Zeitkonstante berechnet ($K = 1$): $T = 0{,}93''$, gemessen $0{,}80''$.

VIII. Die wirksame Hauptfeldzeitkonstante der Erregermaschine.

79. Der Formfaktor der Magnetisierungskennlinie. Die mittlere Zeitkonstante der Erregermaschine läßt sich, wie wir gezeigt haben, aus einem beliebigen Werte des Flusses und des entsprechenden Feldwiderstandes im Arbeitsbereich des selbsttätigen Reglers berechnen.

Indessen muß die so gefundene Zeitkonstante mit einem Formfaktor folgender Bedeutung umgerechnet werden. Bei der Aufstellung der Regulierungsgleichung haben wir die Leerlaufscharakteristik der Erregermaschine durch eine Parabel mit dem Scheitel im Ursprung angenähert. Betrachten wir nun irgendeinen Augenblickswert des Feldstromes bei einem Feldwiderstande r_e, so sind Strom und Klemmenspannung durch die Differentialgleichung (84) verknüpft (S. 106)

$$v \cdot w \cdot \frac{d\Phi}{dt} + i_e r_e = u_e.$$

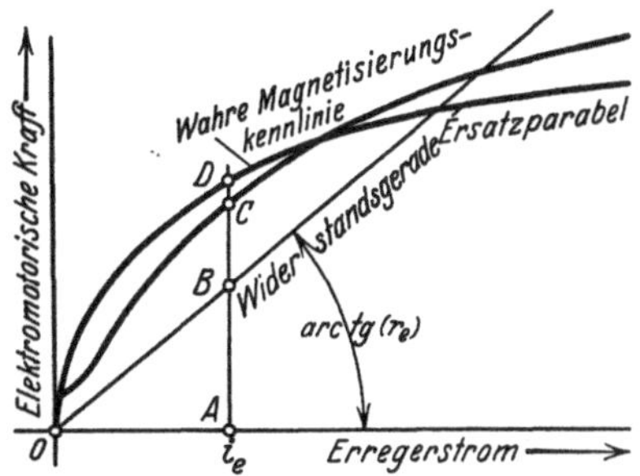

Abb. 29. Spannungsbilanz der Erregermaschine.

Wir deuten diese Gleichung an Hand der Abb. 29. Hier ist OA der Augenblickswert des Erregerstromes, $AB = i_e r_e$ der Ohmsche Spannungsabfall im Feldkreise; weiter ist $AC = u_e$ die elektromotorische Kraft, die merklich der Bürstenspannung gleicht, und endlich $BC = vw\dfrac{d\Phi}{dt}$ die elektromotorische Kraft, die bei der Schwankung des Feldstromes durch die entsprechende Flußänderung in der Feldwicklung induziert wird.

Indem nun die wahre Magnetisierungskennlinie durch eine Parabel ersetzt wird, erhalten wir an Stelle von $vw\dfrac{d\Phi}{dt}$ den zu großen Wert DB. Infolgedessen rechnen wir auch mit einer zu hohen Änderungsgeschwindigkeit des Stromes, die eine zu kurze Regulierzeit vortäuscht. Zur Beseitigung dieses Fehlers müssen wir den Verkettungsfaktor der Flußschwankung im Verhältnis $\dfrac{DB}{CB}$ auf $vw\left(\dfrac{DB}{CB}\right)$ umrechnen.

Die Umrechnungszahl hängt, wie aus ihrer Definition hervorgeht, vom Augenblickswert der Erregung und vom Feldwiderstand r_e ab. Wir finden einen geeigneten Mittelwert dieses Formfaktors durch genau die gleichen Überlegungen, die zum Begriff der mittleren Zeitkonstanten geführt haben, indem wir das oben angegebene Streckenverhältnis über den Regulierbereich mitteln.

8*

Wir legen die Ersatzparabel der Magnetisierungskennlinie durch den Schnittpunkt M der mittleren Widerstandsgeraden mit der Magnetisierungskennlinie nach Abb. 30. Nunmehr werten wir das Verhältnis $\dfrac{DB}{CB}$ als Funktion des Erregerstromes i im Bereiche $i_1 < i < i_2$ aus. Der Mittelwert dieses Verhältnisses

$$f_e = \frac{1}{i_2 - i_1} \cdot \int\limits_{i_1}^{i_2} \left(\frac{DB}{CB}\right) di$$

definiert dann den mittleren Formfaktor.

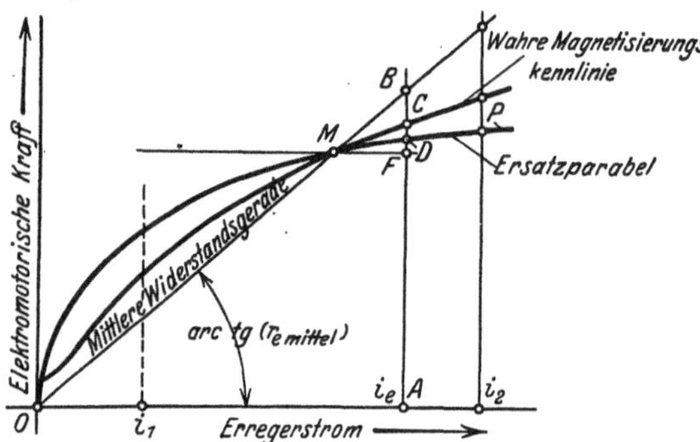

Abb. 30. Ersatz der Magnetisierungskennlinie durch eine Parabel.

Gelegentlich ist der Feldwiderstand der Erregermaschine so bemessen, daß man die Maschine vollständig entregen kann; dann gilt $i_1 = 0$. Man hat zu beachten, daß im allgemeinen $\dfrac{DB}{CB}$ mit fallendem Erregerstrom zunimmt; dagegen verschwindet $\dfrac{DB}{CB}$ für $i = 0$. Diese Erscheinung rührt daher, daß die wahre Magnetisierungskennlinie die Ordinatenachse immer ein wenig oberhalb des Nullpunktes schneidet, da ja stets ein remanenter Magnetismus vorhanden sein muß. Im allgemeinen verläuft $\dfrac{DB}{CB}$ im Hauptarbeitsbereiche des selbsttätigen Reglers nach Abb. 30 einigermaßen gleichmäßig.

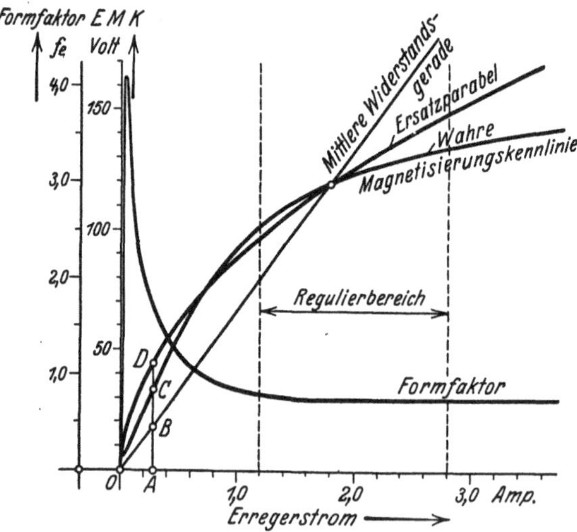

Abb. 31. Verlauf des Formfaktors im Regulierbereich.

Da der Erregerstrom sich zwischen i_1 und i_2 ändert und gleichzeitig der Widerstand r_e zwischen seinem Höchstwert und seinem Mindestwert reguliert wird, befinden sich beide Größen stets in der Umgebung ihrer stationären Werte; die Rechnung mit dem Mittelwerte ist hierdurch gerechtfertigt.

Der Mittelwert kann jedenfalls graphisch an Hand der in Abb. 31 gezeichneten Kurve für $\frac{DB}{CB}$ bestimmt werden, indem man die von ihr und der Abszissenachse umgrenzte Fläche zwischen den Grenzen i_1 und i_2 berechnet; wir werden jedoch sogleich einen weit schnelleren Weg zur Auswertung dieses mittleren Formfaktors kennenlernen.

80. Die Stabilität einer Erregermaschine. Bekanntlich ist der stationäre Zustand eines leerlaufenden Nebenschlußgenerators durch den Schnitt seiner Leerlaufskennlinie mit der Widerstandsgeraden bestimmt. Die Neigung dieser Widerstandsgeraden gegen die Abszissenachse gleicht dem Feldwiderstande. Wenn die Maschine mit Wendepolen ausgerüstet ist, so daß die entmagnetisierende Ankerrückwirkung verschwindet, und wenn man den Ohmschen Spannungsabfall im Anker vernachlässigen darf, ergibt sich die Klemmenspannung durch die gleiche Konstruktion.

Man versteht nun unter der numerischen Stabilität s der Erregermaschine im betrachteten Zustande das Verhältnis zwischen der Neigung der Widerstandsgeraden zur Neigung der Leerlaufskennlinie im Arbeitspunkte. Mit den Bezeichnungen der Abb. 30 ist also

$$s = \frac{E}{i_e} \cdot \frac{di_e}{dE} \, . \tag{93}$$

Dieser Begriff der numerischen Stabilität erfaßt zahlenmäßig die Unempfindlichkeit der Erregermaschine gegen Störungen, die die Klemmenspannung beeinflussen können, wie etwa Drehzahlschwankungen, Widerstandszunahme durch Erwärmung, Hysteresis im aktiven Eisen; alle diese Vorgänge wirken zunächst auf den Feldkreis der Erregermaschine zurück und beeinflussen hierdurch in zweiter Linie die Arbeitsweise des Wechselstromgenerators. Je größer die numerische Stabilität ist, desto weniger können diese störenden Vorgänge sich auswirken, desto besser arbeitet also die Erregermaschine.

Eine Maschine mit konstanter numerischer Stabilität besitzt nun eine parabolische Magnetisierungskennlinie. Denn die Definitionsgleichung (93) läßt sich sogleich integrieren und ergibt

$$\frac{dE}{E} = \frac{1}{s} \cdot \frac{di_e}{i_e}; \quad E^s = \text{const } i_e \, .$$

Eine gut gebaute Erregermaschine soll in ihrem normalen Arbeitsbereiche eine numerische Stabilität in der Größenordnung von 1,5 bis 2 aufweisen. Man kann diese wichtige Zahl natürlich aus dem Diagramm der Magnetisierungscharakteristik samt der Widerstandsgeraden unmittelbar auswerten. Es ist indessen weit zweckmäßiger, die Kennlinie im logarithmischen Maßstab zu übertragen; hieraus läßt sich das Stabilitätsverhalten für alle Arbeitspunkte leicht ablesen.

Wir wollen hierzu eine Kennlinie mit konstanter numerischer Stabilität betrachten; sei $E^s = C \cdot i_e$ ihre Gleichung. Durch Logarithmierung folgt

$$s \cdot \log E = \log C + \log i_e .$$

Bezeichnet μ den Logarithmus 10 und setzt man

$$\mu \log E = y; \quad \mu \log i_e = x; \quad \mu \log C = c ,$$

so erhält man einfacher

$$sy = x + c$$

oder

$$y = \frac{1}{s} \cdot x + \frac{c}{s} . \tag{94}$$

Diese Gleichung stellt eine Gerade dar, deren Neigung gleich dem Kehrwerte der numerischen Stabilität $\frac{1}{s}$ ist.

Man erkennt hieraus rückwärts, daß irgendeine Charakteristik in logarithmischer Darstellung nur dann eine Gerade ergibt, wenn ihre numerische Stabilität konstant ist. Man kann also für jeden Betriebspunkt diese numerische Stabilität als Kehrwert der Neigung der umgezeichneten Kennlinie abgreifen. Dieses Verfahren läßt z. B. leicht die Arbeitsbereiche hervortreten, in denen die numerische Stabilität unzureichend ist.

81. Beziehungen zwischen dem Formfaktor und der numerischen Stabilität. Eine einfache Beziehung verknüpft den Formfaktor mit der numerischen Stabilität. Wir wollen hierzu in Abb. 30 die Umgebung des Schnittpunktes M der Leerlaufscharakteristik mit der mittleren Widerstandsgeraden untersuchen; es sei P die Parabel, welche durch M hindurchläuft. In der Umgebung des Punktes M können die Punkte D und C auf den Kurventangenten in M angenommen werden. Hieraus geht hervor, daß in der Umgebung von M sich der Formfaktor nicht ändert. In den unendlich kleinen Dreiecken MDC und MCB gilt nun

$$f_e = \frac{DB}{CB} = \frac{FB - FD}{FB - FC} = \frac{1 - \dfrac{FD}{FB}}{1 - \dfrac{FC}{FB}} .$$

Hierbei ist mit F der Schnittpunkt der Ordinate AB mit der durch M zur Abszissenachse gezogenen Parallelen bezeichnet. Weiterhin ist $\dfrac{FD}{FB}$ das Verhältnis der Neigungstangenten an die Parabel und an die Widerstandsgerade in M, also die numerische Stabilität der Parabel, die gleich 2 ist; ebenso ist $\dfrac{FC}{FB}$ die wahre numerische Stabilität der Erregermaschine selbst; daher gilt

$$f_e = \frac{1 - \dfrac{1}{2}}{1 - \dfrac{1}{s}} = \frac{s}{2\,(s-1)}\,. \tag{95}$$

Dieser Wert des Formfaktors kann als Mittelwert angesehen werden, wenn M in der Mitte des vom selbsttätigen Regler überstrichenen Arbeitsbereiches liegt. Die Erregerströme und -widerstände dürften sich im allgemeinen in der Umgebung von M befinden. Denn die äußersten Grenzwerte sind um so kürzere Zeit wirksam, je weiter sie vom Mittelwert entfernt liegen.

Man beachte endlich, daß der Formfaktor ebenso wie die Bewegungsgleichung des Kontaktarmes und die Abweichungsgleichung den Parameter der Parabel nicht enthält. Man erkennt hieraus, daß die Lage des Punktes M als definierender Punkt für den Verlauf der Parabel keinen unmittelbaren Einfluß auf den Formfaktor hat; dieser hängt vielmehr nur von der numerischen Stabilität der Erregermaschine im betrachteten Bereiche ab.

82. Berechnung der wirksamen Zeitkonstante der Erregermaschine. Die Zeitkonstante der Erregermaschine, die in die Gleichungen der Kontaktarmbewegung und der Abweichung einzuführen ist, lautet also

$$T_e = f_e \cdot T_e'\,. \tag{96}$$

Hierin ist T_e' nach S. 111 als bekannt anzusehen, und f_e bedeutet den soeben bestimmten Formfaktor.

Wenn die Charakteristik schwach gekrümmt ist, also sich einer Geraden anschmiegt, weicht die numerische Stabilität nur wenig von Eins ab. Die wirksame Zeitkonstante T_e der Erregermaschine kann dann sehr große Werte annehmen, die unter Umständen sogar noch die Zeitkonstante der Hauptmaschine übertreffen. Die Regulierzeit wird hierdurch erheblich verlängert.

Dieser Schluß wird durch die Erfahrung bestätigt. Man weiß, daß häufig die Spannung eines Wechselstromgenerators der von Hand vorgenommenen Regulierung des Erregerwiderstandes außerordentlich langsam folgt. Dieser Fehler rührt meist von einer zu großen wirksamen Zeitkonstanten her, also letzthin von einer ungünstigen Charakteristik. Man stattet deshalb gelegentlich die Erregermaschinen mit besonderen magnetischen Eigenschaften aus: abgestufte magnetische Sättigung in den einzelnen Teilen des Feldsystems, geeignete Dimensionierung, Verwendung besonderer Eisensorten usw. Dennoch müssen viele Erregermaschinen von diesem Gesichtspunkt aus als schlecht bezeichnet werden.

Diese Schwierigkeiten weisen erneut darauf hin, die unmittelbare Regulierung vorzugsweise anzuwenden. Wie oben gezeigt, kann man gleichwertig entweder auf den Feldwiderstand des Wechselstromgenerators unmittelbar einwirken oder mit Fremderregung der Erregermaschine arbeiten, nachdem man ihre Zeitkonstante durch Vorschaltung hinreichend großer Widerstände auf einen kleinen Wert herabgedrückt hat. Man steigert hierdurch nicht nur die Reguliergeschwindigkeit, sondern man verbessert auch den Parallellauf mehrerer Wechselstromgeneratoren; die Stabilität ist größer, die Ausgleichsströme als Folge ungleichmäßiger Erregung werden herabgesetzt, die Gefahr vollständiger Selbstentregung eines Generators wird vermieden oder wenigstens vermindert. Unser früheres Urteil über die verschiedenen Regulierungsarten wird hierdurch noch unterstrichen.

83. Einfluß der Hysteresis auf die Regulierungsvorgänge. Da die Verwendung von Stahlguß für die Pole der Erregermaschine kräftige Hystereseerscheinungen veranlaßt, müssen wir den Einfluß dieser Vorgänge auf die früheren Ergebnisse untersuchen.

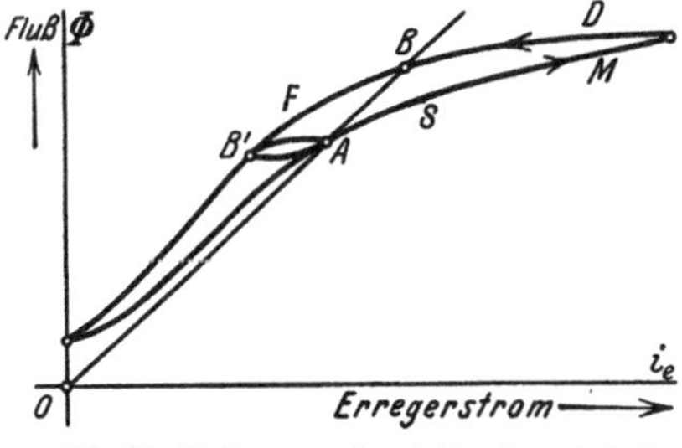

Abb. 32. Verlagerung des stationären Arbeitspunktes infolge der Hysterese.

Bekanntlich erhält man für stets von Null an steigenden Erregerstrom andere Werte des Induktionsflusses als bei allmählich fortschreitender Entregung vom höchsten Erregerstrome aus; diese Verhältnisse übertragen sich bei konstanter Drehzahl auf das Verhalten der elektromotorischen Kraft. Der Induktionsfluß durchläuft eine geschlossene Schleife, deren Umkehrpunkte durch die äußersten Werte des Erregerstromes gegeben sind.

Wenn man, vom Erregerstrom Null ausgehend, die Erregung plötzlich so hoch steigert, daß überall im magnetischen Kreis das Eisen gesättigt ist, und sodann wieder vollständig entregt, so erhält man die „Grenz"schleife; sie umschließt alle Schleifen für kleinere Erregungsänderungen. Seien S und F die beiden „Grenz"charakteristiken der Grenzschleife, so wird die erste (S) bei steigender, die andere (F) bei fallender Erregung nach Abb. 32 durchlaufen.

Es möge jetzt A den Schnittpunkt der Widerstandsgeraden mit der „steigenden" Kennlinie S, ebenso B den Schnittpunkt der gleichen Widerstandsgeraden mit der „fallenden" Kennlinie F bezeichnen. Man erhält also für ein und denselben Erregerwiderstand, gegeben durch die Steigung der Widerstandsgeraden gegen die Abszissenachse, zwei verschiedene Flußwerte, also auch zwei verschiedene Werte der Klemmenspannung der Erregermaschine sowohl wie der Klemmenspannung des Wechselstromgenerators. Man bemerkt übrigens, daß diese beiden

Werte um so mehr voneinander abweichen, je kleiner der Schnitt-
winkel der Widerstandsgeraden mit den Charakteristiken ist, je näher
an Eins also die numerische Stabilität der Maschine liegt. ·

Der Wechselstromgenerator zeigt nun in seinem eigenen Feldsystem
genau die gleichen Erscheinungen. Es folgt hieraus, daß die Abhängigkeit der Leerlaufsspannung des
Wechselstromgenerators von
der Stellung des Kontaktarmes
nicht durch einen eindeutigen
Kurvenzug dargestellt wird,
sondern durch eine geschlossene Schleife. Der Unterschied
zwischen der „steigenden" und
der „fallenden" Kennlinie kann
beträchtlich sein. Ein Beispiel
hierfür ist Abb. 33, die den Verlauf der Leerlaufsspannung als
Funktion der Stellung des Kontaktarmes für einen neuzeitlichen 7000 kVA-Generator zeigt.

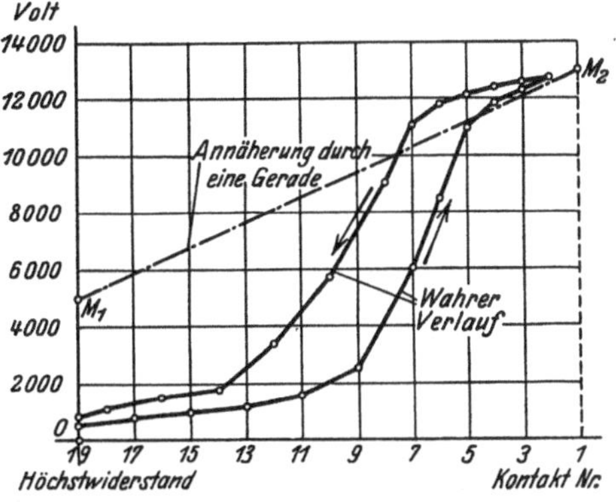

Abb. 33. Einfluß der Hysterese auf die Spannungsregelung eines Generators.

Wir wissen nun, daß die Verteilung der Widerstände längs der Kontaktbahn so gewählt sein sollte, daß die Leerlaufsspannung des Wechselstromgenerators linear mit der Verstellung des Kontaktarmes anwächst.
In Abb. 33 stellt M_1M_2 diese Gerade dar. Der gewaltige Unterschied
zwischen der Geraden und der wirk-
lichen Kennlinienschleife läßt vor-
aussehen, daß das Ergebnis der
selbsttätigen Regulierung sehr
stark von dem theoretisch zu
erwartenden abweichen wird.

Wir wollen deswegen den Reguliervorgang etwas eingehender betrachten. Es sei A ein stationärer
Arbeitspunkt, der z. B. nach Abb. 34
bei wachsender Erregung eingestellt
sein möge. Wenn jetzt der Regler

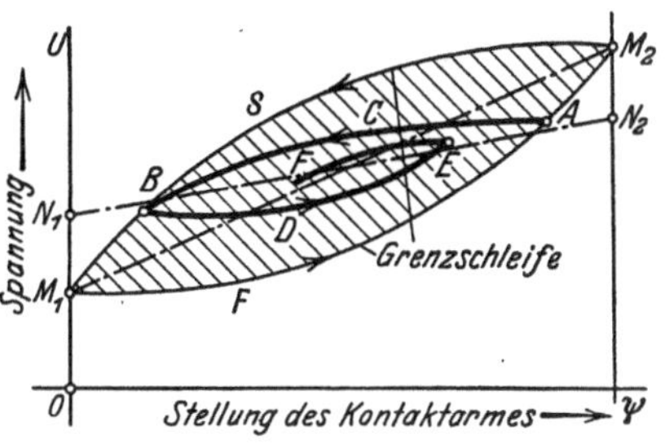

Abb. 34. Verlauf des Erregerfeldes bei
der Regulierung.

die Entregung einleitet, geht die Spannung von A nach B längs einer
gewissen Kennlinie ACB, die innerhalb der „Grenz"kennlinien liegt;
da weiterhin unter dem Einfluß der Überregulierung der Kontaktarm
eine oder mehrere Rückwärtsbewegungen ausführt, so kommt der neue
Arbeitspunkt F als Folge einer gewissen Zahl von Ummagnetisierungs-
prozessen zustande, welche z. B. nach Art der Kurvenzüge $ACB—BDE$
$—EF$ irgendwie in der Umgebung einer mittleren Geraden N_1N_2 ver-

laufen. Diese Gerade gibt die mittlere Spannungsverteilung als Funktion der Kontaktarmstellung für den betrachteten Regulierbereich an. Man erkennt, daß der Neigungswinkel dieser Geraden $N_1 N_2$, der in der Größe γ in die Gleichungen des Reguliervorganges eingeht, von dem Faktor γ_0 der Geraden $M_1 M_2$ abweicht.

Somit finden wir, daß die Hysteresis stets den Wert der numerischen Widerstandsverteilung γ beeinflußt und also auch die Größe der relativen Rückführungsdämpfung $\delta' = \dfrac{\delta}{\gamma}$. Die kleinen Störungen werden mit einem kleineren Werte von γ reguliert werden, also einer größeren relativen Dämpfung: die Regelung wird verlangsamt. Umgekehrt verläuft der Regulierungsvorgang größerer Störungen schwächer gedämpft, was gelegentlich für den Betrieb unerwünscht sein kann.

Wenn also die Hysteresisvorgänge die Regulierbedingungen nicht entscheidend verschlechtern, so zerstören sie doch die Homogenität des Regulierungsprozesses; es ist nicht mehr möglich, für alle Störungszustände mit der jeweils günstigsten Regulierungskurve zu arbeiten. Dies ist ein hinreichender Grund, um solche Erscheinungen möglichst abzuschwächen; auch auf den Parallelbetrieb mehrerer Maschinen wirken diese Vorgänge gelegentlich recht nachteilig ein.

IX. Experimentelle Ermittelung der Zeitkonstanten.

84. Experimentelle Untersuchung der magnetischen Ausgleichsvorgänge. Der mittlere magnetische Widerstand des magnetischen Kreises hängt von den Grenzen ab, innerhalb deren gemittelt wird; man kann infolgedessen zur Messung keinen Wechselstrom verwenden, abgesehen davon, daß man hierzu viel zu hohe Spannungen an das Feld der Maschine anlegen müßte.

Die einfachste Methode besteht in der Aufnahme des Erregungs- oder Entregungsvorganges, wobei man den Verlauf sowohl des Stromes wie der Spannung zwischen dem Fluß entsprechend voller Belastung und Null verfolgt. Die hierzu erforderlichen Schaltungen sind in Abb. 35 und 36 dargestellt.

In Abb. 35 ist die Anwendung einer Akkumulatorenbatterie zur Felderregung der Benutzung einer Erregermaschine vorzuziehen; anderenfalls könnte das Ergebnis durch die zwar kleine, aber doch endliche Induktivität ihres Ankers und ihrer Wendepole verfälscht werden.

In Abb. 36 ist der zusätzliche Widerstand R nur vorgesehen, um beim Kurzschluß des Schalters S den Strom der Hilfsmaschine zu beschränken.

Die Messung besteht in der gleichzeitigen oszillographischen Aufnahme des Erregerstromes und der elektromotorischen Kraft an den Klemmen oder Bürsten, wobei die Maschine mit bekannter, konstanter Drehzahl umläuft. Um hinreichend genaue Ergebnisse zu erhalten, muß man die Aufnahmezeit mindestens 4- bis 5mal so groß machen wie die Zeitkonstante. Man kann dieses Intervall leicht mittels Gl. (92) abschätzen.

Wir wollen lediglich den Fall der Entregung des Flusses und des Erregerstromes von einem bestimmten Anfangswert untersuchen; der umgekehrte Fall der Erregung wäre auf dem gleichen Wege zu behandeln.

Wir beziehen uns also auf die Schaltung nach Abb. 36; zu Beginn des Entregungsvorganges fließt durch die Feldwicklung ein gewisser konstanter Erregerstrom i_0, wobei der Anker mit einem Flusse Φ_0 verkettet ist. Dieser Fluß erzeugt eine EMK E_0, die am Voltmeter

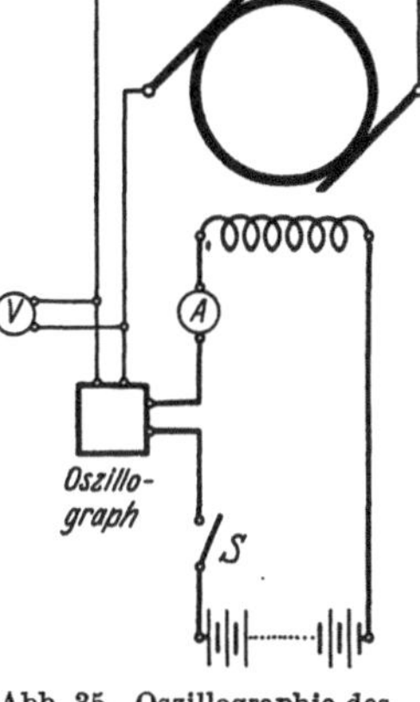

Abb. 35. Oszillographie des Erregungsvorganges.

abgelesen werden kann; aus ihr kann man rückwärts den Fluß Φ_0 berechnen, sobald man die Daten der Ankerwicklung kennt.

Vom Augenblick des Kurzschlusses des Schalters S ist die Klemmenspannung des Feldes dauernd 0. Infolgedessen muß sich der Fluß Φ nach der schon oben auf S. 109 gefundenen Gleichung verändern, wobei wir speziell $u_e = 0$ und $r = \text{const}$ zu setzen haben. Es gilt also

$$T \frac{d\Phi}{dt} + \Phi = 0$$

oder

$$T \frac{dE}{dt} + E = 0. \tag{97}$$

Hierbei wurde berücksichtigt, daß E dem Flusse Φ proportional ist.

Wenn es sich nur um die Bestimmung der Zeitkonstanten handelt, so genügt bereits die Kenntnis des zeitlichen Verlaufes der Ankerklemmenspannung. Wenn man aber

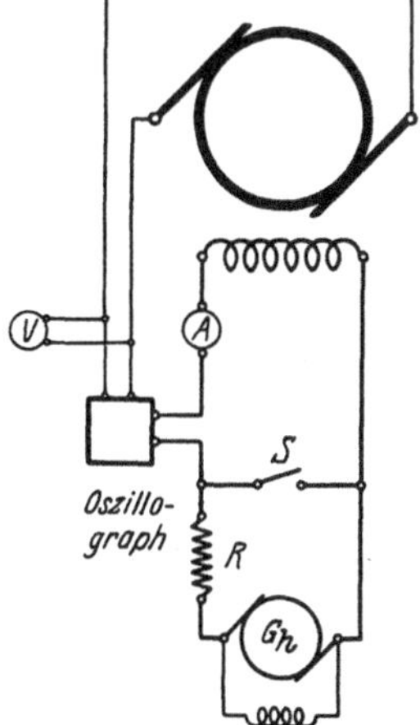

Abb. 36. Oszillographie der Feldentregung.

außerdem noch gesondert den Wirbelstromfaktor $\dfrac{r_w + r}{r_w}$ bestimmen will, so muß man gleichzeitig die Abklingkurve des Erregerstromes aufnehmen; das gleiche gilt für die Bestimmung des Streukoeffizienten ν.

85. Bestimmung der Zeitkonstanten aus der Abklingkurve der Spannung. Da T in Wirklichkeit keine Konstante ist, so kann man ihre jeweils gültigen Werte bestimmen, indem man für den entsprechenden Punkt der Abklingkurve $E = f(t)$ den Wert $\dfrac{dE}{dt}$ bestimmt.

Die Zeitkonstante in dem herausgegriffenen Punkte ist dann $T = -\dfrac{E}{\dfrac{dE}{dt}}$.

Aber dieses Verfahren ist ungenau, weil die Richtung der Kurventangente aus einem Oszillogramm nur sehr schwer zu bestimmen ist.

Wir wollen deshalb Gl. (97) integrieren. Das Integrationsintervall möge so klein gewählt werden, daß T in diesem Bereich als unveränderlich betrachtet werden kann. Wir erhalten dann

$$E = C \cdot e^{-\frac{t}{T}}$$

oder nach Übergang zu natürlichen Logarithmen

$$\ln E = \ln C - \frac{t}{T} .$$

Wir wollen übereinkommen, die Zeit vom Beginn des betrachteten Zeitintervalles zu zählen. Wenn in diesem Augenblick die EMK E den Wert E_1 besitzt, ergibt sich die Konstante C aus

$$\ln E_1 = \ln C .$$

An der anderen Grenze des Intervalles $\varDelta t$ hat die EMK den Wert E_2, so daß gilt

$$\ln E_2 = \ln C - \frac{\varDelta t}{T} .$$

Hieraus schließt man

$$T = \frac{\varDelta t}{\ln E_1 - \ln E_2} \tag{98}$$

oder, wenn man dekadische Logarithmen bevorzugt,

$$T = \frac{0{,}434 \cdot \varDelta t}{\log E_1 - \log E_2} .$$

Wir wollen die Ordinaten der Abklingkurve in logarithmischem Maßstab übertragen. Es genügt hierzu, für jede Abszisse eine Ordinate zu zeichnen, die dem Logarithmus der Ordinate E proportional ist, wobei diese z. B. in mm gemessen sein kann. Man braucht hierzu also nicht den Maßstab der EMK zu kennen, weil die Zeitkonstante nur vom Verhältnis der zwei benachbarten Ordinaten abhängt. Setzt man zur Abkürzung

$$z = \mu \cdot \log E ,$$

so entsteht für T der Ausdruck

$$T = 0{,}434\,\mu\,\frac{\varDelta t}{z_1 - z_2}\,. \tag{99}$$

Hierin ist μ der Modul des logarithmischen Maßstabes, also die Länge, die den Logarithmus der Basis 10 darstellt.

Man beachte nun, daß $\dfrac{\varDelta t}{z_1 - z_2}$ in der Grenze in den Kehrwert des Neigungstangens der Kurve $z = z(t)$ übergeht. Man bestätigt leicht, daß für hinreichend kleine Intervalle $\varDelta t$ das Verhältnis $\dfrac{\varDelta t}{\varDelta z} = -\dfrac{1}{E}\dfrac{dt}{dE}$ wird.

Die logarithmische Darstellung hat den Vorteil, die Bereiche aufzuzeigen, innerhalb deren T als konstant angesehen werden kann. Denn in diesem Bereich behält die Neigung der Tangente an die logarithmische Kurve einen nahezu unveränderlichen Wert bei.

Mittels dieser Konstruktion kennen wir T für jede Abszisse, also für jeden Punkt der Abklingkurve des Flusses; wir kennen weiterhin den Fluß oder die EMK für jede Abszisse. Man kann somit leicht T in Abhängigkeit des Flusses oder der EMK erhalten und hiernach die mittlere Zeitkonstante für den Bereich auswerten, der vom Fluß oder der EMK während des Reguliervorganges überstrichen wird (Abb. 38).

Die so gefundene Zeitkonstante hängt im allgemeinen nach Gl. (89) vom Feldwiderstand ab. Da die Messung häufig nicht mit dem Widerstand ausgeführt wird, der für die selbsttätige Regelung maßgebend ist, so muß man aus dem Versuche die Zeitkonstante für irgendwelche anderen Widerstandswerte umrechnen. Hierzu ist es notwendig, gleichzeitig das Verhältnis $\dfrac{r_w + r}{r_w}$ und die Streuung ν auszuwerten. Nach S. 109 müssen wir zu diesem Zwecke die Abklingkurve der Stromstärke heranziehen.

86. Die Abklingkurve des Erregerstromes. Die Abklingkurve des Erregerstromes verläuft wegen der Wirbelströme in den massiven Polen nach verwickelteren Gesetzen. Wir knüpfen an die Untersuchungen von S. 108 an.

Vor dem Kurzschluß des Schalters S durchfließt das Feld ein stationärer Strom i_0, wobei die Klemmenspannung u_0 vorhanden ist. Beide sind durch den Widerstand r des Feldes verknüpft:

$$u_0 = i_0 \cdot r\,. \tag{100}$$

Außerdem ist die Feldwicklung mit einem Fluß $\varPhi_0$ verkettet, dessen magnetischer Widerstand R_0 durch den magnetischen Anfangszustand bestimmt ist, also durch denselben Wert i_0 des Erregerstromes; hierbei gilt die Durchflutungsgleichung

$$\varPhi_0 \cdot R_0 = i_0 \cdot w_1\,. \tag{101}$$

Nach dem Schließen des Schalters wird die Feldwicklung von einem veränderlichen Strom i durchflossen, welcher der Gleichung genügt

$$v \cdot w \cdot \frac{d\Phi}{dt} + i\,r = 0\,. \tag{102}$$

Denn während der gesamten Abklingzeit ist die Klemmenspannung am Felde $= 0$. Außerdem fließt in der Spule, welche wir als Ersatz der Wirbelstrombahnen eingeführt haben, ein Strom i_w nach der Gleichung

$$v \cdot w \cdot \frac{d\Phi}{dt} + i_w \cdot r_w = 0\,. \tag{103}$$

Auch der Fluß Φ ist mit dem Erregerstrom i und den Wirbelströmen i_w verkettet:

$$\Phi \cdot R = i\,w_1 + i_w \cdot w_1\,. \tag{104}$$

Im Augenblick des Schalterschlusses beginnt der Erregerstrom sich zu verringern, wobei er Wirbelströme induziert. Unmittelbar nach diesem Augenblick hat sich nach S. 53ff der Fluß noch nicht verändert; mit Rücksicht auf die gefundenen Beziehungen entsteht aber in dem Zusatzkreis der Wirbelströme plötzlich ein Strom i_w. Der Anfangswert beider Ströme ergibt sich aus der Bedingung, daß unmittelbar vor und nach dem Schließen des Schalters der Fluß seinen Anfangswert Φ besitzt. Es gilt also, wenn i_0'' den Erregerstrom unmittelbar nach Schließen des Schalters bedeutet,

$$R_0\,\Phi_0 = i_0 \cdot w_1 = i_0''\,w_1 + i_w \cdot w_1$$

oder

$$i_0'' + i_w = i_0\,.$$

Dieser Anfangswert i_0'' des Erregerstromes unmittelbar nach Schließen des Schalters ist also kleiner als sein Anfangswert vor dem Schalten. Das Verhältnis dieser zwei Werte ist leicht zu finden. Denn da infolge der vollständigen Verkettung stets $i\,r = i_w r_w$ gilt, findet man mit Rücksicht auf Gl. (102) und (103)

$$i_0'' + i_0'' \cdot \frac{r}{r_w} = i_0\,,$$

$$i_0'' = i_0 \cdot \frac{r_w}{r_w + r}\,.$$

Diese Verhältnisse sind in Abb. 37 veranschaulicht. $AC = i_0$ ist der anfängliche Strom vor dem Einlegen des Schalters und $BC = i_0''$ ist der Erregerstrom unmittelbar nach dem Einlegen.

Von diesem Zeitpunkt ab verklingt der Strom. Die Abklingkurve würde eine Exponentiallinie sein, wenn der magnetische Widerstand des magnetischen Kreises unveränderlich wäre. Denn man erhält durch

Elimination des Wirbelstromes i_w aus den vorstehenden Gleichungen
für den Strom i die Gleichung

$$\Phi \cdot R = w_1 \cdot i \frac{r_w + r}{r_w}.$$

Wenn nun der magnetische Widerstand unabhängig vom Strome wäre,
könnte man nach der Zeit ableiten:

$$R \frac{d\Phi}{dt} = w_1 \cdot \frac{r + r_w}{r_w} \cdot \frac{di}{dt}.$$

Führt man den hieraus gewonnenen Wert der Flußänderung in die
Stromgleichung (102) ein, so kommt

$$\left(\frac{1}{R} \cdot \frac{w\, w_1}{r} \cdot \nu \cdot \frac{r_w + r}{r_w} \right) \frac{di}{dt} + i = 0.$$

In dem hier in Klammern einge-
schlossenen Werte erkennt man
unsere Zeitkonstante T wieder. Es
gilt also

$$T \cdot \frac{di}{dt} + i = 0.$$

Dieser Ausdruck ist nur dann richtig, wenn der magnetische Widerstand konstant ist. Wir könnten
dann die Zeitkonstante aus der Ab-
klingkurve des Erregerstromes bestimmen. Da aber in Wirklichkeit
der magnetische Widerstand mit dem Erregerstrom veränderlich ist,
tritt bei der zeitlichen Ableitung ein Zusatzglied auf, und die Bestimmung der Zeitkonstanten aus der Abklingkurve des Stromes wird
unrichtig.

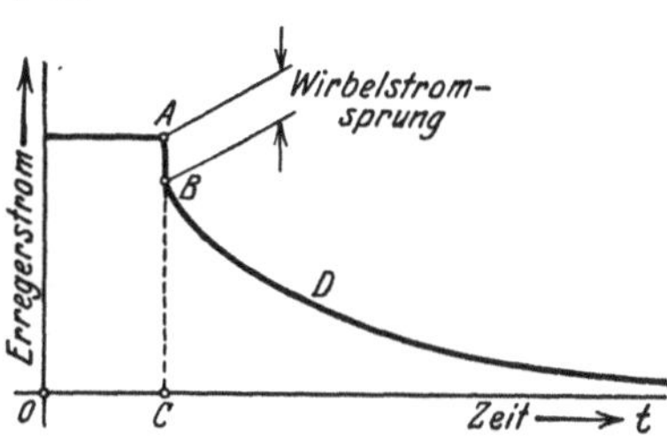

Abb. 37. Verlauf des Erregerstroms beim
plötzlichen Entregen.

Man beachte nun, daß bei veränderlichem Fluß dieser sowohl vom
Erregerstrom i wie auch von den Wirbelströmen abhängt. Es wäre infolgedessen ungenau, aus den gleichzeitigen Werten von Φ und i die
stationäre Verknüpfungsgleichung zwischen Fluß und Erregerstrom,
also die magnetische Charakteristik herleiten zu wollen.

Die Oszillogramme nach Abb. 44 und 48 (S. 138, 142) zeigen deutlich die
äußerst rasche Abnahme des Erregerstromes zu Beginn des Versuches.
Der bei B befindliche Winkel der Abb. 37 findet sich allerdings nicht
genau im Oszillogramm wieder; dies rührt daher, daß der Ersatzkreis
der Wirbelströme tatsächlich eine gewisse Streuung gegen die Feldspulen
besitzt, die wir der Einfachheit halber in der Rechnung vernachlässigt
haben.

87. Bestimmung des Streukoeffizienten ν. Die Abklingkurve des Erregerstromes gestattet die Bestimmung des Streukoeffizienten ν zwischen Ankerfluß und Polfluß.

Die Gleichung für die Abklingkurve des Erregerstromes ist in aller Strenge durch den Ausdruck (102) gegeben, den man in der Gestalt schreiben kann

$$w \cdot v \cdot d\Phi = - r \cdot i \cdot dt.$$

Wir wollen diese Beziehung von einer beliebigen Zeit t bis zum vollständigen Verlöschen des Feldes ($t = \infty$) integrieren. Nach einer unbegrenzt langen Zeit ist der Fluß verschwunden. Man erhält deswegen

$$- w \cdot v \cdot \Phi = r \cdot \int_{t}^{\infty} i \, dt. \tag{105}$$

Der Ausdruck zur Rechten ist der Flächeninhalt der Abkling-

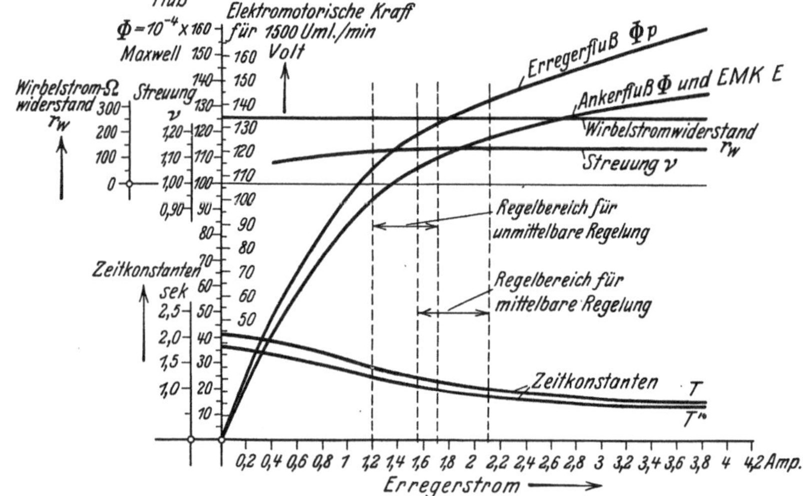

Abb. 38. Die Konstanten der Erregermaschine als Funktion des Erregerstroms.

kurve, genommen zwischen den Grenzen t und ∞. Die Größe dieser Fläche, umgerechnet in cgs-Einheiten und multipliziert mit dem Feldwiderstande r, ergibt den Fluß $v\Phi = \Phi_p$, der mit der Erregerspule verkettet ist. Dieses Ergebnis gilt unabhängig von der Größe der Wirbelströme.

Da man hiernach für einen bestimmten Augenblick den Polfluß Φ_p kennt, und da außerdem aus der Abklingkurve der Spannung der gleichzeitige wirksame Ankerfluß Φ bekannt ist, so erhält man sogleich den Streukoeffizienten v, der dem betrachteten magnetischen Felde entspricht (vgl. Abb. 38)

$$v = \frac{\Phi_p}{\Phi}.$$

Hierbei tritt allerdings eine kleine praktische Schwierigkeit auf. Denn da die Abklingkurve des Stromes natürlich nicht bis $t = \infty$ oszillographiert werden kann, verbleibt in dem Flächeninhalt $\int_t^\infty i\,dt$ ein gewisser Anteil unbestimmt. Es genügt indessen, das Oszillogramm bis zu etwa $^1/_{10}$ des Anfangsstromwertes zu erstrecken. Zu diesem Zeitpunkt nämlich sind die beiden Flüsse Φ und Φ_p, deren Verhältnis dem Streukoeffizienten für schwache Magnetisierung entspricht, beide absolut sehr klein und können ohne merklichen Fehler einander gleichgesetzt werden. Dieser Vergleich liefert für das genannte Stromintegral einen Bezugspunkt. Man erhält hiernach den Streukoeffizienten um so genauer, je mehr man sich dem Anfangswert des Flusses bei der Versuchsausführung nähert.

88. Bestimmung des Wirbelstromfaktors. Wenn man den Streukoeffizienten v für jeden Wert des Ankerflusses Φ kennt, kann man eine fiktive Zeitkonstante berechnen

$$T' = \frac{w\,w_1}{R\,r}\,v\cdot = \frac{w}{r}\cdot\left(\frac{\Phi_p}{i_s}\right)_c.$$

Man kann sie als Funktion einer beliebigen Hilfsgröße, z. B. des Ankerflusses Φ, auftragen. Diese fiktive Zeitkonstante würde mit der wirklichen übereinstimmen, falls keine Wirbelströme auftreten würden.

Der magnetische Widerstand R ist durch den Ankerfluß Φ und den zu seiner Erzeugung notwendigen stationären Erregerstrom definiert:

$$w_1\cdot i_s = \Phi\cdot R.$$

Dabei hat man Φ und i aus der magnetischen Charakteristik abzugreifen, was wir durch den Index c andeuten.

Nun kennen wir aus der Abklingkurve der Spannung nach S. 124 die wirkliche Zeitkonstante

$$T = \frac{w\cdot w_1}{r\cdot R}\cdot v\cdot\frac{r_w + r}{r_w}.$$

Ein und demselben Werte der Hilfsgröße Φ entsprechen also die beiden verschiedenen Werte der Fiktivzeitkonstante T' und der wirklichen T, deren Verhältnis den gesuchten Wert ergibt (Abb. 38)

$$\frac{T}{T'} = \frac{r + r_w}{r_w}. \tag{106}$$

Man kann dieses Verhältnis auch unmittelbar aus der Abklingkurve des Erregerstromes herleiten. Hierzu muß man eine gedachte Abklingkurve konstruieren, für welche man die Wirkung der Wirbelströme außer acht läßt. Diese gedachte Abklingkurve ergibt sich als graphische Lösung der Gleichung

$$v\cdot w\cdot\frac{d\Phi}{dt} + i'\cdot r = 0$$

oder

$$w \cdot \frac{d\Phi_p}{dt} + i' r = 0 \, .$$

Darin ist also Φ_p der mit den Erregerspulen verkettete Fluß, dessen Ermittlung für jeden Zeitpunkt wir soeben erläutert haben. Der Neigungstangens der Tangente an die Kurve $\Phi_p = f(t)$ liefert $\frac{d\Phi_p}{dt}$, woher man den Strom für den betrachteten Zeitpunkt durch

$$i' \cdot r = - w \cdot \frac{d\Phi_p}{dt} = F_1(t)$$

erhält.

Wenn nun die Wirbelströme nicht vorhanden wären, so würde der Fluß Φ_p durch i erzeugt werden. Bei Bestehen der Wirbelströme wird jedoch der gleiche Fluß Φ_p durch die gleichzeitige Wirkung beider Ströme i und i_w erzeugt. Für jeden Flußwert gilt dabei nach S. 126

$$i' = i + i_w \, .$$

Und da mit Rücksicht auf (102) und (103)

$$i \cdot r = i_w \cdot r_w \, ,$$

so entsteht

$$i' = i \left(1 + \frac{r}{r_w} \right)$$

oder

$$\frac{r + r_w}{r_w} = \frac{i'}{i} \, . \tag{107}$$

Der gesuchte Wert wird also als Verhältnis der Ordinaten der fiktiven Abklingkurve $i = F_1(f)$ und der wahren Abklingkurve $i = F(f)$ für gleiche Abszissen gefunden.

Ein Anwendungsbeispiel dieser Verfahren wird im folgenden Kapitel gegeben werden.

X. Experimentelle Prüfung der Theorie.

89. Zweck der Versuche. Die im folgenden beschriebenen Versuche sollen die Genauigkeit der vorstehend entwickelten Theorie an Hand einiger Prüffeldmessungen prüfen; sie sollen überdies die Größenordnung des Verhältnisses der spezifischen Laufzeit T_s' zur Zeitkonstanten der Maschine festlegen, die für die Auslegung der Schnellregler zugrunde gelegt werden können.

Zur Ausführung dieses Programmes sind Versuche an drei verschiedenen Reglertypen vorgenommen worden:

1. An einem Öldruckregler Type REX der Werkstätten H. Cuénod, Genf.

2. An einem normalen Apparat von Brown, Boveri u. Co., Baden (Schweiz).

3. An einem Tirrillregler der Allgemeinen Elektrizitäts-Gesellschaft, Berlin.

Diese Apparate wurden unter den gleichen Bedingungen an dieselben Maschinen angeschlossen; die Augenblickswerte der zu regelnden Spannung wurden oszillographisch aufgenommen.

Nachdem die maßgebenden Konstanten für den Verlauf des Reguliervorganges gemessen waren, wie die Maschinenzeitkonstanten, die Rückführung und die numerische Verteilung der Regulierwiderstände, wurden die Regulierungskurven entsprechend den entwickelten Formeln berechnet. Diese Kurven sind gestrichelt in die Oszillogramme eingetragen. Lediglich die Anfangsabweichung bei konstantem Hauptfluß wurde unmittelbar aus den Oszillogrammen bestimmt, so daß sie den Anfangspunkt der rechnerischen Kurve im Maßstab der Aufnahme liefert. Der Vergleich der gerechneten mit den aufgenommenen Kurven zeigt eine befriedigende, ja häufig auffallende Übereinstimmung zwischen Rechnung und Versuch.

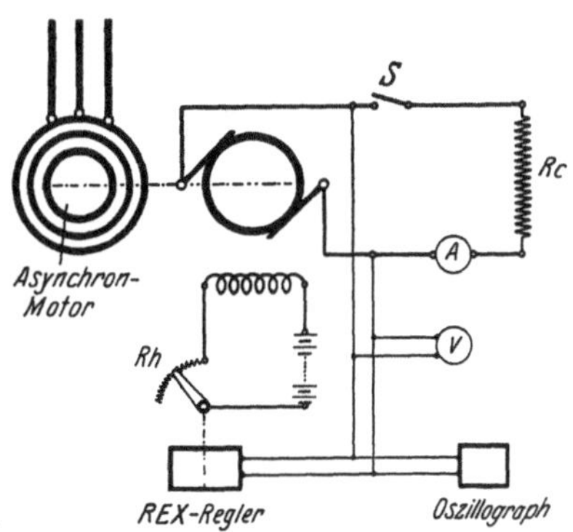

Abb. 39. Untersuchung des Cuénod-Reglers bei unmittelbarer Regelung.

90. Die Versuchsanordnung. Die geregelte Maschine ist ein Gleichstromgenerator für 12 kW, 100 Volt, 1450 Uml./min; er ist mit Wendepolen ausgerüstet und mit einem Asynchronmotor von 20 kVA direkt gekuppelt. Dieser Generator kann mittels einer passenden Lampenbatterie voll belastet werden; ein Schnellschalter gestattet, die Belastung plötzlich abzuschalten.

Für die unmittelbare Regulierung wird der Strom durch eine Akkumulatorenbatterie geliefert; das entsprechende Schaltbild zeigt Abb. 39.

Für die mittelbare Regulierung wird eine kleine selbsterregte Nebenschlußdynamomaschine benutzt; ihre Leistung beträgt 4 kW bei 125 Volt und 1450 Uml./min, wobei der Antrieb durch einen eigenen Asynchronmotor erfolgt. Der automatische Regler wirkt auf den Feldwiderstand der Erregermaschine ein. Das Schaltbild für diesen Fall ist in Abb. 40 gegeben.

91. Aufnahme der Regulierungskurve. Zur Aufnahme der Spannungskurve während des Reguliervorganges wurde ein Oszillograph benutzt, dessen Trommel sich mit einer Drehzahl von etwa 10 Uml./min drehte.

Der Abszissenmaßstab als Zeitmaßstab wurde durch gleichzeitige Aufnahme eines 10periodigen Wechselstromes gewonnen.

Einige Besonderheiten verändern die von uns aufzunehmende Kurve; wir müssen deshalb, wenn nicht eine Korrektur, so doch eine vorsichtige Diskussion der Oszillogramme vornehmen.

a) Schwankungen der Klemmenspannung. Die Oszillogramme der Spannung zeigen sich besonders bei Leerlauf als breite Streifen. Die Ursache hierfür liegt einerseits in der relativ kleinen Zahl der Ankerspulen und in einer kleinen Abschrägung an den Polschuhen; andererseits in einer kleinen Wicklungsunsymmetrie, indem eine Spule unvollständig ist: es fehlen zwei Stäbe von insgesamt 107. Hierdurch kommt eine kleine überlagerte Wechsel-EMK zustande, die im Oszillogramm eine so starke Strichbreite liefert.

Es genügt, die mittlere Linie dieses Wellenzuges auszuwerten, um das Verhalten der Spannung zu beurteilen.

b) Plötzliche Laständerungen. Die Rechnung setzt eine plötzliche Änderung des von der Maschine abgegebenen Stromes voraus. Diese Änderung wird durch die plötzliche Entlastung der Maschine bewirkt, welche mittels eines Petroleum-Schnellschalters eingeleitet wird. Die Unterbrechung erfolgt glatt und kann im Zeitmaßstab der Reglerkurve als plötzlich betrachtet werden. Andererseits kann die plötzliche Laständerung auch durch plötzliche Belastung hergestellt werden, indem man mittels des gleichen Schalters eine große Zahl von Kohlenfadenlampen einschaltet. Da indes der Widerstand dieser Lampen mit wachsender Temperatur abnimmt, so erreicht der Strom nicht plötzlich seinen stationären Endwert, sondern nimmt etwa noch während $^2/_{10}$ sec nach dem Einlegen des Schalters etwas zu. Der Spannungsabfall infolge der Belastung nimmt also nicht sprunghaft seinen Anfangswert Δ_z an, sondern steigert sich noch in der Folgezeit. Hieraus ergibt sich eine gewisse Verflachung der Regulierungskurve, die man bei der Diskussion der Belastungsoszillogramme wohl zu beachten hat.

c) Entmagnetisierende Ankerrückwirkung; Wert der numerischen Ankerrückwirkung ϱ. Der Versuchsgenerator besitzt

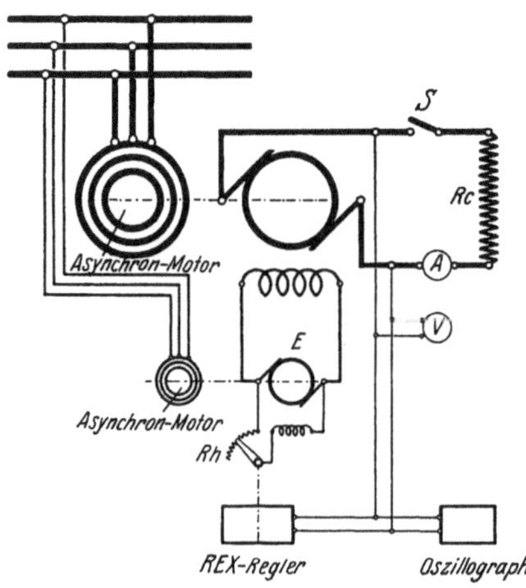

Abb. 40. Untersuchung einer mittelbaren Regulierung.

Wendepole, so daß er nur eine schwache Ankerrückwirkung aufweist. Obwohl es grundsätzlich möglich wäre, sie durch Bürstenverstellung zu vergrößern, würde dann bald Rundfeuer am Kollektor auftreten,

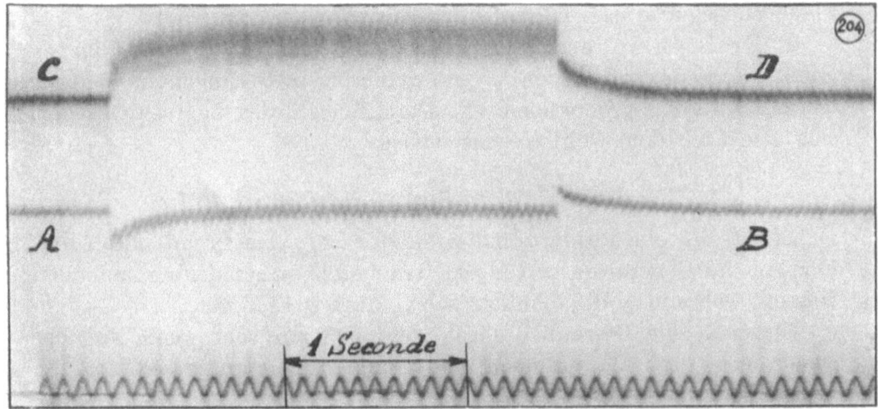

Abb. 41. Verlauf des Erregerstromes bei plötzlicher Laständerung. Bürstenstellung beliebig. Kurve C—D Spannung, Kurve A—B Erregerstrom.

so daß man diesen Weg nicht beschreiten darf. Wir müssen also die Versuche auf den Fall verschwindender Ankerrückwirkung $\varrho = 1$ beschränken und die hierzu erforderliche Bürstenstellung durch den Ver-

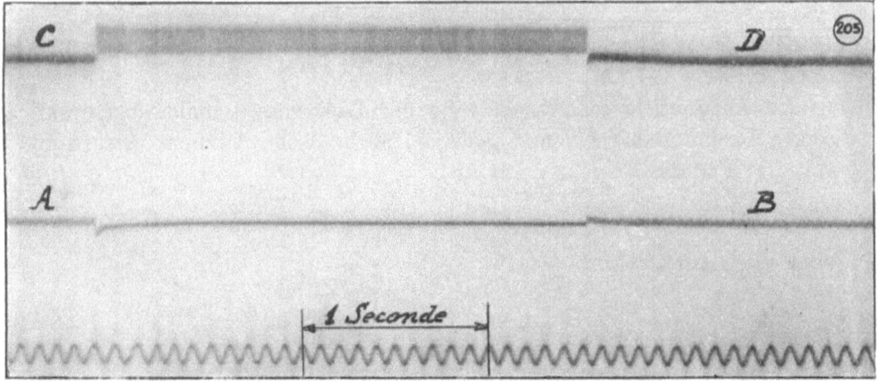

Abb. 42. Verlauf des Erregerstromes bei plötzlicher Laständerung. Bürsten in der neutralen Zone. Kurve C—D Spannung, A—B Erregerstrom.

such festlegen. In den Abb. 41 und 42 ist der Verlauf des Erregerstromes unter dem Einfluß einer Laständerung dargestellt. In Abb. 41 haben die Bürsten eine beliebige Stellung, dagegen sind sie in Abb. 42 in die neutrale Achse eingestellt. Das Oszillogramm zeigt, daß im Falle der

Abb. 42 der Erregerstrom AB bei der Laständerung, dargestellt durch die Änderung der Spannung OD, sich nicht merklich ändert. Deshalb sind bei allen Versuchen die Bürsten in dieser Stellung gelassen worden.

Für $\varrho = 1$ verläuft nach S. 60 die Ursprungstangente der Spannungsregulierungskurve parallel zur Abszissenachse.

d) **Drehzahländerungen des Aggregates.** Im Bereich üblicher Schlupfwerte entwickelt der Asynchronmotor ein Drehmoment, welches diesem Schlupf s proportional ist. Die Drehzahl des Aggregates regelt sich also nach dem wohlbekannten Gesetz

$$\Theta \frac{d\omega}{dt} = M_0 s - M_r \, .$$

Dabei ist M_0 ein Proportionalitätsfaktor, M_r das bremsende Drehmoment des Generators und Θ das Trägheitsmoment der umlaufenden Massen, während ω die Winkelgeschwindigkeit bedeutet.

Es sei ω_0 die Leerlaufsdrehzahl, die sich nur sehr wenig von der synchronen Drehzahl unterscheidet. Man kann dann jene Gleichung in die Form bringen

$$\omega_0 \cdot \Theta \cdot \frac{ds}{dt} + M_0 s = M_r \, .$$

Wir wollen voraussetzen, daß die Maschine voll belastet sei; der Schlupf besitzt hierbei den „Anfangs"wert s_0. Der Zustand ist stationär, so daß gilt

$$M_0 s_0 = M_r$$

und

$$M_0 s \cdot \omega_0 = M_r \omega_0 = N_n \, .$$

In der letzten Gleichung gibt N_n nahezu die **Nutzleistung des Motors** an.

Im Augenblick der Abschaltung der Last verschwindet das bremsende Drehmoment bis auf geringe mechanische Verluste fast vollständig. Für die Folgezeit gilt also

$$\Theta \omega_0 \frac{ds}{dt} + M_0 s = 0$$

oder nach Integration

$$s = C \cdot e^{-\frac{M_0}{\Theta \omega_0} \cdot t} \, .$$

Verabredet man, die Zeitzählung im Augenblick der Laständerung zu beginnen, so gilt für $t = 0$ die Anfangsbedingung $s = s_0$, so daß

$$s = s_0 \cdot e^{-\frac{M_0}{\Theta \omega_0} \cdot t} \, .$$

Der Schlupf verschwindet also exponentiell; die **mechanische Zeitkonstante** des Aggregates beträgt hierbei

$$T_m = \frac{\Theta \omega_0}{M_0} = \frac{\Theta \omega_0^2 s_0}{M_0 \omega_0 s_0} = s_0 \cdot \frac{\Theta \omega_0^2}{N_n} \, .$$

Für den Fall der plötzlichen Belastung erhält man das analoge Resultat ohne Rechnung in der Form

$$s = s_0 \left(1 - e^{-\frac{t}{T_m}} \right).$$

Der Anfangszustand ist hier der Leerlauf, während der Endzustand durch einen Schlupf s_0 gleich dem oben genannten Belastungsschlupf gekennzeichnet ist. Zur Auswertung dieser Gleichungen muß die Größe der mechanischen Zeitkonstante bekannt sein. Das Trägheitsmoment des Aggregates beträgt etwa

$$\Theta = 1{,}7 \cdot 10^7 \text{ gcm}^2.$$

Die Nutzleistung des Motors ist für eine Generatorleistung von 100 Volt und 100 A rund 10 kW. Der Schlupf bei Vollast wurde unmittelbar zu

$$35 \text{ Umläufe/min entsprechend } s_0 = 2{,}3\%$$

bestimmt. Endlich beträgt die Winkelgeschwindigkeit bei Leerlauf

$$\frac{\pi}{30} \cdot 1500 = \omega_0 = 157 \text{ sec}^{-1}.$$

Hieraus berechnet man die mechanische Zeitkonstante

$$T_m = 0{,}09 \text{ sec}.$$

Nach einem Zeitraum von etwa 0,2 sec nimmt die Exponentialfunktion den Wert 0,11 an, und nach 0,3 sec den Wert von 0,03. Nach $^2/_{10}$ bis $^3/_{10}$ sec weicht also die Drehzahl nur noch unmerklich von der Enddrehzahl ab, die dem neuen stationären Zustand entspricht. Die Untersuchung der Oszillogramme zeigt sogleich, daß diese Zeit im Vergleich zur Regulierzeit sehr klein ist.

Man kann sich durch qualitative Betrachtungen leicht einen Überblick über den Einfluß der Drehzahlschwankung auf die Regulierungskurven verschaffen. Unmittelbar nach der Laständerung haben die Rückführungsorgane (Ölpumpe oder Wirbelstrombremse) noch nicht die Zeit zu einer merklichen Verstellung gefunden. Die Stellung des Kontaktarmes ist demnach (vgl. S. 69 u. 95) lediglich durch die Dämpfung der Rückführung und die Spannungsabweichung bestimmt. Diese Abweichung enthält nun die Abweichung Δ_z für konstanten Fluß, zu der im Verhältnis der Drehzahlschwankung eine hierdurch hervorgerufene Spannungsabweichung Δ_n hinzutritt. Da diese letzte sehr schnell ihre volle Größe erreicht, so findet der ganze Reguliervorgang praktisch so statt, wie wenn die Drehzahl unveränderlich gleich der Enddrehzahl wäre.

Die Regulierungskurve ist deshalb identisch mit jener, die eine Anfangsabweichung vom Betrage $\Delta_z' = \Delta_z + s_0$ hervorrufen würde, abgesehen vom ersten Augenblick des Reguliervorganges, der sich auf $^2/_{10}$ bis $^3/_{10}$ sec erstreckt.

Um rechnerisch die oszillographisch aufgenommene Kurve nachprüfen zu können, haben wir hiernach eine fiktive Anfangsabweichung Δ_z' zu berechnen, welche in unsere Formeln eingeht. Wir haben die so gerechnete Kurve in das Oszillogramm eingetragen. Beim Vergleich zwischen Theorie und Erfahrung hat man den Verlauf der Spannung gedanklich auf diesen fiktiven Anfangswert zu beziehen.

Diese fiktive Abweichung der Regulierkurve entsteht folgendermaßen:

Wir haben die Abweichung der Klemmenspannung des Generators unmittelbar gemessen, die durch eine Belastungsänderung hervorgerufen wird; hierbei war der Regler unbeweglich in der Stellung des stationären Zustandes entsprechend 100 Volt, 100 A. Da die so gemessene Abweichung zwei stationären Zuständen entspricht, gibt sie Δ_z' an, weil ja die entmagnetisierende Ankerrückwirkung verschwindet ($\varrho = 1$). Hierbei rechnet man:

Spannungsänderung durch eine Belastungsänderung von 100 Amp bei 100 Volt, stationär

$$\Delta_z' = 10{,}7\% \ .$$

Entsprechende Drehzahlschwankung

$$s_0 = 2{,}3\% \ .$$

Hieraus resultierende Spannungsabweichung

$$\Delta_z = 10{,}7 - 2{,}3 = 8{,}4\% \ .$$

Das Verhältnis der Spannungsabweichungen ist

$$\frac{\Delta_z'}{\Delta_z} = \frac{10{,}7}{8{,}4} = 1{,}27 \ .$$

Man braucht also nur die Anfangsordinate der Abweichungskurve, wie sie im Oszillogramm gemessen wird, im Verhältnis 1,27 zu verlängern und erhält dann die fiktive Anfangsabweichung, die die Grundlage der theoretisch zu berechnenden Kurve liefert. Dieses Verfahren wurde bei den folgenden Oszillogrammen angewandt. Man kann die besprochene Umrechnung leicht durch strengere Betrachtungen rechtfertigen.

Wir haben in einer früheren Untersuchung (S. 76) die Abweichung der Drehzahl auf ihren Endwert bezogen. Für den Fall der Entlastung ist diese die Leerlaufdrehzahl. Die Abweichung der Drehzahl ist also in diesem Sinne für irgendeinen Augenblick gegeben durch

$$\Delta_n = \frac{\omega - \omega_0}{\omega_0} = - s = - s_0 \cdot e^{-\frac{t}{T_m}} \ .$$

Wenn man diesen Wert samt seiner Ableitung in Gl. (49) einführt, liefert er ein Glied, das dieser Exponentialfunktion proportional ist. Das allgemeine Integral sowohl der Bewegungsgleichung des Kontaktarmes wie auch der Spannungsabweichung enthält also ein Glied der gleichen Form. Dieses Glied verschwindet nun wegen der Kleinheit der mechanischen Zeitkonstante sehr rasch, und der Reguliervorgang spielt sich weiterhin so ab, als wenn diese Drehzahlfunktion nicht vorhanden, die Drehzahl konstant wäre.

Es verbleibt also nur die Umgebung des Anfangspunktes zu untersuchen. Für $t = 0$ ist die Spannungsabweichung $\varDelta_z$; sehr kurze Zeit später haben alle Exponentialfunktionen noch merklich ihren Anfangswert inne, mit Ausnahme jener, die die Drehzahländerung schildert; diese verklingt äußerst rasch. Nach ihrem vollständigen Verschwinden ist also

$$\varDelta_z' = \varDelta_z - \varDelta_{n_0} = \varDelta_z + s_0 \,,$$

so daß wir das obige Ergebnis wiederfinden.

Der Fall der plötzlichen Belastung führt zu den gleichen Resultaten.

92. Die Messung der Maschinenzeitkonstanten und des Formfaktors. Wir beginnen mit der Zeitkonstanten des 12 kW-Generators.

Die Daten der Wicklung sind:

Feldwicklung: 4 Pole in Reihe geschaltet; Windungszahl 1180 Windungen pro Pol.

Widerstand bei der Versuchstemperatur (20° C) 33,4 $\varOmega$.

Ankerwicklung: 36 Nuten, 107 Kollektorlamellen, Reihenwicklung, 107 Stäbe pro Stromzweig. Eine Nut ist unvollständig, ihr fehlen zwei Stäbe.

Änderung des Erregerstromes zwischen Leerlauf und Vollast. Bei unmittelbarer Regulierung: 1,2 bis 1,7 Amp (S. 110).

Bei mittelbarer Regulierung: 1,55 bis 2,10 Amp (S. 111).

In Abb. 38 ist die magnetische Charakteristik der Maschinen angegeben, wobei die Leerlaufspannung auf 1500 Uml./min bezogen ist. Leerlaufspannung und Fluß sind durch die Beziehung verknüpft

$$E_0 = 2 f N_1 \cdot \varPhi = 2 \cdot 50 \cdot 107 \cdot \varPhi = 1,07 \, 10^{-4} \varPhi \text{ Volt} \,,$$

wenn man $\varPhi$ in Maxwell mißt.

Aufnahmen der Entregungskurven. — Die Versuchsanordnung ist bereits in Abb. 37 gegeben worden. Die Oszillogramme der Klemmenspannung und des Erregerstromes sind in Abb. 43 und 44 wiedergegeben. Die Anfangsspannung von 130 Volt stimmt mit dem zugehörigen anfänglichen Erregerstrom von 2,35 Amp nach Abb. 38 gut überein.

In Abb. 43 ist die logarithmische Umzeichnung der Abklingkurve mit eingetragen. Die Zeitkonstante wurde für aufeinanderfolgende

Intervalle von je 0,2 sec bestimmt. Beispielsweise ergibt sich für das in Abb. 43 herausgezeichnete Intervall ($\mu = 62,5$ mm) nach Gl. (99)

$$T = 0,434 \cdot \mu \cdot \frac{0,2}{z_1 - z_2} = 0,434 \cdot 62,5 \cdot \frac{0,2}{14,1 - 11,2} = 1,85 \text{ sec} .$$

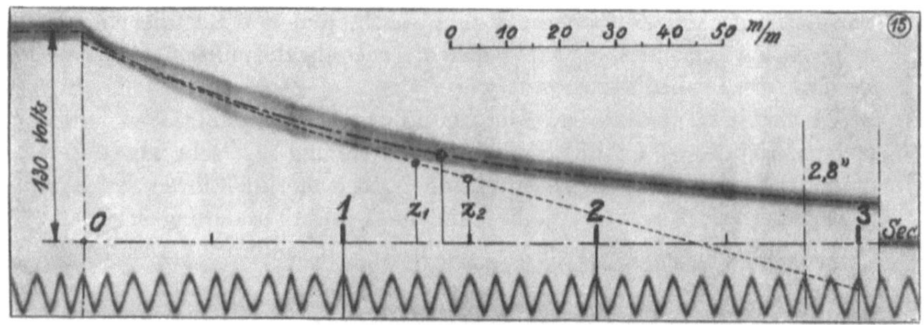

Abb. 43. Verlauf der Klemmenspannung bei Entregung der Versuchsmaschine.

Der entsprechende Ankerfluß beträgt für die Mitte dieses Bereiches

$$\Phi = 51,4 \cdot 10^4 \text{ Maxwell}.$$

Die drei Längen μ, z_1 und z_2 müssen ersichtlich im gleichen, sonst willkürlichen Längenmaßstab gemessen werden.

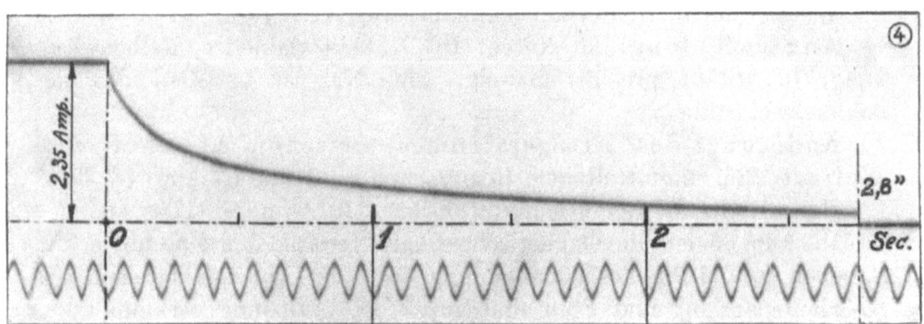

Abb. 44. Zeitliches Verklingen des Erregerstromes der Versuchsmaschine.

Diese Zeitkonstante T, welche vom Ankerflusse abhängt, ist in Abb. 38 eingetragen worden.

Die mittlere Zeitkonstante in dem von der Regulierung überstrichenen Arbeitsbereich (etwa für den REX-Regler) entnimmt man hieraus

für unmittelbare Regulierung nach System REX (1,2 bis 1,7 Amp):

$T = 1,28$ sec;

für mittelbare Regulierung nach System REX (1,55 bis 2,1 Amp):

$T = 1,085$ sec.

Wir haben hier die Bezugnahme auf den REX-Regler hinzugefügt, weil die Versuchsbedingungen für die anderen Reglerarten etwas andere Regulierbereiche erfordern. Die hierbei auftretenden Zeitkonstanten werden im Zusammenhang mit den ausgeführten Versuchen angegeben werden.

Diese Zeitkonstanten werden mit einem Widerstande gefunden, der gleich dem Eigenwiderstand des Feldes war, also 33,4 Ω betrug. Für die Berechnung der Korrekturkurven müssen wir die Zeitkonstanten berechnen, die nach Einschaltung der Regulierwiderstände wirksam sind. Hierzu müssen wir noch den Einfluß der Wirbelströme in dem Verhältnis $\dfrac{r + r_w}{r_w}$ kennen, und dies wiederum gelingt erst mittels des Streukoeffizienten ν.

Die Abklingkurve des Erregerstromes nach Abb. 44 liefert uns den Fluß Φ_p, der mit den Ankerspulen verkettet ist, für eine beliebige Zeit t nach dem Beginn des Entregungsvorganges. Hierzu müssen wir die Fläche dieser Kurve von der Zeit t bis zum

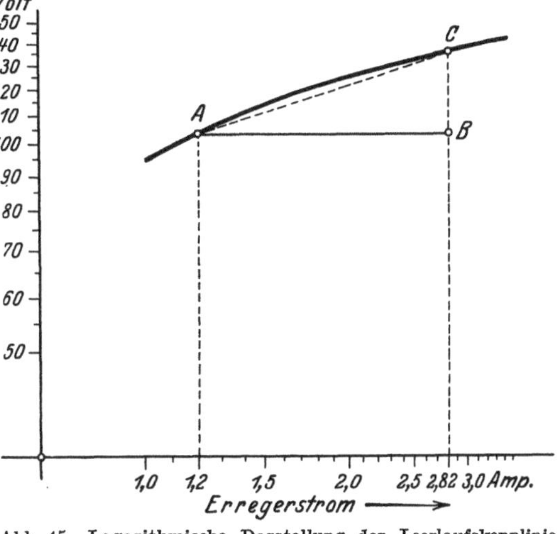

Abb. 45. Logarithmische Darstellung der Leerlaufskennlinie der Versuchsmaschine.

vollständigen Verlöschen des Feldes ($t = \infty$) entsprechend S. 128 ermitteln.

Für eine Zeit von $t = 2,8$ sec entnimmt man nun aus Abb. 43 eine Klemmenspannung von nur 27,6 Volt. Der Fluß Φ ist dann also, verglichen mit seinem Normalwert, außerordentlich klein, und wir können ihn näherungsweise dem Flusse Φ_p gleichsetzen. Daher entspricht der Flächeninhalt der Abklingkurve des Stromes zwischen den Grenzen 2,8 sec und ∞ etwa einem Fluß von

$$\Phi_p = \sim \Phi = 25,8 \cdot 10^4 \text{ Maxwell}$$

und der Fluß Φ_p für irgendeinen Augenblick, z. B. $t = 0,5$ sec, ergibt sich nun

$$\Phi_p = 10^4 \cdot 25,8 + \frac{\text{Fläche } [0,5 \text{ sec bis } 2,8 \text{ sec}]}{w} \cdot R$$

oder

$$\Phi_p = 25,8 \cdot 10^4 + \frac{0,099 \times 33,4 \times 10^9}{4720} = 95,8 \cdot 10^4 \text{ Maxwell}.$$

Jedem so berechneten Werte Φ_p entspricht im gleichen Augenblick ein wohl definierter Wert des Ankerflusses Φ. In dem vorstehenden Beispiel ist $\Phi = 86,5 \cdot 10,4$ Maxwell. Für das betrachtete magnetische Feld ist also der Streukoeffizient

$$\nu = \frac{\Phi_p}{\Phi} = \frac{95,8}{86,5} = 1,11 \quad (\text{S. } 128).$$

Die Größen Φ_p und ν sind in Abb. 38 eingetragen worden. Der Streufaktor ν ist für sehr kleine Flüsse ungenau, weil wir ja den Flächeninhalt zwischen $t = 2,8$ bis $t = \infty$ nur abgeschätzt haben.

Wir bestimmen jetzt den Wirbelstromfaktor.

Wenn die Wirbelströme nicht vorhanden wären, so würde der mit den Feldwicklungen verkettete Fluß während der Entregung nur vom Erregerstrom i_e abhängen. Wir können deswegen nach S. 129 die fiktive Zeitkonstante T' berechnen

$$T' = \frac{w}{r} \cdot \left(\frac{\Phi_p}{i_s}\right)_C = \frac{4720}{33,4 \cdot 10^9} + \frac{95,8 \cdot 10^4}{1,02 \cdot 10^{-1}} = 1,325 \text{ sec}.$$

Daraus ergibt sich

$$\frac{r + r_w}{r_w} = \frac{T}{T'} = \frac{1,50}{1,325} = 1,13.$$

Für verschiedene Verhältnisse $\dfrac{T}{T'}$ findet man so als Mittelwert des Äquivalentwiderstandes r_w etwa

$$r_w = 260 \; \Omega.$$

Wir wenden uns jetzt zur Bestimmung der Zeitkonstanten der Erregermaschine.

Wicklungsangaben:

Feldwicklung: Vier Pole in Reihenschaltung, pro Pol 1200 Windungen. Widerstand der Feldwicklung bei der Versuchstemperatur (20°) 34,5 Ω.

Ankerwicklung: 52 Nuten, 103 Kollektorlamellen, eine Nut ist, wie beim Generator, unvollständig, Reihenwicklung, 206 Stäbe je Stromzweig.

Die magnetische Charakteristik dieser Maschine zeigt Abb. 46, in welchem der Fluß im Anker als Funktion der Erregung dargestellt ist. Die Bürstenspannung bei 1500 Umläufen pro Minute und Leerlauf hängt mit dem Ankerfluß durch die Gleichung zusammen

$$E_0 = 2 \cdot 50 \cdot 206 \cdot 10^{-8} \cdot \Phi = 2,06 \cdot 10^{-4} \Phi \text{ Volt}.$$

Dabei ist der Fluß in Maxwell ausgedrückt.

Von dem selbsttätigen Regler wird bei Benutzung eines Apparates der Type REX der Bereich zwischen 1,20 bis 2,80 Amp überstrichen.

Die entsprechenden Widerstände des Feldkreises sind, wie man aus Abb. 46 ablesen kann, für den kleinsten Erregerstrom 86 Ω und für den größten 48 Ω, da die Maschine in Nebenschlußerregung arbeitet.

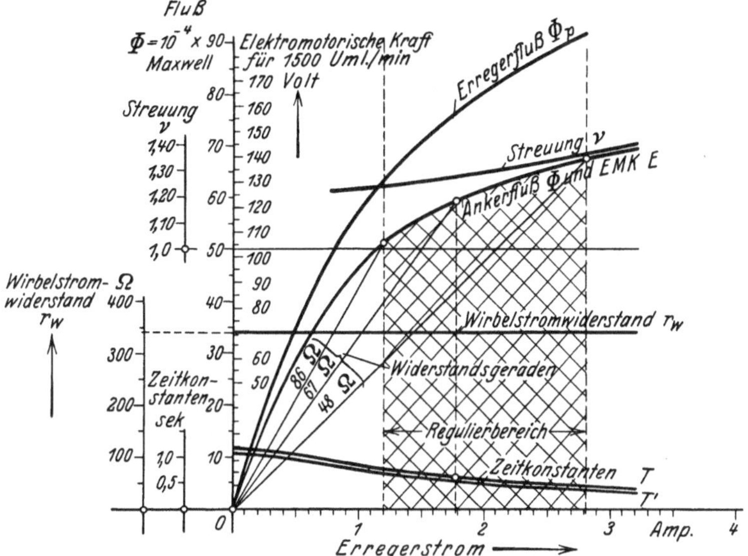

Abb. 46. Magnetisches Verhalten der Erregermaschine.

Durch Anwendung der oben erläuterten Rechnungen auf die Entregungskurven erhält man aus Abb. 47 und 48 die in Abb. 38 ein-

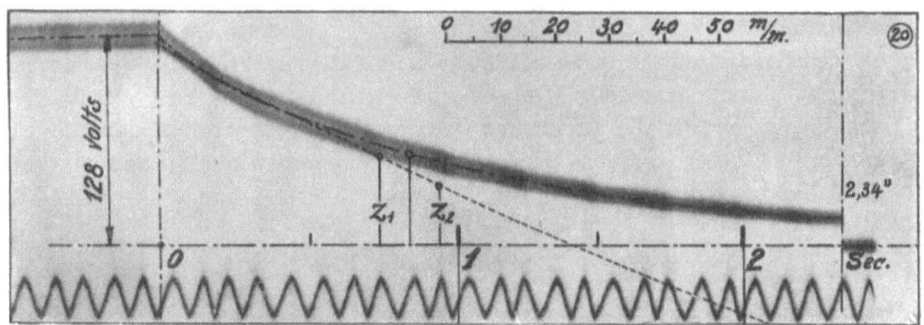

Abb. 47. Entregungskurve der Spannung.

getragenen Werte. Der Äquivalentwiderstand der Wirbelströme beträgt hier

$$r_w = 340\,\Omega.$$

Da die Erregermaschine sich selbst erregt, haben wir die Zeitkonstante aus dem Fluß und dem zugehörigen Widerstande nach S. 111 zu berechnen. Der mittlere Widerstand in dem vom selbsttätigen Regler überstrichenen Bereich ist $\frac{1}{2}$ (86 + 48) = 67 Ω. Die mit diesem Werte von 67 Ω gezeichnete Widerstandsgerade schneidet die Leerlaufscharakteristik bei einer Spannung von 122 Volt, also einem Ankerfluß von $59 \cdot 10^4$ Maxwell. Hierzu liest man aus den Abklingkurven eine Zeitkonstante von 0,61 sec ab. Diese Zeitkonstante enthält also den Feldwiderstand von 34,5 Ω, der bei der Aufnahme der Entregungskurven wirksam ist. Für die selbsttätige Regulierung im betrachteten Bereiche hat man somit die Zeitkonstante

$$T_e = 0{,}61 \frac{34{,}5}{67} \frac{340}{340 + 34{,}5} \cdot \frac{340 + 67}{340} = 0{,}34 \text{ sec} .$$

Diese Konstante ist noch mit dem Formfaktor umzurechnen.

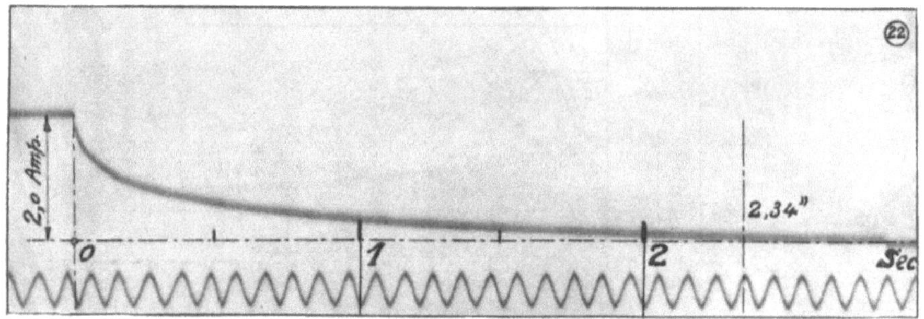

Abb. 48. Entregungskurve des Erregerstromes.

Wir haben den Formfaktor unserer Erregermaschine aus der Berechnung ihrer numerischen Stabilität nach S. 118 definiert. In Abb. 45 ist die logarithmisch umgezeichnete Leerlaufscharakteristik der Erregermaschine dargestellt. Die Koordinatenachsen sind in Volt und Ampere eingeteilt, die wirklichen Längen sind proportional dem Logarithmus dieser Größen. Der mittlere Steigungswinkel dieser umgezeichneten Kurve ist

$$\frac{1}{s} = \frac{CB}{AB} = 0{,}312; \quad s = 3{,}2 .$$

Somit findet man als Formfaktor

$$f_e = \frac{s}{2\,(s - 1)} = 0{,}73 .$$

Dieser Faktor ergibt sich also hier kleiner als 1; dieser glückliche Umstand tritt übrigens nur selten ein. Die wirksame Zeitkonstante der Erregermaschine lautet jetzt

$$T_e = 0{,}73 \cdot 0{,}34 = 0{,}25 \text{ sec} .$$

XI. Unmittelbare Regelung mittels eines Öldruckreglers.

(Type REX der Werkstätten H. Cuénod, Genf, Apparat Nr. 2772
für 100 Volt.)

93. Die Verteilung der Regulierwiderstände. Der Versuchsaufbau
ist in Abb. 39 schematisch angegeben.

Bekanntlich sollen die Widerstände derart verteilt sein, daß die
Leerlaufsspannung linear mit der Verstellung des Kontaktarms zunimmt (S. 42). Für den Generator erhält man bei Fremderregung mit
konstanter Spannung folgende Zahlentafel

Kontakt-Nr.	1	2	3	4	5	6	7	8	9	10
Klemmenspannung in Volt	72	79	86	93	100	107	114	121	128	135

Die Spannungssprünge zwischen den einzelnen Kontakten sind
merklich gleich, so daß die Verteilung eine gut lineare ist. Da die vorschriftsmäßige Spannung 100 Volt beträgt, findet man aus Gl. (32)

$$\frac{U_2 - U_1}{U_n} \equiv \gamma = \frac{135 - 72}{100} = 0{,}63 \, .$$

94. Die Zeitkonstante des Generators. Im Feldkreise sind die Ex-
tremenwerte des Widerstandes für konstante Erregerspannung von
108 Volt folgendermaßen bestimmt. Der kleinste Erregerstrom beträgt
1,2 Amp, der größte 1,70 Amp. Die entsprechenden Widerstände sind
90,0 Ω und 63,5 Ω. Daher ist der mittlere Widerstand $\frac{1}{2}$ (90 + 63,5)
= 76,8 Ω. Die Zeitkonstante für unmittelbare Regelung wird nach S. 109

$$T = 1{,}28 \, \frac{33{,}4}{76{,}8} \, \frac{260}{260 + 33{,}4} \, \frac{260 + 76{,}8}{260} = 0{,}64 \text{ sec} \, .$$

95. Die Rückführung. Die Rückführungszeitkonstante ist nach
S. 17 als das Verhältnis definiert

$$T_r = \frac{A}{\beta_r} \, .$$

β_r ist die Federkonstante der Rückführungsfeder (Nr. *24* in Abb. 4) gemessen im Befestigungspunkt der Ölpumpe. Sie gleicht also der Kraft
zur Biegung der Feder um 1 cm. In unserem Falle ist $\beta_r = 0{,}833$ kg/cm.

A ist der Proportionalitätsfaktor zwischen der Kraft, die auf den
Kolben der Ölbremse wirkt und der stationären Geschwindigkeit,
welche der Kolben unter dem Einfluß dieser Kraft annimmt. Es gilt
also die Definitionsgleichung

$$\text{Kraft} = A \cdot \text{Geschwindigkeit.}$$

A kann durch die Zeit gemessen werden, die der Kolben zum Durchlaufen eines bestimmten Weges unter der Wirkung einer bekannten
Kraft braucht. A hängt also von dem Querschnitt des Ölkanals im

Kolbenkörper ab und von der Zähigkeit des Öls, die ihrerseits u. a. durch die Temperatur beeinflußt wird. An dem Versuchsapparat erhielt man durch graphische Darstellung die formelmäßige Zusammenfassung

$$A = \frac{65,3}{N^0(t + 9,5^0)}\ \frac{\text{kg}\cdot\text{sec}}{\text{cm}}.$$

Darin bedeutet N^0 die Öffnung des Ölkanals.

Der für jeden Versuch maßgebende Wert der Rückführungszeitkonstante ist auf dem entsprechenden Oszillogramm angegeben.

Die Dämpfung der Rückführung ist die Änderung des Regulierpunktes oder des vorschriftsmäßigen Arbeitspunktes, die man bei Ersatz der Rückführungspumpe durch eine starre Stange erhalten würde. Sie kann bei dem benutzten Regler auf folgende Weise gemessen werden. Nachdem die Rückführungspumpe durch eine starre Stange ersetzt wurde, entspricht jeder Stellung des Kontaktarms eine wohldefinierte Klemmenspannung, welche das Meßinstrument in seine Gleichgewichtslage führen will, so daß der Kontaktarm dann ruht. Man regelt nun die Länge der starren Stange derart, daß die vorgeschriebene Spannung den Kontaktarm etwa in die Mitte der Kontaktbahn einspielen läßt. Sodann ändert man diese Spannung nach aufwärts und nach abwärts und beobachtet die Werte, die den beiden Grenzen der gesamten Kontaktbahn entsprechen.

Die Dämpfung ist sodann gegeben als Differenz dieser beiden Grenzspannungen, dividiert durch die vorgeschriebene Spannung. In dem für diese Versuche benutzten Apparat kann die Dämpfung innerhalb gewisser Grenzen durch Änderung der Länge des Hebelarmes B in Abb. 4 eingestellt werden. Als Funktion dieser Länge oder — einfacher — des Befestigungspunktes B verläuft die Dämpfung nach folgenden Werten

Stellung des Punktes B	1	2	3	4	5
Dämpfung δ	0,23	0,32	0,41	0,53	0,66
Relative Dämpfung δ'	0,36	0,51	0,65	0,84	1,05

Der für jeden Versuch maßgebende Dämpfungswert ist auf dem entsprechenden Oszillogramm verzeichnet.

96. Die Konstanten des Reglers. Es ist wichtig, den Wert der spezifischen Laufzeit T'_s zu untersuchen, um ihre Größenordnung mit der Zeitkonstante der Erregermaschine zu vergleichen. T_s ist nach S. 18 die Zeit, die der Kontaktarm unter dem Einfluß einer konstanten Spannungsabweichung zum Durchlaufen der gesamten Kontaktbahn benötigt, multipliziert mit der Größe dieser Abweichung. Man kann T_s unmittelbar messen, indem man das Meßinstrument des Reglers mit einer konstanten Spannung speist und die Zeit beobachtet, welche der Kontaktarm zum Durchlaufen der Kontaktbahn bei abgestellter Ölbremse gebraucht. Man hat indes zu beachten, daß bei dieser Messung die Abweichungen klein gegen die vorschriftsmäßige Spannung sein müssen, weil die Näherung auf S. 18 auf der Proportionalität zwischen der Verstellung des Meßinstrumentes und der Abweichung beruht.

Die beschriebenen Messungen ergaben für den in Frage stehenden Regler die Größe $T_s = 0,05$ sec.

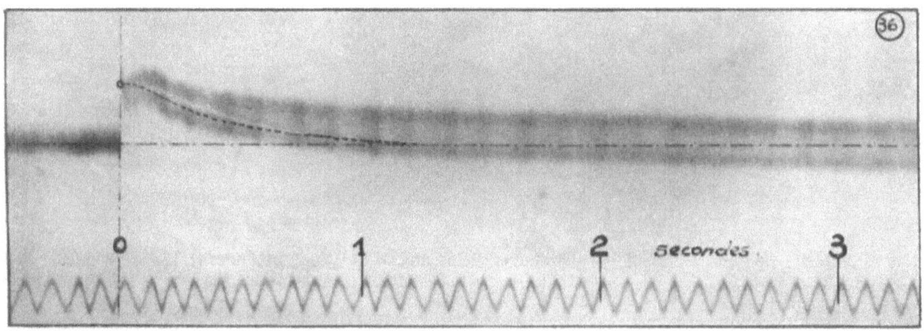

Abb. 49. Spannungsverlauf bei plötzlicher Entlastung. $\delta' = 0,65$. Abstimmung: $T_r = 0,64$ sec.

Da die spezifische relative Laufzeit T_s' außerdem noch von der Rückführungsdämpfung abhängt, so ergibt sich für die verschiedenen Werte von δ folgende Zusammenstellung

$$\delta = 0,23 \quad 0,32 \quad 0,41 \quad 0,53 \quad 0,66$$
$$T_s' = 0,22 \quad 0,16 \quad 0,12 \quad 0,09 \quad 0,08 \text{ sec.}$$

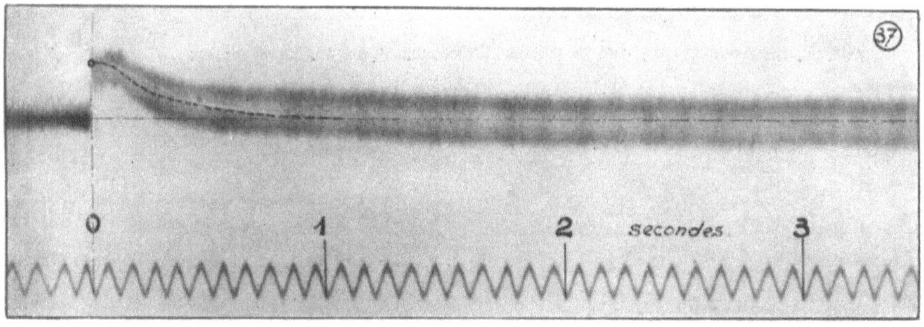

Abb. 50. Spannungsverlauf bei plötzlicher Entlastung. $\delta' = 0,57$. Abstimmung: $T_r = 0,64$ sec.

Das Verhältnis der spezifischen relativen Laufzeit und der Zeitkonstanten des Generators liegt also je nach der Dämpfung zwischen 0,34 und 0,12.

Der Vollständigkeit halber wollen wir bemerken, daß der Unempfindlichkeitsgrad dieses Reglers etwa $\pm 0,2\%$ beträgt. Man erkennt auf den Oszillogrammen Abb. 49 bis 53, daß die Spannung merklich den gleichen Wert nach Beendigung des Reguliervorganges annimmt, den sie vor der Laständerung hatte.

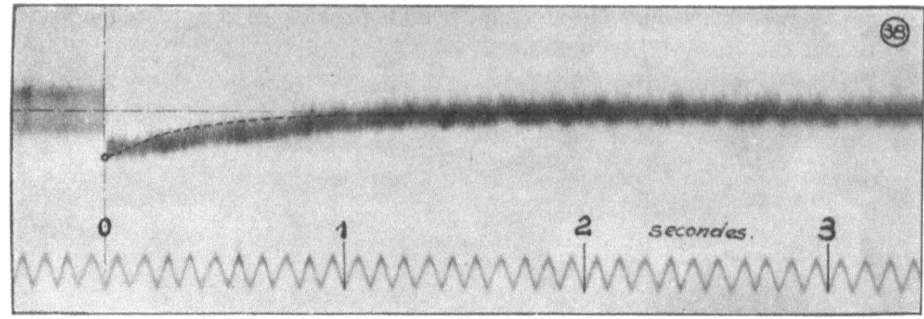

Abb. 51. Spannungsverlauf bei plötzlicher Belastung. $\delta = 0{,}40$. Abstimmung: $T_r = 0{,}64$ sec.

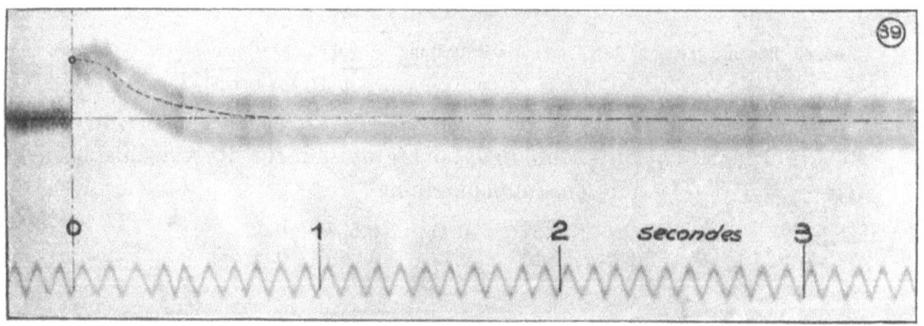

Abb. 52. Spannungsverlauf bei plötzlicher Entlastung. $\delta' = 0{,}40$. Abstimmung: $T_r = 0{,}64$ sec.

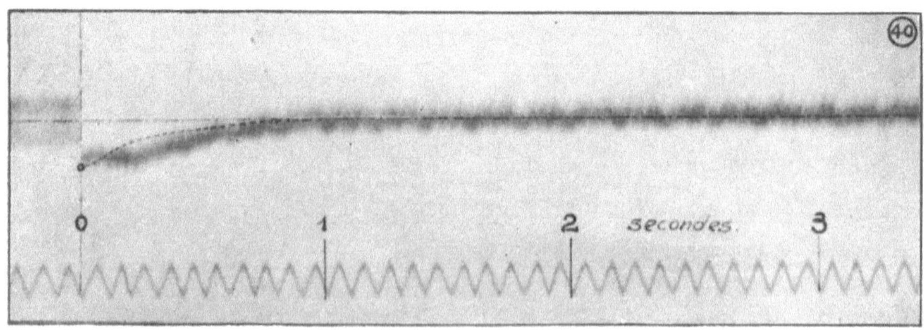

Abb. 53. Spannungsverlauf bei plötzlicher Belastung. $\delta' = 0{,}40$. Abstimmung: $T_r = 0{,}64$ sec.

97. Versuchsergebnisse. Die hier wiedergegebenen Oszillogramme (Abb. 49 bis 53) bedürfen keiner Erläuterung. Auf dem Oszillogramm ist punktiert die rechnerisch gewonnene Regulierungskurve auf Grund der jeweils angegebenen Daten eingetragen. Der Anfangspunkt, umgerechnet nach den Erläuterungen auf S. 70 und 137 ist der einzige Wert, der aus dem Oszillogramm entnommen wurde. Man erkennt insbesondere, daß Rechnung und Erfahrung für alle technischen Bedürfnisse mehr als befriedigend übereinstimmen.

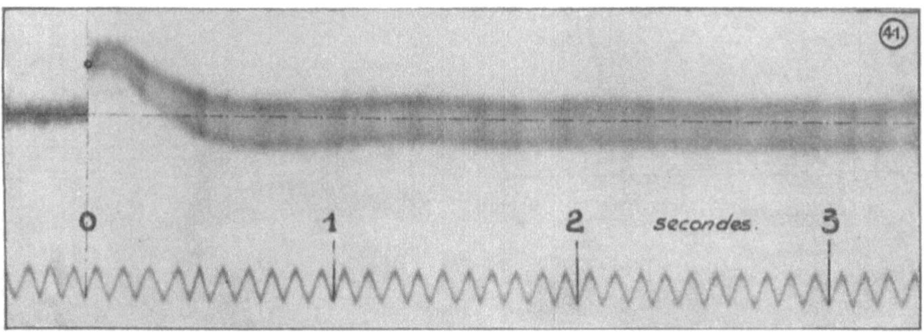

Abb. 54. Spannungsverlauf bei plötzlicher Entlastung. $\delta' = 0{,}40$. Verstimmte Rückführung: $T_r = 0{,}49$ sec (zu klein).

Die Regulierungskurven sind nach der Näherungsformel (44) berechnet, in der die spezifische Laufzeit vernachlässigt wurde. Nach den vorangehenden Überlegungen findet man, daß ein Verhältnis $\frac{T'_s}{T}$ bis zur Größe von etwa 0,2 keinen störenden Einfluß auf dies Ergebnis hat.

Zum Schluß wurde das Oszillogramm nach Abb. 54 mit verstimmter Rückführung aufgenommen. Das Verhalten der Regulierungskurve bestätigt die auf S. 75 durchgeführten Überlegungen.

XII. Mittelbare Regulierung mit einem Öldruckregler.

Type REX der Werkstätten H. Cuénod, Genf, Apparat Nr. 2772 für 100 Volt.

98. Bestimmung der numerischen Widerstandsverteilung. Der Versuchsaufbau ist durch Abb. 40 gegeben.

Die Widerstände unterscheiden sich von den im vorigen Fall benutzten. Sie sind jedoch ebenfalls derart verteilt, daß die Spannung des Generators linear mit der Verstellung des Kontaktarms anwächst; dabei wird die Verstellung durch die Zahl gleich entfernter Kontakte von einem Endpunkte aus gemessen. Die direkte Messung wurde für stets zunehmende Erregung ausgeführt, um den Einfluß der Hysterese zu eliminieren. Man erhält

Kontakt-Nr.	1	2	3	4	5	6	7	8	9	10
Leerlaufspannung in Volt	108	109	111	114	117	119	121	123	125	128

und also

$$\gamma = \frac{128 - 108}{100} = 0,20 \, .$$

99. Die Zeitkonstanten. Bei diesem Versuche enthielt der Feldkreis des Generators einen kleinen zusätzlichen Widerstand, um zu ver-

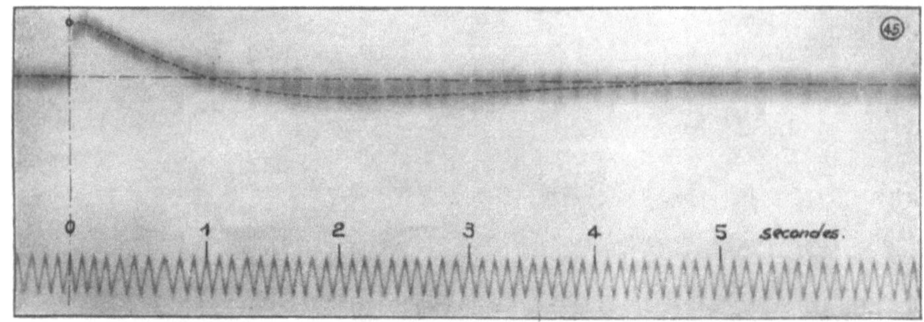

Abb. 55. Spannungsverlauf bei plötzlicher Entlastung. $\delta' = 0,55$. Abstimmung: $T_r = 0,60$ sec.

meiden, daß die Erregermaschine bei zu niedriger Klemmenspannung arbeitete. Der gesamte Widerstand im Felde des Generators betrug so

$$r_p = 67,0 \, \Omega \, .$$

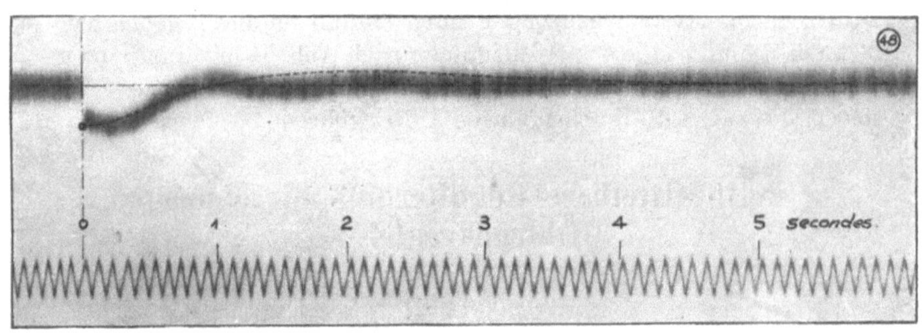

Abb. 56. Spannungsverlauf bei plötzlicher Belastung. $\delta' = 0,55$. Abstimmung: $T_r = 0,60$ sec.

Die früher bestimmte Zeitkonstante, welche bei einem Feldwiderstand von 33,4 Ω gemessen wurde, rechnet sich also um im Verhältnis

$$T_p = 1,085 \cdot \frac{33,4}{67} \frac{260}{260 + 33,4} \frac{260 + 67}{260} = 0,60 \; \text{sec} \, .$$

Die wirksame Zeitkonstante der Erregermaschine beträgt nach S. 142 0,25 sec, so daß als mittlere Zeitkonstante des Aggregates nach Gl. (81) folgt

$$T_m = \tfrac{1}{2}(T_p + 2T_e) = \tfrac{1}{2}(0,60 + 2 \cdot 0,25) = 0,55 \; \text{sec} \, .$$

100. Die Rückführung. Durch die gleichen Messungen wie im vorangehenden Falle erhält man folgende Zahlentafel

Stellung von B	1	2	3	4	5
Dämpfung δ	0,11	0,14	0,18	0,24	0,29
Relative Dämpfung δ'	0,55	0,70	0,90	1,20	1,45

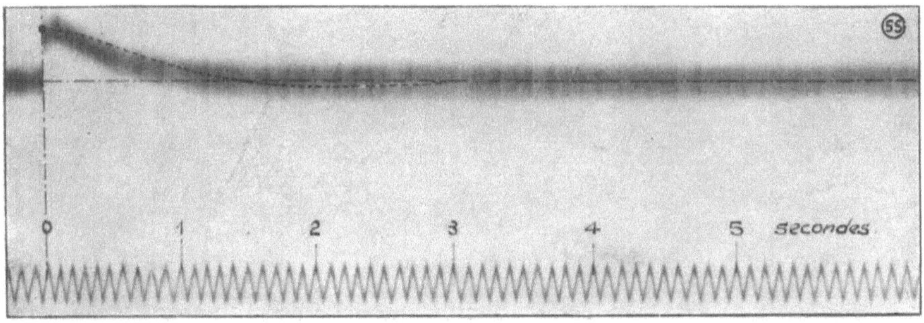

Abb. 57. Spannungsverlauf bei plötzlicher Entlastung. $\delta' = 0{,}70$. Abstimmung: $T_r = 0{,}60$ sec.

Die Dämpfungen sind hier absolut kleiner als bei der unmittelbaren Regelung. Dieses Ergebnis wurde durch eine Änderung der rücktreibenden Federn in *22* Abb. 4 erzielt. Man wollte hierdurch die Relativdämpfung

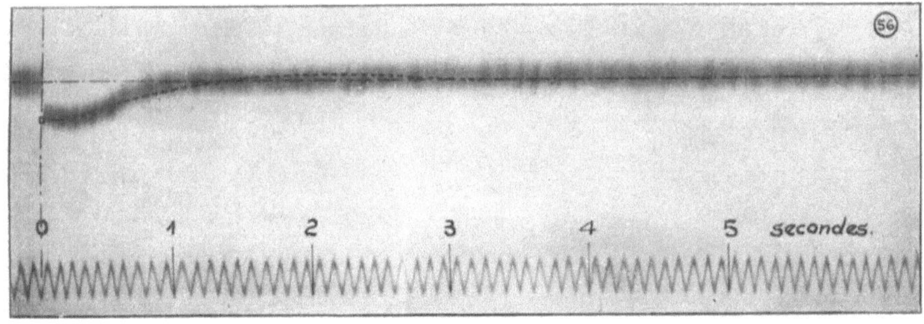

Abb. 58. Spannungsverlauf bei plötzlicher Belastung. $\delta' = 0{,}70$. Abstimmung: $T_r = 0{,}60$ sec.

δ' in dieselbe Größenordnung bringen wie beim vorigen Versuch. Übrigens sind diese Werte auch vom Standpunkt der technisch günstigsten Gestalt der Regulierungskurve vorzuziehen.

Die Rückführungszeitkonstante stimmt mit der früher angegebenen überein.

101. Spezifische Laufzeit des Reglers. Die Änderung der Federn, die mit Rücksicht auf die Dämpfungsänderung vorgenommen wurde, beeinflußt den Wert von T_s. Durch eine Messung entsprechend der früheren findet man hier ihren Mittelwert zu 0,02 sec.

Die relative spezifische Laufzeit ergibt sich nun für die verschiedenen Dämpfungswerte aus

$$T'_s = \frac{T_s}{\delta} = 0{,}18; \quad 0{,}14; \quad 0{,}11; \quad 0{,}08; \quad 0{,}07 \text{ sec}.$$

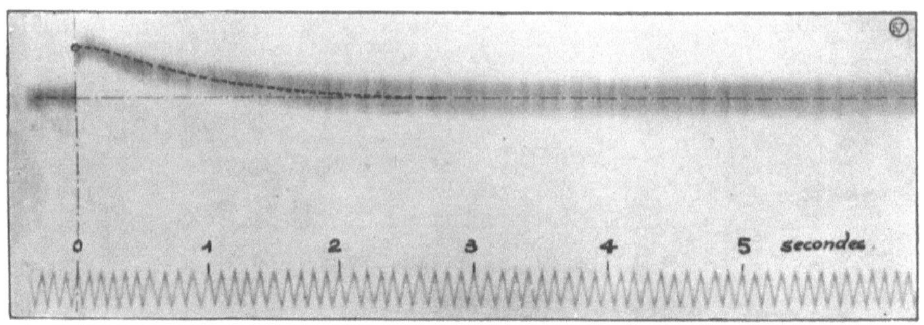

Abb. 59. Spannungsverlauf bei plötzlicher Entlastung. $\delta' = 0{,}92$. Abstimmung: $T_r = 0{,}60$ sec.

Der Vergleich mit T_p oder $2\,T_e$ ergibt das Verhältnis

$$\frac{T'_s}{T_p} = 0{,}3 \cdots 0{,}12; \quad \frac{T'_s}{2\,T_s} = 0{,}36 \cdots 0{,}14.$$

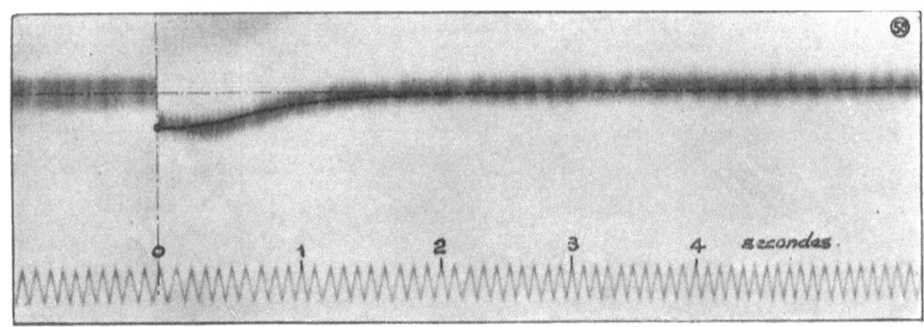

Abb. 60. Spannungsverlauf bei plötzlicher Belastung. $\delta' = 0{,}92$. Abstimmung: $T_r = 0{,}60$ sec.

Wir finden also wiederum die Bedingungen, die für die Schnellregulierung notwendig sind, so daß die auf S. 103 aufgestellten Formeln (83) angewandt werden dürfen.

102. Versuchsergebnisse. Die oben wiedergegebenen Oszillogramme (Abb. 55 bis 59) zeigen auch hier eine befriedigende Übereinstimmung zwischen den gerechneten Kurven (gestrichelt gezeichnet) und der Messung. Die gerechneten Kurven schließen sich an die Ausgangsordinate an, welche dem Oszillogramm entnommen und mit der Drehzahländerung nach S. 137 umgerechnet wurde.

Die Abstimmungsbedingung für die Rückführung ergibt hier merklich die gleichen Werte, ob man sie nun auf den Generator oder die Erregermaschine bezieht. Denn es gilt

$$T_r = T_p = 0{,}60 \ \text{sec}\,; \quad T_r = 2\,T' = 0{,}50 \ \text{sec}\,.$$

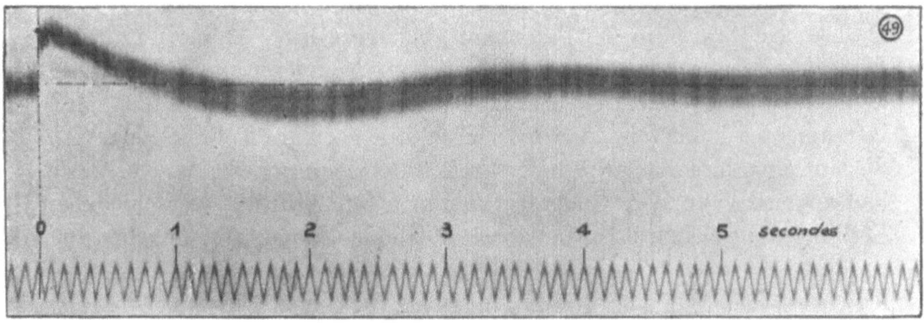

Abb. 61. Spannungsverlauf bei plötzlicher Entlastung.
$\delta' = 0{,}55$. Verstimmung: $T_r = 0{,}34$ sec (zu klein).

Die aufgestellten Formeln stellen die eintretenden Verhältnisse offenbar noch befriedigend dar, selbst wenn das Verhältnis $\dfrac{T_s'}{2\,T_e} = \sim \dfrac{T_s'}{T_p}$ die Größenordnung 0,2 erreicht.

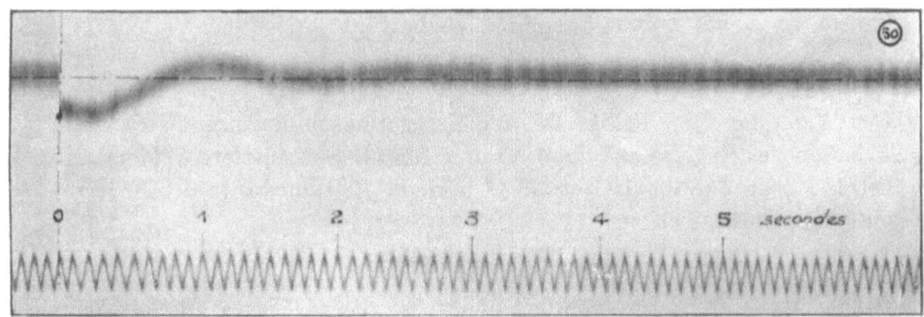

Abb. 62. Spannungsverlauf bei plötzlicher Belastung.
$\delta' = 0{,}55$. Verstimmung: $T_r = 0{,}34$ sec (zu klein).

Endlich zeigen die Oszillogramme nach Abb. 60 und 61 die Regulierungskurven für den Fall der verstimmten Rückführung. Die Betrachtungen von S. 87 werden durch sie bestätigt. Man erkennt insbesondere das Auftreten von Schwingungen, die übrigens noch gedämpft sind, sobald $T_r < T_p$ oder $2\,T_e$ ist. Man überzeugt sich an Hand dieser Versuche leicht, daß von einem hinreichend kleinen Wert der Rückführungszeitkonstanten an die Schwingungen nicht mehr gedämpft sein, sondern zunehmende Amplituden zeigen würden.

XIII. Mittelbare Regulierung mit einem BBC-Regler.

(Apparat 15081, Type 210, für 110 Volt.)

103. Die numerische Widerstandsverteilung. Die Versuchsanordnung wird wie im vorangehenden Falle durch Abb. 40 dargestellt.

Die Kontaktbahn enthält nach beiden Seiten je vierunddreißig Kontakte in gleichem Abstande. Der vom Regulierorgan durchlaufene Winkel, welcher mit dem Winkel des beweglichen Teiles des Meßinstrumentes identisch ist, wird durch eine reguläre Teilung gemessen, die auf einer am Apparat befestigten Skala eingraviert ist. Die Leerlaufsspannung an den Generatorklemmen wird für die verschiedenen Stellungen des Kontaktarms durch folgende Zahlentafel gegeben.

Stellung Nr..	0	5	10	15	20	25	30	34
Klemmenspannung in Volt	127	123	117	114	110	106	104	101

Da die Sprünge zwischen den einzelnen Spannungen merklich gleich sind, haben wir eine gute lineare Verteilung. Der Verteilungskoeffizient γ folgt aus

$$\gamma = \frac{127 - 101}{110} = 0{,}236 \,.$$

104. Die Maschinenzeitkonstanten. Der Feldkreis des Generators wurde durch einen äußeren Widerstand von $55\,\Omega$ ergänzt. Die Zeitkonstante — wie früher berechnet — beträgt

$$T_p = 0{,}76 \text{ sec} \,.$$

Der Widerstand im Feldkreise der Erregermaschine ändert sich beim Arbeiten des Reglers zwischen 85 und $105\,\Omega$. Der mittlere Widerstand beträgt aber $\frac{1}{2}(85 + 105) = 95\,\Omega$ und die Zeitkonstante der Erregermaschine findet sich zu

$$T_e = 0{,}36 \text{ sec} \,.$$

Da der Formfaktor unverändert bleibt, ist die wirksame mittlere Zeitkonstante des Aggregates

$$T_m' = \tfrac{1}{2}(0{,}76 + 2 \cdot 0{,}73 \cdot 0{,}36) = 0{,}64 \text{ sec} \,.$$

105. Die Rückführung. Die Dämpfung dieses Apparates kann nicht eingestellt werden. Sie besitzt einen ganz bestimmten Wert, der durch die Konstruktion festgelegt ist. Sie wurde folgendermaßen gemessen: Wenn man das Meßinstrument mit der vorschriftsmäßigen Spannung von 110 Volt speist, befindet es sich in jeder Lage im indifferenten Gleichgewicht. Man bringt es möglichst in die Mitte seines Arbeitsbereiches, indem man mit der Hand die Bremsscheibe des Rückführungssystems entsprechend dreht, und hält das Meßinstrument in dieser Stellung fest. Hierauf steigert man die Spannung an den Klemmen des Meßinstrumentes so weit, daß das Regulierorgan bis zu den Endkontakten ausschlägt. Man erhält so zwei Spannungen, deren Differenz im Verhältnis zur vorschriftsmäßigen Spannung die gesuchte Spannung liefert. Dieser Versuch ist offenbar in genauer Übereinstimmung mit der Definition der Dämpfung nach S. 25 ausgeführt.

Für den in Rede stehenden Apparat erhielt man auf diesem Wege die Dämpfung zu

$$\delta = 17{,}3\%.$$

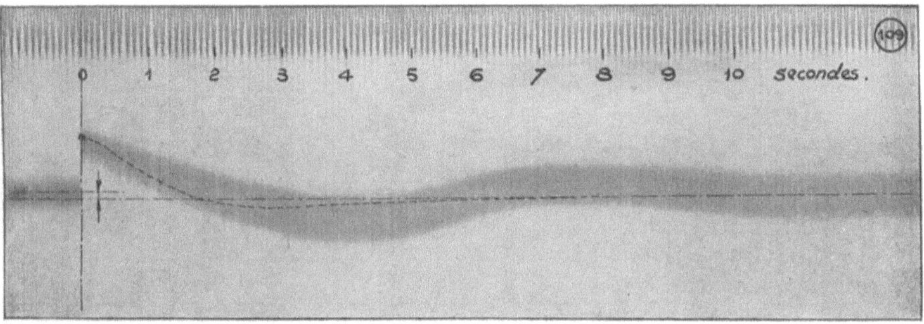

Abb. 63. Spannungsverlauf bei plötzlicher Entlastung. $\delta' = 0{,}73$. Abstimmung: $T_r = 0{,}76$ sec.

Die relative Dämpfung ergibt sich hieraus zu

$$\delta' = \frac{\delta}{\gamma} = \frac{0{,}173}{0{,}236} = 0{,}73 .$$

Das Drehmoment bzw. die Tangentialkraft, welche die Bremsscheibe entwickelt, wird an der Peripherie des gezahnten Segmentes gemessen. Sie ist innerhalb weiter Grenzen der Drehzahl der Scheibe proportional. Die Zeitkonstante der Rückführung ergibt sich dann wie bei dem vorstehend beschriebenen Öldruckregler als Quotient des Proportionalitätsfaktors zwischen Kraft und Scheibendrehzahl, dem sogenannten Reibungskoeffizienten, dividiert durch die Federkonstante der Rückführungsfeder (Abb. 7).

Endlich messen wir die Federkonstante durch die Kraft, die eine bestimmte Biegung hervorruft. Es ergibt sich, bezogen auf den gezahnten Sektor, eine Federkraft von 2,06 g/cm.

Der Reibungskoeffizient wird durch die Zeit bestimmt, die die Scheibe zur Ausführung einer bestimmten Zahl voller Drehungen unter dem Einfluß einer bekannten Tangentialkraft braucht. Hierzu rollt man einen Faden um die Welle der Scheibe und belastet sie mit einem bekannten Gewicht. Man beobachtet den Zeitraum, den ein Fadenpunkt zum Durchlaufen einer definierten Strecke braucht, nachdem der Beschleunigungsvorgang abgelaufen, also die Drehzahl gleichförmig geworden ist. Das Verhältnis des Gewichtes zur Drehzahl gibt nach Umrechnung auf den Grundkreis des gezahnten Sektors (S. 24) den gesuchten Koeffizienten.

Dieser Reibungskoeffizient ist bei gewöhnlicher Temperatur von dieser unabhängig; dagegen hängt er von der Stellung der permanenten Magneten zur Scheibe ab. Bei der Konstruktion wurde die Möglichkeit einer Verstellung dieser Magnete vorgesehen, so daß man die Rückführungszeitkonstante in gewissen Grenzen einstellen kann.

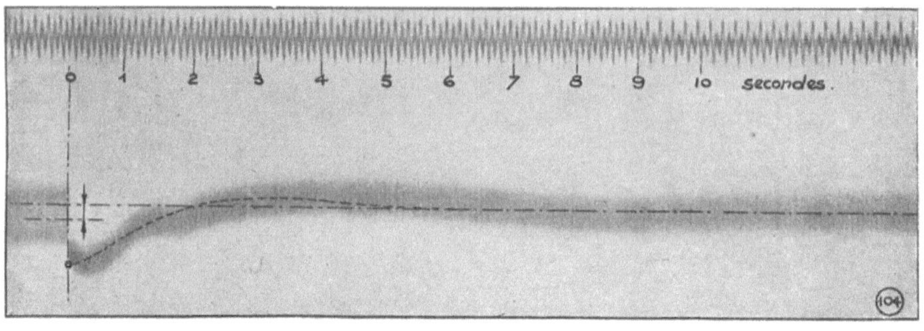

Abb. 64. Spannungsverlauf bei plötzlicher Belastung. $\delta' = 0{,}73$. Abstimmung: $T_r = 0{,}76$ sec.

Bei dem untersuchten Apparat wurde der Reibungskoeffizient in Abhängigkeit von der Stellung der beiden Magneten bestimmt. Die Größenordnung des zu benutzenden Gewichtes ist durch die mittlere Biegung der Rückführungsfeder gegeben, die 2 cm betrug, das fragliche Gewicht ist dann etwa 5 g.

Nach Ausführung aller Messungen einschließlich aller Korrekturen liefert dieser Reibkoeffizient die Zeitkonstante des Apparates durch den Quotienten (vgl. S. 24)

$$T_r = \frac{a}{\beta_r}.$$

Man erhielt folgende Zahlenwerte

Stellung der Magneten Nr.. . .	1	2	3	4	5
Rückführungszeitkonstante . . .	0,18	0,50	0,93	1,40	1,66 sec .

Für jeden Versuch wurde die zugehörige Zeitkonstante durch graphische Interpolation zwischen diesen Werten gewonnen und in das entsprechende Oszillogramm eingetragen.

106. Die Bestimmung der spezifischen Laufzeit ist hier wegen der mechanischen Trägheit der Bremsscheibe nicht genau definiert. Bei der allgemeinen Untersuchung des Apparates haben wir ja vorausgesetzt, daß alle Trägheitseinflüsse vernachlässigt werden dürfen. Nun wird die Bremsscheibe, die mit einer gewissen Geschwindigkeit arbeitet, einer relativ kleinen Triebkraft ausgesetzt. Zur Bestimmung der spezifischen Laufzeit müssen wir die Rückführung entfernen. Das kann man entweder durch Abschrauben der Magnete oder durch Entfernung der Bremsscheibe bewerkstelligen. Die hierbei erhaltenen Werte der spezifischen Laufzeit T_s unterscheiden sich nun sehr stark infolge der notwendigen Beschleunigungszeit der Scheibe.

Die Messungen an diesem Apparat wurden in derselben Weise wie früher beschrieben ausgeführt, wobei der Einfachheit halber die Scheibe

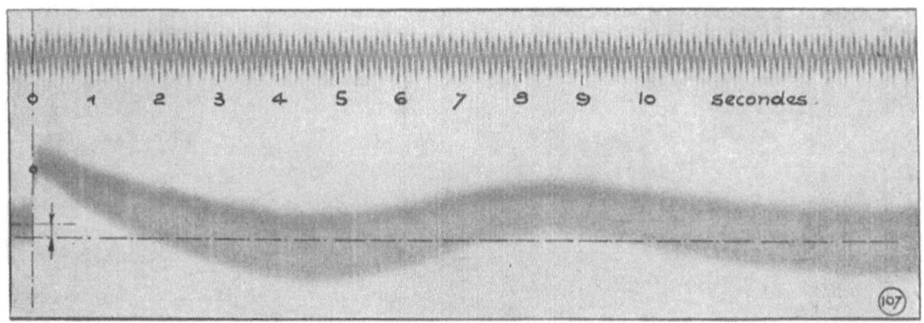

Abb. 65. Spannungsverlauf bei plötzlicher Entlastung.
$\delta' = 0,73$. Verstimmung: $T_r = 0,50$ sec (zu klein).

beibehalten wurde und lediglich die Magnete bis in eine unwirksame Entfernung zurückgezogen wurden. Der Versuch ergab

Klemmenspannung am Meßinstrument . .	115,7	120,7	106,7	101,7
Laufzeit in sec	3,0	1,5	2,25	1,25
Relative Abweichung in %	3,58	8,06	4,48	8,96
Spezifische Laufzeit in sec	0,107	0,121	0,101	0,112

Im Mittel gilt also $T_s = 0,110$ sec.

Dieser Wert ist sicherlich unrichtig. Denn die Trägheit der Bremsscheibe sowohl wie auch die mechanische Reibung der Lager spielen eine ähnliche Rolle wie die Bremsmagneten. Die Bewegung des Systems wird also verzögert und die so gemessene spezifische Laufzeit ist viel zu groß.

Wenn man dagegen die Scheibe entfernt, so verringert sich die Laufzeit beträchtlich. Da das bewegliche Organ sich nur schwach bewegt, so ist die Messung dann praktisch fast unmöglich. Da indes diese Messung kaum praktischen Wert besitzen dürfte, haben wir uns mit ihren Einzelheiten nicht beschäftigt.

Wenn man für den letzten Fall die spezifische Laufzeit auswertet, so kann man sie gegen das Resultat der vorangehenden Messung vernachlässigen. Der wahre Wert liegt sicherlich zwischen diesen beiden

Grenzen; als wahrscheinlich richtige Größenordnung kann deshalb
das arithmetische Mittel gelten, welches sich zu $\frac{1}{2}$ (0,110 + 0) = 0,055 sec
ergibt.

Die spezifische relative Laufzeit beträgt also für alle mit diesem
Apparat ausgeführten Versuche

$$T'_s = \frac{0,055}{0,173} = 0,3 \text{ sec} .$$

Der Apparat weist einen schwachen Unempfindlichkeitsgrad
in der Größenordnung von ± 0,5 % auf. Er wird auf den Oszillogrammen erkennbar, indem die Endspannung nicht genau mit der
Anfangsspannung übereinstimmt. Die berechneten Abweichungskurven

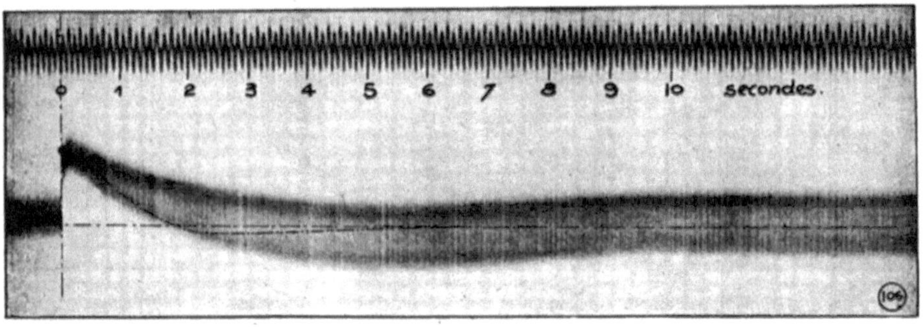

Abb. 66. Spannungsverlauf bei plötzlicher Entlastung.
$\delta' = 0{,}73$. Verstimmung: $T_r = 1{,}2$ sec (zu groß). Die strichpunktierte Kurve ist für abgestimmte
Rückführung berechnet.

wurden, wie es sein muß, auf die Endspannung bezogen und in die
Oszillogramme eingetragen (Abb. 63 bis 66).

107. Vergleich mit der Erfahrung. Auch hier zeigen die Oszillogramme eine befriedigende Übereinstimmung zwischen der Rechnung
nach Gl. (83) und dem Versuch. Man bemerkt jedoch in Abb. 63 und 64
besonders stark, daß der Apparat offenbar die Tendenz zur Überregulierung zeigt. Dies erklärt sich aus der mechanischen Trägheit der
Rückführung, insbesondere der Trägheit der Bremsscheibe.

Die Oszillogramme der Abb. 65 und 66 beziehen sich auf verstimmte
Hemmung. In Abb. 65 ist die Rückführungszeitkonstante kleiner als die Maschinenkonstante, so daß Schwingungen entstehen.
Die Entfernung der Magnete führt übrigens sofort zu dauernden Schwingungen zwischen den beiden Grenzen des Regulierbereichs.

In Abb. 66 ist die Rückführungszeitkonstante größer als die
der Maschinen, so daß die Regulierzeit vergrößert wird.
Um dies zu veranschaulichen, ist zum Vergleich die theoretische Kurve
für den Fall der abgestimmten Rückführung in das Oszillogramm eingetragen worden.

XIV. Mittelbare Regulierung mittels eines Tirrill-Reglers der AEG, Berlin.
(Apparat Nr. 132.)

108. Verteilung der Regulierwiderstände. Die allgemeine Anordnung des Versuches zeigt Abb. 40. Der benutzte Apparat enthielt ein Relais zur Unterbrechung des Erregerstromes; bezüglich der Einzelheiten vergleiche man das oben erwähnte Buch von Natalis, S. 86.

Bei dieser Reglertype kann man von einem eigentlichen „Verteilungsgesetze" nicht sprechen; denn die Größe des Widerstandes richtet sich nach dem veränderlichen Verhältnis der Öffnungs- zur Schlußzeit des Kontaktes, der einen Teil des Erregerwiderstandes kurzschließt. Wir können deshalb nur die Grenzwerte des Widerstandes angeben, die wir durch die entsprechenden Leerlaufspannungen des Generator ausdrücken können.

Die Oszillogramme der Abb. 68 und 69 sind bei Leerlauf und festgestelltem Regler unter folgenden Bedingungen gemessen worden:
Klemmenspannung des Generators:
Kleinstwert 100,8 Volt, Höchstwert 113,5 Volt.
Klemmenspannung der Erregermaschine:
Kleinstwert 84,0 Volt, Höchstwert 115,5 Volt.
Erregerstrom des Generators:
Kleinstwert 1,19 Amp, Höchstwert 1,63 Amp.
Erregerstrom der Erregermaschine:
Kleinstwert 0,82 Amp, Höchstwert 1,62 Amp.

Der Feldwiderstand des Generators ist also

$$r_p = \frac{84}{1,19} = \frac{115,5}{1,63} = 71\ \Omega.$$

Der Feldwiderstand der Erregermaschine variiert zwischen

$$r_e = \frac{84}{0,82} = 102\ \Omega \text{ bis zu } r_e = \frac{115,5}{1,62} = 71,5\ \Omega,$$

so daß er im Mittel gleich $\frac{1}{2}\,(102 + 71,5) = 86\ \Omega$ ist.

Die in Abb. 70 und 71 dargestellten Oszillogramme sind unter folgenden Bedingungen aufgenommen worden:
Klemmenspannung des Generators:
Kleinstwert 95,5 Volt, Höchstwert 118,7 Volt.
Klemmenspannung der Erregermaschine:
Kleinstwert 75,5 Volt, Höchstwert 132 Volt.
Feldstrom des Generators:
Kleinstwert 1,06 Amp, Höchstwert 1,86 Amp.
Feldstrom der Erregermaschine:
Kleinstwert 0,70 Amp, Höchstwert 2,57 Amp.
Feldwiderstand des Generators:

$$r_p = \frac{75,5}{1,06} = \frac{132}{1,86} = 71\ \Omega\,.$$

Der Feldwiderstand der Erregermaschine wurde zwischen den Grenzen verändert

$$r_e = \frac{75,5}{0,70} = 108 \,\Omega \text{ bis zu } r_e = \frac{132,0}{2,57} = 51,3 \,\Omega,$$

er liegt also im Mittel bei $\frac{1}{2}(108 + 51,3) = 80 \,\Omega$.

Die Berechnung des Koeffizienten γ hat hier keine Bedeutung, da, wie unten gezeigt werden wird, die Messung der Rückführung unmittelbar den Wert der relativen Dämpfung δ' liefert. Wir wollen indessen, um einen Vergleich mit den anderen Reglern zu ermöglichen, seinen hieraus bestimmten Zahlenwert zu 0,127 für den ersten Fall und 0,232 für den zweiten Fall angeben.

Die Verteilung der Zwischenwerte hängt lediglich von den physikalischen Eigenschaften der Kontakte ab. Wir werden an Hand der Oszillogramme erkennen, daß unsere Voraussetzungen der Arbeitsweise des Tirril-Reglers hinreichend nahekommen.

109. Zeitkonstanten der Maschine. a) Für die Oszillogramme nach Abb. 68 und 69:

Generator. Für den Bereich von 1,19 zu 1,63 Amp des Erregerstromes erhalten wir als mittlere Zeitkonstante aus Abb. 38 den Wert von 1,31 sec. Die für den Reguliervorgang maßgebende Zeitkonstante des Feldkreises beträgt also

$$T_p = 1,31 \cdot \frac{33,4}{71} \frac{331}{293,4} = 0,695 \text{ sec}.$$

Erregermaschine: Nachdem der Erregerstrombereich zwischen 0,82 und 1,62 Amp bekannt ist, folgt aus Abb. 45 eine mittlere Zeitkonstante von 0,82 sec. Da der mittlere Widerstand hierbei 86 Ω beträgt, finden wir

$$T_e = 0,82 \cdot \frac{34,5}{86} \cdot \frac{426}{374,5} = 0,375 \text{ sec}.$$

Demnach ist die mittlere Zeitkonstante des Aggregates:

$$T_m = \tfrac{1}{2}(0,695 + 2 \cdot 0,73 \cdot 0,375) = 0,62 \text{ sec}.$$

b) Für die Oszillogramme nach Abb. 70 und 71.

Generator. Durch eine analoge Rechnung ergibt sich die Zeitkonstante des Generators ebenso groß wie im ersten Fall, da sich der Feldwiderstand nicht geändert hat und der Bereich des Erregerstromes merklich dieselbe Eigenzeitkonstante liefert (vgl. Abb. 38). Es gilt also auch hier

$$T_p = 0,695 \text{ sec}.$$

Erregermaschine. Für den Bereich von 0,70 bis 2,57 Amp ergibt sich diese Zeitkonstante für einen mittleren Widerstand von 80 Ω zu

$$T_e = 0,398 \text{ sec}.$$

Es ist folglich die mittlere Zeitkonstante des Aggregates

$$T_m = 0{,}64 \text{ sec}.$$

110. Bestimmung der Rückführungsdämpfung. Die unmittelbare Messung von δ, wie sie für die vorstehend beschriebenen Regler benutzt wurde, ist hier nicht anwendbar. Man würde hierbei sogar zu einem Widerspruche kommen.

Denn man müßte, um diese Messung auszuführen, eine sehr (unendlich) große Rückführungszeitkonstante einstellen; da diese Zeitkonstante hierbei von dem Felde der Erregermaschinen stammt, müßte man also zur Grenze $T_e \to \infty$ übergehen. Dann aber bleibt die Erregung der Erregermaschinen konstant, und daher auch ihre Klemmenspannung, so daß schließlich der Hebel C_1 der Erregerspule nach Abb. 9 stehenbleiben würde. Es würden dann lediglich die äußersten Werte der geregelten Spannung bei Öffnung oder Schließung des schwingenden Kontaktes aufzusuchen sein.

Hierin liegt nun der Widerspruch: Der Hebel der Spannungsspule befindet sich im indifferenten Gleichgewicht, wobei er zwangsläufig vom vorschriftsmäßigen Werte abweicht, der ja konstant sein soll. Schon eine unbedeutende Spannungsabweichung würde den Kontakt schließen oder öffnen, die Rückführungsdämpfung also verschwinden.

Dieser Schluß ist jedoch falsch. Die Dämpfung begrenzt die Verstellung des Regelorganes auf einen bestimmten Wert. Diese Begrenzung ergibt sich beim Tirrill-Regler selbsttätig, weil der Erregerwiderstand nur zwischen bestimmten Grenzen schwanken kann. Wenn man den Reguliervorgang untersucht, so erkennt man sofort, daß z. B. im Falle der plötzlichen Entlastung der vom Regler eingeschaltete Höchstwiderstand nicht etwa unendlich groß ist, wie bei verschwindender Dämpfung nach Gl. (78), sondern gleich dem maximalen Widerstand des Feldkreises. Diese Begrenzung ist auf eine Dämpfung zurückzuführen.

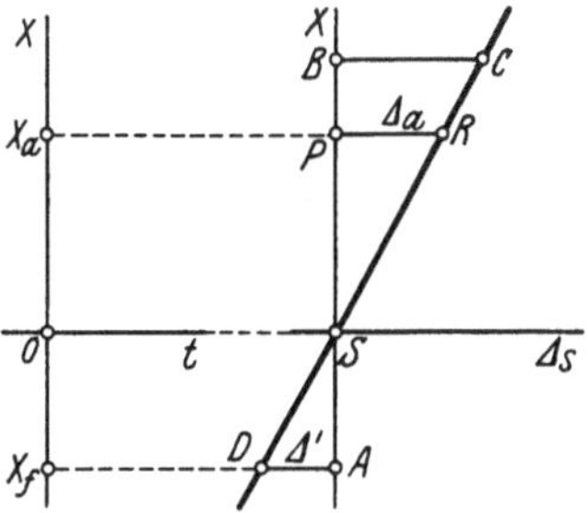

Abb. 67. Dämpfung des Tirrill-Reglers.

Die Rückführungsdämpfung ist also durch ihre Wirkung auf den Reguliervorgang zu bestimmen. Man kann sie folgendermaßen gewinnen:

Wir wollen den Fall der Entlastung voraussetzen. Beim Einsatz der Störung nimmt das Regelorgan analog einem Kontaktarm z. B. die Stellung x_a nach Abb. 67 ein. Unmittelbar darauf bewegt sich der genannte Kontaktarm gegen den Ursprung, überschreitet diesen und wird am Ende x_f seiner Bahn festgehalten. Wie auf S. 95 entwickelt wurde, gleicht die Strecke von x_a bis x_f dem Werte

$$x_a \ldots x_f = PA = \frac{\Delta_z}{\delta}.$$

Denn da definitionsgemäß δ die Spannungsabweichung ist, die den Kontaktarm längs seiner ganzen Bahn bewegt, die gleich 1 gesetzt ist, so bringt die Anfangsabweichung Δ_z gerade die Verstellung $1 \cdot \frac{\Delta_z}{\delta}$ hervor. Es sei CD die Gerade, welche die Spannungsabweichung als Funktion der Stellung des Kontaktarmes bei gegebener, konstanter Last darstellt. Die gesamte, stationäre Abweichung, die durch Verstellung von x_0 bis Null ausgeregelt werden soll, ist definitionsgemäß gleich $PR = \Delta_a$. Mit Rücksicht auf die Übersetzungsgleichung haben wir

$$\gamma \cdot x_a = \Delta_a$$

in absoluten Beträgen. Aus Abb. 67 lesen wir ohne weiteres ab

$$\frac{PS}{PA} = \frac{PR}{PR + AD}$$

oder

$$\frac{x_a}{\left(\dfrac{\Delta_z}{\delta}\right)} = \frac{\Delta_a}{\Delta_a + \Delta'}$$

oder

$$\frac{\delta \gamma x_a}{\gamma \Delta_z} = \frac{\Delta_a}{\Delta_a + \Delta'}$$

oder endlich

$$\delta' = \frac{\delta}{\gamma} = \varrho \cdot \frac{\Delta_a}{\Delta_a + \Delta'}.$$

Die relative Dämpfung kann also nach diesem Ausdruck durch ihre wichtigste Wirkung gemessen werden; dabei bedeutet Δ' die stationäre Spannungsabweichung am Ende der Kontaktbahn nach der Seite der ersten Überregulierung hin. Man kann diese Überlegung ebenso leicht für den Fall der plötzlichen Belastung durchführen und erhält dann völlig das gleiche Resultat. Man hat lediglich zu beachten, daß die Gerade CD sich parallel zur Abszissenachse um einen Betrag verschiebt, der gleich der stationären Spannungsabweichung ist; denn diese Gerade stellt, wie wir soeben erwähnt haben, die stationären Spannungsabweichungen als Funktion der Verstellung des Kontaktarmes dar, wobei die Belastung als konstant entsprechend dem endgültigen Zustande nach der Regulierung vorausgesetzt wird. Wir wollen endlich bemerken, daß wir der Einfachheit halber in der vorstehenden Gleichung mit den absoluten Beträgen der Abweichung gerechnet haben.

Dieses Ergebnis zeigt, daß der Tirrill-Regler im Gegensatz zu den früher beschriebenen Apparaten mit einer veränderlichen Rückführung arbeitet, die von der auszuregelnden Abweichung abhängt. Sehr kleine Abweichungen (Δ_a klein) werden mit einer sehr geringen Dämpfung geregelt; der Reguliervorgang läuft also rascher ab (vgl. die Kurven nach Abb. 24). Große Abweichungen dagegen (Δ_a groß) werden mit einer gegen ϱ strebenden Dämpfung reguliert; bei einer Maschine ohne entmagnetisierende Ankerrückwirkung ($\varrho = 1$) verläuft also der Reguliervorgang stark gedämpft.

Es kommt hiernach darauf an, für jeden Fall die Rückführungsdämpfung aus den Grenzabweichungen zu messen. Für den untersuchten Regler ergab sich auf diesem Wege:

Änderung der Generator-Klemmenspannung durch Laständerungen bei festgestelltem Regler:

Klemmen-spannung (Volt)	Belastung (Amp)	Abweichung für 100 Amp Belastungsstrom (Volt/100 Amp)
110,0	104,5	
121,0	0	9,6
83,0	72,0	
91,5	0	11,8

Im Mittel ist also die Abweichung 10,7 Volt für 100 Amp.

Änderung der Leerlaufsspannung infolge der Zitterbewegung des Kontaktes:

Oszillogramme 68 und 69:

An den Generatorklemmen   Kleinstwert 100,8 Volt

     Höchstwert 113,5 Volt

Oszillogramme 70 und 71:

An den Generatorklemmen   Kleinstwert 95,5 Volt

     Höchstwert 118,7 Volt

Relative Rückführungsdämpfung δ':

Oszillogramm Abb. 68:

Entlastung von 93 auf Null Amp. Vorschriftsmäßige Spannung 101,5 Volt.

Stationäre Abweichung infolge der Laständerung

$$\Delta_a = \frac{93 \cdot 10,7}{100 \cdot 101,5} = 9,8\,\%.$$

Stationäre Abweichung am Ende der Kontaktbahn nach der Seite der Überregulierung

$$\frac{101,5 - 100,8}{101,5} = 0,69\,\% .$$

Relative Dämpfung ($\varrho = 1$)

$$\delta' = \frac{9,8}{9,8 - 0,69} = 0,93 .$$

Oszillogramm Abb. 69:

Belastung von Null auf 93 Amp. Vorschriftsmäßige Spannung 101,2 Volt. Stationäre Abweichung infolge der Laständerung wie folgt:

Da die Spannungen für die beiden äußersten Reglerstellungen bei Leerlauf bestimmt worden sind, müssen sie im vorliegenden Falle um den Spannungsabfall der Belastung korrigiert werden, um die äußerste Spannung des betrachteten Zustandes zu finden. Hierzu ist die Ge-

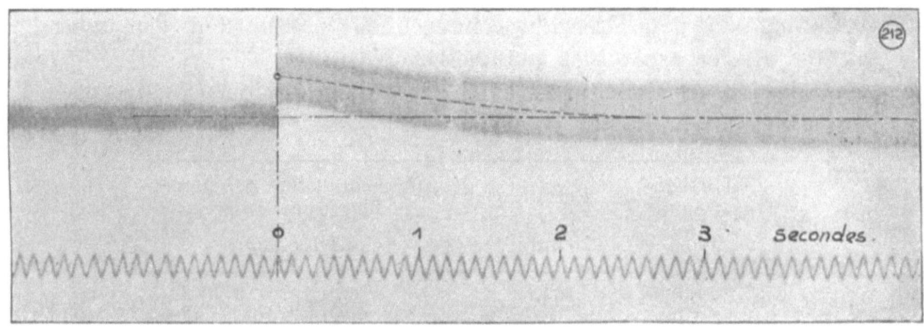

Abb. 68. Spannungsverlauf bei plötzlicher Entlastung. $\delta' = 0{,}93$. Abstimmung.

rade DE in Abb. 67 parallel zur Abszissenachse zu verschieben (S. 43). Die äußerste Spannung nach der Seite der Überregulierung wird so

$$113{,}5 - 9{,}95 = 103{,}55 \text{ Volt}$$

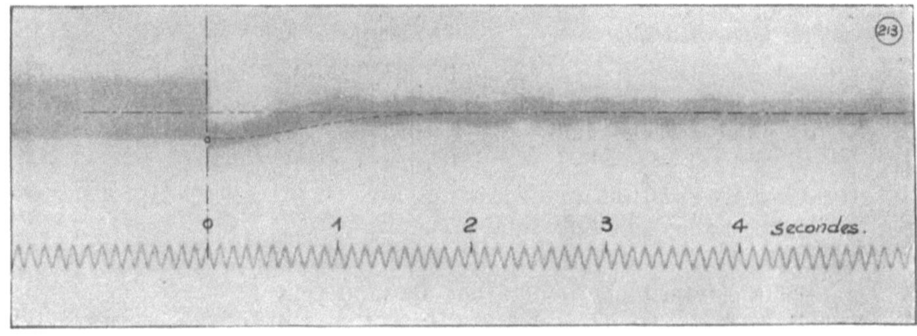

Abb. 69. Spannungsverlauf bei plötzlicher Belastung. $\delta' = 0{,}81$. Abstimmung.

und die stationäre Abweichung für den gleichen Punkt

$$\frac{103{,}55 - 101{,}2}{101{,}2} = \Delta' = 2{,}32\% \,.$$

Daher ist die relative Dämpfung

$$\delta' = \frac{9{,}8}{9{,}8 + 2{,}32} = 0{,}81 \,.$$

Oszillogramm Abb. 70:

Entlastung von 93 auf Null Amp. Vorschriftsmäßige Spannung 101,4 Volt. Stationäre Abweichung infolge der Laständerung wie oben. Stationäre Abweichung am Ende der Kontaktbahn nach der Seite der Überregulierung

$$\Delta' = \frac{101 - 95,5}{101,4} = 5,8\% .$$

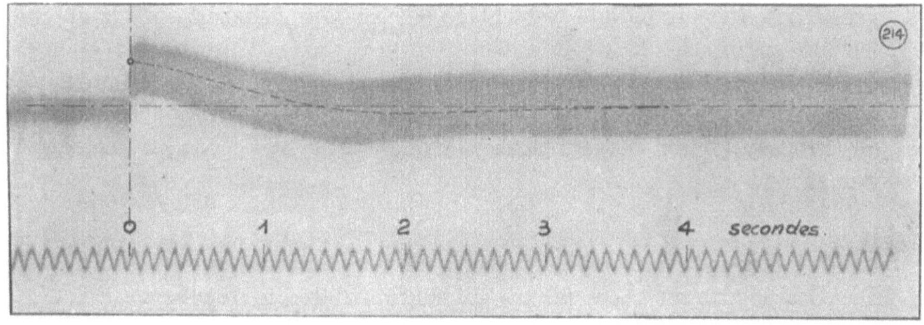

Abb 70. Spannungsverlauf bei plötzlicher Entlastung. $\delta' = 0,63$. Abstimmung.

Relative Dämpfung ($\varrho = 1$)

$$\delta' = \frac{9,8}{9,8 + 5,8} = 0,63 .$$

Oszillogramm Abb. 71:

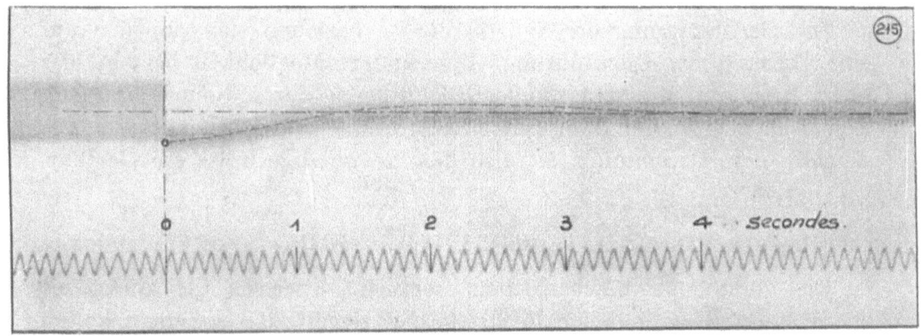

Abb. 71. Spannungsverlauf bei plötzlicher Belastung. $\delta' = 0,575$. Abstimmung.

Belastung Null bis 93 Amp. Vorschriftsmäßige Spannung 101,4 Volt. Stationäre Abweichung infolge der Laständerung wie oben. Höchstspannung nach der Seite der Überregulierung:

$$118,7 - 9,95 = 108,75 \text{ Volt} .$$

Stationäre Abweichung für den gleichen Punkt

$$\Delta' = \frac{108,75 - 101,4}{101,4} = 7,25\% .$$

11*

Relative Dämpfung $(\varrho = 1)$

$$\delta' = \frac{9{,}8}{9{,}8 + 7.25} = 0{,}575\,.$$

111. Die spezifische Laufzeit. Die Wege, welche die Hebel des Apparates zu durchlaufen haben, sind bekanntlich sehr klein, sie besitzen von Kontakt zu Kontakt nur die Größenordnung von Millimetern. Da die Ölbremse nach Abb. 9 mit sehr dünnflüssigem Öle gefüllt ist, welches gerade Ausschläge des Spannungshebels ausschließt, ist die spezifische Laufzeit außerordentlich kurz. Weiterhin ist auch die zum Durchlaufen des gesamten Ausschlages nötige Spannungsschwankung ebenfalls sehr klein, man kann die spezifische Laufzeit als Produkt dieser beiden Größen völlig vernachlässigen; wir setzen kurzerhand

$$T'_s = \sim 0\,.$$

Die **Unempfindlichkeit** besitzt die Größenordnung von $\pm\,0{,}1\%$. Die Oszillogramme Abb. 68 bis 71 zeigen, daß die regulierte Spannung nach der Laständerung fast genau ihren Ausgangswert wieder annimmt.

112. Versuchsergebnisse. Auch in diesem Falle beweisen die Oszillogramme die befriedigende Übereinstimmung zwischen Rechnung und Versuch. Dieses Ergebnis ist besonders hervorzuheben, da ja der Tirril-Regler sozusagen unstetig arbeitet, so daß eine Abweichung zwischen Theorie und Erfahrung an sich zu erwarten wäre.

Die Oszillogramme in Abb. 68 bis 71 beziehen sich sämtlich auf eine abgestimmte Rückführung. Eine andere Möglichkeit besteht hier nicht, da ja die Zeitkonstante der Rückführung durch die magnetischen Eigenschaften des Feldkreises der Erregermaschine gegeben ist; die Bedingung der Abstimmung ist also hier notwendigerweise stets erfüllt.

XV. Zusammenfassung.

Die vorstehend beschriebenen Versuche beweisen die Gültigkeit der rechnerisch gefundenen Resultate. Sie zeigen, daß die entwickelten Gleichungen selbst für kleine Maschinen und verschiedenartige Reglertypen die Regulierungsvorgänge gut wiedergeben. Man kann deshalb alle notwendigen Folgerungen dieser Vorgänge theoretisch gewinnen; diese Schlüsse sind genauer und gleichzeitig allgemeiner als die experimentellen Folgerungen, die man für einen besonderen Apparat unter nicht hinreichend umgrenzten Versuchsbedingungen erhalten kann. Man findet so eine Begründung für die Unabhängigkeit des Regulierungsvorganges von der sogenannten Arbeitsgeschwindigkeit, für die Gleichwertigkeit von Apparaten, die auf den verschiedensten

Konstruktionsgrundsätzen beruhen, und für die beträchtlichen Unterschiede zwischen der mittelbaren und der unmittelbaren Regulierung.

Endlich beruht der Nutzen dieser Untersuchung nicht so sehr in der Möglichkeit, von vornherein die Abweichungskurve während des Reguliervorganges aufzustellen, als vielmehr die Bedeutung der verschiedenen Reglerorgane und der Maschinen zu klären, die an der selbsttätigen Regulierung teilnehmen. Man kann hiernach alle Teile eines Reglers quantitativ vorausbestimmen und einen vorhandenen Apparat in bestimmtem Sinne abändern. Der selbsttätige Regler ist also fortan kein verwickelter und geheimnisvoller Apparat mehr, den bisher einige Fachleute nur rein gefühlsmäßig zu beherrschen glaubten.

Literatur.

Routin, J. L.: Le réglage des groupes électrogènes 1908.

Schwaiger, A.: Das Regulierproblem in der Elektrotechnik 1909.

Rüdenberg, R.: Elektrische Schaltvorgänge, 2. Aufl. 1926.

La Houille blanche: Januar bis Oktober 1922, Mai bis Oktober 1923.

Bulletin BBC: Der Schnellregler. September bis Dezember 1921.

BBC: Technische Mitteilungen (786 F).

Ateliers H. Cuénod: Technische Mitteilungen (R 49).

Rüdenberg, R.: Die Spannungsregelung großer Drehstromgeneratoren nach plötzlicher Entlastung. Wiss. Veröff. a. d. Siemens-Konzern Bd. 4, H. 2, S. 61.

Der Drehstrom-Induktionsregler. Von Dr. sc. techn. H. F. Schait, Winterthur. Mit 165 Textabbildungen. VIII, 356 Seiten. 1927.
Gebunden RM 25.50

Die wirtschaftliche Regelung von Drehstrommotoren durch Drehstrom-Gleichstrom-Kaskaden. Von Dr.-Ing. H. Zabransky. Mit 105 Textabbildungen. IV, 112 Seiten. 1927. RM 9.—

Entwurf und Bau von Schaltanlagen für Drehstrom-Kraftwerke. Von Oberingenieur **Johann Waltjen.** Mit 373 Abbildungen im Text. XVI, 268 Seiten. 1929. Gebunden RM 39.—

Schaltungsbuch für Gleich- und Wechselstromanlagen. Dynamomaschinen, Motoren und Transformatoren, Lichtanlagen, Kraftwerke und Umformerstationen. Ein Lehr- und Hilfsbuch von Oberstudienrat Dipl.-Ing. **Emil Kosack,** Magdeburg. Dritte, erweiterte Auflage. Mit 292 Abbildungen im Text und auf 2 Tafeln. X, 213 Seiten. 1931.
RM 8.50; gebunden RM 9.50

Relais und Schutzschaltungen in elektrischen Kraftwerken und Netzen. Vorträge zahlreicher Fachleute, veranstaltet durch den Elektrotechnischen Verein E. V. zu Berlin, in Gemeinschaft mit dem Außeninstitut der Technischen Hochschule zu Berlin. Herausgegeben von **Reinhold Rüdenberg,** Professor Dr.-Ing. und Dr.-Ing. e. h., Chef-Elektriker der Siemens-Schuckertwerke A.-G. Mit 336 Textabbildungen. VIII, 281 Seiten. 1929. Gebunden RM 25.50

Die Relaissteuerungen der modernen Starkstromtechnik. Von Professor Dr.-Ing. und Dr.-Ing. e. h. Reinhold Rüdenberg, Chef-Elektriker der Siemens-Schuckertwerke A.-G. Mit 125 Textabbildungen. IV, 79 Seiten. 1930. RM 7.50

Elektrische Gleichrichter und Ventile. Von Professor Dr.-Ing. A. Güntherschulze. Zweite, erweiterte und verbesserte Auflage. Mit 305 Textabbildungen. IV, 330 Seiten. 1929. Gebunden RM 29.—

Der Quecksilberdampf-Gleichrichter. Von **Kurt Emil Müller-**Lübeck, Ingenieur der AEG-Apparatefabriken Treptow.
Erster Band: Theoretische Grundlagen. Mit 49 Textabbildungen und 4 Zahlentafeln. IX, 217 Seiten. 1925. Gebunden RM 15.—
Zweiter Band: Konstruktive Grundlagen. Mit 340 Textabbildungen und 4 Tafeln. VI, 350 Seiten. 1929. Gebunden RM 42.—

Der Transformator im Betrieb. Von Professor Dr. techn. **Milan Vidmar.** Mit 126 Abbildungen im Text. VIII, 310 Seiten. 1927.
Gebunden RM 19.—

Die Transformatoren. Von Professor Dr. techn. **Milan Vidmar.** Zweite, verbesserte und vermehrte Auflage. Mit 320 Abbildungen im Text und auf einer Tafel. XVIII, 751 Seiten. 1925. Gebunden RM 36.—

Arnold-la Cour, Die Gleichstrommaschine. Ihre Theorie, Untersuchung, Konstruktion, Berechnung und Arbeitsweise. Dritte, vollständig umgearbeitete Auflage. Herausgegeben von Dr.-Ing. e.h. **J.L. la Cour.** In 2 Bänden.
Erster Band: **Theorie und Untersuchung.** Mit 570 Textfiguren. XII, 728 Seiten. 1919. Unveränderter Neudruck 1923.   Gebunden RM 30.—
Zweiter Band: **Konstruktion, Berechnung und Arbeitsweise.** Mit 550 Textfiguren und 18 Tafeln. XI, 714 Seiten. 1927.   Gebunden RM 30.—

Die Gleichstrom-Querfeldmaschine. Von Ingenieur Dr. E. Rosenberg, Direktor der „Elin" Aktiengesellschaft für elektrische Industrie, Wien-Weiz. Mit 102 Textabbildungen. V, 97 Seiten. 1928.
RM 11.—

Die Stromwendung großer Gleichstrommaschinen. Von Dr.-Ing. **Ludwig Dreyfus,** Vorstand des Versuchsfeldes der Allmänna Svenska Elektriska Aktiebolaget (ASEA) in Västerås, Schweden. Mit 101 Textabbildungen. XII, 191 Seiten. 1929. RM 16.—; gebunden RM 17.50

Kommutator-Kaskaden und Phasenschieber. Die Theorie der Kaskadenschaltungen von Drehstromasynchronmaschinen mit Drehstromkommutatormaschinen zur Regelung des Leistungsfaktors, der Drehzahl und der Leistungscharakteristik. Von Dr.-Ing. **Ludwig Dreyfus,** Västerås, Schweden. Mit 115 Textabbildungen. IX, 209 Seiten. 1931.
RM 26.—; gebunden RM 27.50

Drehstrommotoren mit Doppelkäfiganker und verwandte Konstruktionen. Von Professor **Franklin Punga,** Darmstadt, und Oberingenieur **Otto Raydt,** Aachen. Mit 197 Textabbildungen. VII, 165 Seiten. 1931. RM 14.50; gebunden RM 16.—

Der Drehstrommotor. Ein Handbuch für Studium und Praxis. Von Professor **Julius Heubach,** Direktor der Elektromotorenwerke Heidenau G.m.b.H. Zweite, verbesserte Auflage. Mit 222 Abbildungen. XII, 599 Seiten. 1923.   Gebunden RM 20.—

Die asynchronen Drehstrommaschinen mit und ohne Stromwender. Darstellung ihrer Wirkungsweise und Verwendungsmöglichkeiten. Von Dipl.-Ing. **Franz Sallinger,** Professor an der Staatlichen Höheren Maschinenbauschule Eßlingen. Mit 159 Textabbildungen. VI, 197 Seiten. 1928.   RM 8.—; gebunden RM 9.20

Die Asynchronmotoren und ihre Berechnung. Von Oberingenieur **Erich Rummel,** Strelitz i. Meckl. Mit 39 Textabbildungen und 2 Tafeln. IV, 108 Seiten. 1926.   RM 5.10; gebunden RM 6.30

Kompensierte und synchronisierte Asynchronmotoren. Von Dr. sc. techn. **H. F. Schait,** Winterthur. Mit 60 Textabbildungen. V, 104 Seiten. 1929.   RM 10.50

Die asynchronen Wechselfeldmotoren. Kommutator- und Induktionsmotoren. Von Professor Dr. **Gustav Benischke,** Berlin. Zweite, erweiterte Auflage. Mit 109 Abbildungen im Text. V, 123 Seiten. 1929.
RM 11.40; gebunden RM 12.60